中国科学院院史丛书

U0789706

自然资源
综合考察委员会研究

张九辰／著

科学出版社

北京

图书在版编目(CIP)数据

自然资源综合考察委员会研究／张九辰著.—北京：科学出版社，2013.1
（中国科学院院史丛书）

ISBN 978-7-03-036513-2

Ⅰ.①自… Ⅱ.①张… Ⅲ.①中国科学院-自然资源-综合考察-科学研究组织机构-概况 Ⅳ.①G322.21

中国版本图书馆CIP数据核字（2013）第013514号

丛书策划：胡升华 侯俊琳

责任编辑：邹 聪 王昌凤／责任校对：钟 洋

责任印制：赵 博／封面设计：黄华斌 陈 敬

编辑部电话：010-64035853

E-mail：houjunlin@mail.sciencep.com

科学出版社 出版

北京东黄城根北街16号

邮政编码：100717

http://www.sciencep.com

北京厚诚则铭印刷科技有限公司印刷

科学出版社发行 各地新华书店经销

*

2013年3月第一版 开本：B5（720×1000）

2024年1月第六次印刷 印张：17 3/4

字数：342 000

定价：98.00元

（如有印装质量问题，我社负责调换）

目　　录

导　言

1949年中华人民共和国成立后仅一个月，中国科学院（简称中科院）即宣告成立。中科院自筹建之日起，就明确了它同旧中国科研机构的若干不同之处。重要内容之一，就是强调理论联系实际、科学研究为国家建设服务。然而，在实际工作中究竟怎样才算理论联系实际？科学研究如何才能为国家建设服务？要回答这些问题并不容易。

为了更好地落实理论联系实际的原则，1956年在制定新中国第一个科学技术发展远景规划时，中国科学界就提出了“任务带学科”的口号。于是，在不同的历史时期，围绕着对“任务带学科”的不同理解，中科院制定了若干科学规划、开展了大量的研究工作、创建了众多的研究机构。自然资源综合考察委员会（简称综考会①），就是在这种背景下创建的以任务带动的科研机构之一。

一、综考会发展的社会背景及留给我们的问题

新中国成立以后，逐步建立起社会主义的计划经济体制。这种高度集中的资源计划配置制度，需要对全国的自然资源分布情况有全局的把握，进而需要通过大规模的科学调查工作，掌握全国的资源分布情况。中科院作为多学科的综合研究机构，从建院伊始就把对全国自然条件和自然资源的综合考察与研究（简称综合考察）作为重要任务之一。

大规模的、综合性的考察方式，被当时的学者看做是“在社会主义计划经济制度下，为了阐明自然资源，充分利用自然资源，推动国民经济发展，进行长期开发规划的优越的工作形式”②。中科院组织的综合考察，是社会主义制度建立以后出现的一个全新的科学任务和新的研究领域。这项工作能够组织运用自然、经济、技术等多学科的知识和力量，从不同角度对资源开发与生产力合理发展的条件和问题进行综合性的探讨和论证，提供比较全面、系统的科学资料、建议和设想，因而可以为国民经济的长远规划和生产建设的战略部署提供科学依据，起到计划和规划工作的先行作用。此外，综合考察还可以为专门学科的理论研究提供大量资料或某些线索，起到带动学科发展的作用。因此，这项工作从一开始就成为任务与学科相结合的典范，并且对中国当代的相关科学研究产生了深远的影响。

综合考察涉及地质、地理、气象、水文、生物、农学、矿冶、工业、经济等

---

① 这个机构在不同的历史时期先后被称为综合调查工作委员会、综合考察工作委员会、综合考察委员会、自然资源综合考察组、自然资源综合考察委员会等。虽然各个时期名称不同，但机构设置一脉相承。本书将在有关部分详细说明其名称的演变。但在一般情况下，全书统一简称为综考会。

② 科学规划委员会：《1956—1967国家重要科学技术任务说明书》，1956年6月，地理科学与资源研究所资料室。

多门学科，因此需要科学、工业、农业、交通等多个部门协同努力。这种多学科、跨部门的联合，是综合考察的基本组织形式与基本工作方法。中科院成立以后，配合国家建设组建了多个大型自然资源综合考察队。随着考察规模的不断扩大和考察队数量的增多，1956 年中科院成立了专门负责综合考察组织与协调的办事机构——综考会。进入 20 世纪 60 年代以后，综考会逐渐由办事机构发展成为研究实体，并在该机构内部按照任务设置了研究室。从此以后，综考会成为既有组织协调能力，又可从事学术研究，具有双重功能的实体。

综考会是中科院内的一个特殊机构。它既不同于专门的管理机构，又不同于单纯的科研机构。在性质上，它具有管理和研究的双重功能；在隶属关系上，它曾经一度由中科院和原国家计划委员会（简称国家计委）双重领导；在组织结构上，机构内部又是以完成综合性的工作为主的考察队和以开展专业研究为重点的研究室两种体制并存。因此，综考会的体制特点可以概括为两个系统、两种功能、两种形式。简而言之，综考会是囊括了任务与学科双重责任的机构。

当这个机构成为完成任务与发展学科的共同载体时，任务与学科之间的矛盾就具体地表现在综考会自身机构设置及其工作目标与方法的变化上了。在既要完成任务，又要发展学科的双重目标下，综考会自建立之时就面临着诸多的难题：工作中以任务为主还是以学科为主？研究室是按照任务还是按照学科设置？培养综合性人才还是专业性人才？科研成果以学术论文为主还是以区域开发报告为主？发展哪门学科：是已有的学科专业在综考会内部的组合，还是创建一门全新的、综合性的自然资源学科？

由于上述种种的困惑，早在计划经济体制时代，综考会在具体工作中就遇到了一系列的问题和矛盾。改革开放以后，随着市场经济体制的建立，综考会更是受到了巨大的冲击和深刻的影响。综考会从为计划经济服务的体制，逐渐转向为社会主义市场经济服务的体制；从完成国家任务，到主动争取任务；从按照任务设立研究室，到发展有关学科并争取得到科学共同体的承认……

随着任务的不断改变，综考会的组织方式、研究内容、工作方法和技术手段也在不断地调整之中。最终，综考会内部的机构逐渐调整为以研究室为基础，研究室、试验站、考察队、各种综合中心、课题组并存的多种体制形式。然而，多种体制形式并没能解决任务与学科的关系问题。在中科院“知识创新工程”开始后，综考会与地理研究所最终被合并。但是上述的种种疑问并没有随着机构的合并而最终解决。综考会的整个历史虽然不能给我们留下一个关于任务与学科关系的完满答案，但是对于这个机构在任务与学科之间所做的历史选择，却值得深入分析。综考会留给我们许多值得深入思考的问题……

二、综考会研究的现状

随着国家建设的需要和社会环境的不断变化，综考会的发展经历了几次起落。“文化大革命”期间，综考会一度被撤销。在后来的重建中，国家经济体制和中科院体制的改革、任务的调整，也导致综考会组织机构定位和研究方向的相应调整。1982～1996年，综考会一度在中科院和国家计委的双重领导之下开展工作。1999年，在中科院“知识创新工程”当中，综考会与地理研究所合并成为“地理科学与资源研究所”。

自综考会成立起，这个新建的机构就面临着缺乏经验、任务繁重、人才不足、方向多变等一系列问题。在综考会40多年的发展历史中，在辉煌成就的背后，是学者们艰辛的探索和执著的努力。围绕着对综合考察工作和综考会发展的思考，曾经参与这项工作的学者撰写并发表了大量的论著，回顾历史、总结经验、展望未来。因此，关于综考会的文献也非常丰富。

1986年12月，综考会举行了隆重的“纪念综考会成立30周年学术讨论会”。大会共收到论文70余篇。翌年1月，综考会汇集大会发言及论文60余篇，印刷出版了《纪念自然资源综合考察委员会成立三十周年文集》。文集反映了30年中综考会的发展历程、历年组织的考察队、公开出版主要成果、自然资源综合研究的理论与方法，以及部门资源学科领域和地区考察研究成果。

1996年年底，为了纪念综考会成立40周年，综考会编辑出版了《自然资源综合考察研究四十年：纪念自然资源综合考察委员会成立四十周年文集》（中国科学技术出版社，1996年）。文集包括综考会40年工作的回顾与展望，以及区域考察、野外试验站、生态系统网络、中国自然资源学会和中国青藏高原研究会的工作进展及研究成果。

1999年12月，在综考会与地理研究所合并之前，综考会办公室组织编印了《综考会大事记（1956—1999）》。大事记根据档案资料，梳理了综考会成立后的主要工作和发展历程。这个大事记后经充实、修订，被收录于《中国自然资源综合科学考察与研究》（孙鸿烈主编，商务印书馆，2007年）中。

2006年本是综考会成立50周年，此时综考会已不复存在。但是这个机构培养的大批人才仍然活跃在科研一线，或在退休之后仍然发挥着作用。于是经过原综考会的领导及学者的共同努力，出版了一本系统反映50年综合考察与研究成果的著作。由于机构已经不存在，所以该书以“中国自然资源综合科学考察与研究”为名。内容包括对综合考察历程的回顾、对所取得成就的总结、对区域考察的综述、对专题考察的总结，最后还综述了50年中的基本经验及对未来的展望。

除了上述代表性的著作外，曾经参与综合考察工作的人员还撰写了大量回忆录、工作回顾及总结性的文章，这些文章发表在《自然资源》、《自然资源学报》、《地理学报》等地学刊物，以及《中国科技史料》、《院史资料与研究》等社会科学刊物上。其中较有代表性的文章已被收入本书参考文献当中，这里不再赘述。

近些年，中国科学院地理科学与资源研究所正在着手组织老科技工作者回顾亲身经历、总结以往工作、怀念故去的开拓者，其中也包括了综考会的历史。相信在不久的将来，还会有更多关于综考会的、兼具史料及学术价值的历史论著问世。

目前，综考会的研究者，主要以曾经参与综合考察工作，或曾经在综考会工作的学者为主，较少有史学界和社会学界的学者参与其中。

三、本书关注的问题

科学，既是一种知识体系，也是一种社会建制。综考会留给历史的，既有科学理论建设的学理问题，也有科学运行机制的科学社会史问题。

正是由于众多学者多年的努力，新中国的综合考察事业及综考会的历史脉络逐步详尽、清晰地展现在我们面前。科学家们以多年的工作经验和学术眼光，梳理了综考会的主要学术成果，并对这些工作的水平给予了比外行更为准确的判断，从而使我们对综合考察的学术成果及其水平有了清晰的认识，对综考会的发展脉络有了初步的了解。从中我们也不难发现，这项事业和这个机构留给后人的，不仅仅是丰硕的学术成果、新建的资源科学、成长中的学术团队。这个在特定年代因任务而带动的工作、创建的机构，还留下很多值得思考的问题。

与中科院以发展学科为目的的研究所不同，综考会是以任务为中心设置的，是承担国家和中科院下达的任务的学术机构。从最初的类似于院学部性质的行政领导机构，到建设成为研究实体，综考会一直在工作方向、研究内容、学科建设、组织体制、成果形式等问题上苦苦探索。

综考会留给了历史太多需要深入分析的问题。从体制上看，综考会是如何形成的、如何运作的、如何变化的，为什么一度被撤销？从方向上看，不同的历史时期，综考会提出了不同的工作方针，这些方针提出的背景是什么、内涵是什么，学者的认识如何？从学科建设上看，综合考察工作只是一种工作方式，还是有它独立的学科理论体系？从工作上看，综考会曾经组织了哪些工作，为什么选择这些内容，如何组织，成果的影响如何？在工作过程中，科学家对有关工作性质有怎样的认识及探索……

综考会的历史离不开中国科学院，甚至中国科学事业的大背景。因为任务而建立的综考会，其历史进程折射出了中国科学史上的重大事件：科学发展长远规划、“任务带学科”、“又红又专”、“三线建设”、国土整治、科技攻关、知识创新……甚至“四清”、“反右”、“大跃进”、“文化大革命”、粉碎“四人帮”等政治运动。无论是中科院层面，还是国家政治经济体制层面，在综考会的历史中都能找到投影。因此，寻着综考会的发展轨迹，可以更好地理解科学与中国社会政治经济的互动关系。

基于上述特点，本书关注的重点是：不同历史时期综考会围绕任务与学科关系，在内部体制、工作制度等方面的定位；围绕任务与学科关系的变动，在机构内部所做的调整；围绕社会经济体制的变动，在科研目标、研究内容上的变化；围绕科学评价体制的变化，在学科建设上的努力。本书主要关注这个机构的功能定位，分析这个机构的相关作用与影响；同时，也关注作为一个新的科学研究领域，中国学者在创建体制、探索方法、明确方向、建立学科等问题上的思考，找出主要问题产生、发展、变化的背景及原因。

对于综考会的研究，本书的重点不在于各个时期都做了哪些工作、出版了哪些成果，以及获奖情况，而是将有关工作置于国家经济水平、各地区开发程度、国家的科学政策、各种政治运动和国家经济体制的不断变化的背景之下进行研究。本书不是要给出有关综考会过去印象的集合，而是关注任务与学科之间的关系随着时间的动态变化。因为科学的发展不是静止的。

上述研究的目的，也不是为了给出一个简单的答案。史学家不是仲裁者。从研究开始我们就不曾设想给出问题的答案，或评价具体工作的水平或好坏（况且很多事情很难简化为对与错）。因此，本书侧重于分析，而不是评价；侧重于关注历史进程中的各种可能性。

与所研究的对象保持一定的时间距离，为本书提供了发表“后见之明”的有利条件。自然资源综合考察与研究的体制化进程，极其复杂，既有科学研究本身的需求，也有社会、政治、经济、国家政策等多种因素的影响。本书力求把这段历史变化放在更为广泛的社会、政治和经济视野当中加以审视。希望本书的案例研究，能够为今后科学研究体制的发展提供一种借鉴。

四、本书的资料来源

当代史为我们留下了大量的史料，其数量甚至超出了我们的处理能力。为了更好地梳理、利用史料，首先需要把本书研究所依据的资料大体归纳为几个方面。

（1）体制的演化。通过梳理综考会的机构建立、调整、撤销、重建等过程，把科学的发展看做是科学在社会中逐渐体制化的过程，从组织结构、行为规范的角度研究资源科学的形成过程，分析组织目标（建立这个组织的目的，或者说作为“国家队”，其战略目标，服务国家、社会的方向），组织结构（委员会的组成、研究室的构成），组织变迁等。

（2）工作的方针。在不同的历史时期，综考会面临的问题不同、任务不同，因此对工作方针的解读也不相同。

（3）科学与社会的关系。在不同的历史时期，选取具有代表性的工作，进行科学社会史的考察。分析任务产生的背景、工作的缘起及具有时代特色的工作方式及相应成果。对于具体工作的选择，尽量避免面面俱到的大事记编年式的叙述，而是选取代表性的事例，深入分析研究。

作为一项科学社会史的研究，需要方方面面的资料。除了前文所述资料外，笔者在研究过程中还参考了下列文献：①档案资料。这是本书重要的资料来源，其中包含了综考会的人员组成、工作计划及总结、方向任务的讨论等。②综考会历年的考察报告与工作总结。综考会组织的各个考察队都撰写了大量的考察报告和工作总结，有些资料已经公开出版，有些则作为文献资料保存在地理科学与资源研究所的资料室。③中科院历年出版的《中国科学院年报》、中国科学院院史资料委员会和自然科学史研究所院史研究室编辑整理的历年《史料汇编》和《史事汇要》。④与综合考察和资源科学有关的百科全书、论文、日记、回忆录、纪念文集等，尤其是《竺可桢全集》的陆续出版，为本书的研究提供了丰富的资料。⑤口述史料。在本书关注的问题当中，不可避免地会遇到资料的空白。为了弥补文字资料的不足，这些年来笔者先后访问了一些学者，得到了一些资料。

本书是基于原始资料的专题性研究，但是在写作过程中，并不局限于对原始资料的整理，而是尽量在大量细节中梳理出脉络，并关注事件之间的相互联系，力求能够在原始资料的基础上进行综合，能够从具体史事中抽象出能够对过去做出解释的模式。本书尝试通过这些探索，向读者展示综考会的历史变迁及其与过去和现在的联系，并希望通过这个案例，向读者展示新中国科学的发展与社会之间的互动关系。

五、全书内容与结构

根据综合考察和综考会的特点及其时代背景，本书按照时间的顺序将综考会的历史分为几个时段进行分析研究。

由于当代综合考察的许多方面，都植根于近代科学在中国的创建时期，如果没有该时期科学思想和具体工作的奠基，我们考察当代问题的历史视角就将存在严重缺陷。因此，本书第一章首先概述了 1949 年以前中外学者的主要考察工作，并分析了新中国综合考察的兴起经过及动因。

第二章分析了新中国成立之后到综考会创建之前，中科院对自然资源综合考察工作的组织方式；在学习苏联的热潮中，对于建立相应组织机构的思考及探索；在具体工作中，创建组织管理机构的尝试。

第三章侧重于研究1956年综考会成立以后至1960年以前，综考会作为一个组织协调机构的体制特点和工作方式，并分析了这个阶段围绕“十二年科技发展远景规划”（简称“十二年远景规划”）制定的综合考察任务，综考会的组织工作及考察特点。本章还选取了20世纪50年代的五项大型考察工作，对它们的兴起原因、工作方法、组织方式、考察目的及影响进行了专题研究。

第四章分析了进入60年代，综考会扩大为研究实体、兼具组织协调与科学研究双重功能之后，面临的诸多问题与制度建设情况，将当时遇到的关于方向、任务和体制的众多问题归纳为五个方面进行了分析。本章还选取西南地区综合考察作为案例，分析了综合考察由未开发地区转向半开发地区后，综考会在组织管理方面遇到的新问题。

第五章探讨了“文化大革命”对综考会工作方针和政策的冲击，以及在此期间综考会被撤销和重建综考组的过程。本章以青藏高原综合考察为具体实例，跨越历史时段，分析了综考会被撤销前后及综考组时期综合考察工作在组织、研究方面的变化历程。

第六章叙述了综考会在改革开放时期的重建，以及在经济体制转型过程中的调整。这些变化的影响与意义，也许还要再过些时日、离得再远些才能看得清楚。但是本章尽力通过梳理脉络，突出其主要特色。毕竟最近的过去，才是我们最多用来作历史类比和预测的时段。

第七章试图在对综考会研究的基础之上，探讨“任务”与“学科”的关系，探讨学科理论建设的条件与前提，探讨综考会带给我们的启示。

关于综考会还有很多值得研究的问题：综考会与地理研究所合并以后，对中科院综合考察工作会有哪些影响？在新的形势下如何从体制上保障综合性科学研究的合作与跨部门协调？在全球化趋势之下如何推动资源科学的学科建设？由于作者缺乏高瞻远瞩的眼光，也由于这段历史离得太近，还由于有关的档案资料目前有待公开，本书研究的时段截至1999年综考会与地理研究所的合并。虽然综合考察的组织与研究的专门机构已不复存在，但是有关的工作还在继续。本书作为抛砖引玉之作，希望能够促使读者更加关注全球化背景下，如何从体制上更好地促进综合性科学研究的发展。至于具体结论及发展路径的探索，还有待后来者的努力。

第一章

自然资源综合考察的兴起

中国具有现代科学意义的自然资源考察，始于20世纪20～30年代[①]。这一时期的工作，已经不限于单纯地描述或记录资源的分布情况，而是利用先进的设备和科学方法，查明资源的数量、质量，寻找资源分布的规律，分析资源的开发条件，并利用科学理论解释资源的区域分布、因果和动态关系。

在近百年的时间里，对自然资源的考察从工作目的到组织形式，到考察规模，到关注焦点，到研究方法和手段，都在不断变化。这些变化与学术研究基础、社会经济水平甚至政治文化环境都有着密切的关系。循着中国现代自然资源综合考察的发展轨迹，可以看到有关工作在不同的政治、经济和文化因素的影响下，所具有的不同功能。

第一节　1949年以前的考察

新的考察方式不会凭空产生，它是在旧有基础之上形成的，并随着科学观念和研究传统的变化而改变。1949年以后自然资源综合考察的变化，是中国学者根据新形势的需要，对过去考察理论和方法做出的调整。新中国成立初期资源考察的人员、资料和学科基础，在一定程度上也建立在1949年以前的基础之上。因此，在研究新中国自然资源综合考察之前，有必要回顾一下早期中国自然资源考察工作的历史。

一、外国人在华探险

19世纪，随着世界范围内地理探险与考察的不断深入，人类的未知领域越来越少。西方探险家不但基本完成了对欧洲、北美洲的考察，而且南美洲、非洲、大洋洲以及西伯利亚等广大地区的地理概况也逐渐为人们熟知。从19世纪末到20世纪上半叶，东亚及欧亚大陆腹地作为仅有的几个未知领域，引起了世界学者的广泛关注。中国在东亚、中亚占有辽阔的疆域。这里不但有复杂的自然环境、丰富的生物和矿产资源，而且还有独具特色的文化景观。西方学者逐渐把目光集中在了亚洲腹地，尤其是中国的西部地区。

在形形色色的外国人当中，很多是带有侵略或掠夺性质的政客。他们来华的目的，是为了从事带有文物掠夺和殖民主义性质的探险活动。当然，其中也不乏世界一流的学者和西方著名的探险家。这些人主要从事以调查自然资源和收集人文资料、生物标本为目的的探险考察。无论西方人来华目的如何，他们的活动，

① 中国大百科全书总编辑委员会：《中国大百科全书·地理学》，大百科全书出版社，1990年，第511页。

或多或少地积累了考察区域的自然条件和自然资源的资料，为后人的研究奠定了初步的基础。

1. 不请自来的西方探险家

从19世纪的最后10年到20世纪初期，来自俄国、英国、法国、瑞典、德国、美国、日本等十几个国家的数百名学者、探险家、旅行家、外交官、军官、教师甚至商人，先后到中国从事探险考察活动，他们的足迹几乎踏遍了中国的各个省区。

在19世纪初期的欧洲，近代地理学创建人、德国人洪堡（Alexander von Humboldt，1769～1859）和李特尔（Karl Ritter，1799～1859）主张地理学应以经验为依据，地理学者应该从观察中寻找一般的法则。他们强调野外考察对于学科研究的重要性，并且亲自到野外工作。洪堡就曾经在中亚一带从事野外考察。洪堡等的影响，带动了一批欧洲学者到东亚、中亚从事考察。对于欧洲人来说，殖民扩张的需要也增强了他们对域外地理知识的渴望。19世纪后期，欧洲已经建立起28个地理学会。这些地理学会召开的会议和出版的刊物，都与世界各地的科学考察有关。离欧洲最近的、人烟稀少的地区就是中亚。诸多因素促使欧洲人到中亚地区探险。

这一时期到中国的欧洲探险家中，有世界一流的学者。最著名的当属德国地理学家李希霍芬（Feridinand von Richthofen，1833～1905年）。他于1868～1872年先后七次对中国的沿海和内陆地区进行了广泛的考察。李希霍芬在内蒙古、山西、陕西和四川西部等地考察以后，提出的“震旦纪”、“黄土高原风成说”、“丝绸之路”等术语和理论，在中外学术界影响广泛。他的五卷本的考察报告《中国，亲身旅行和据此所作研究的成果》（*China: Ergebnisse eigener Reisen und darauf gegründte Studien*）（简称《中国》），不仅在西方影响很大，而且对中国学者也有深刻的影响。地质学家张星烺在德国留学期间阅读了这本书。他认为：“苟得同志五六人，分门译之，则二三年内，中土之研求地质矿产者，亦得最良之参考书。”① 此书虽然最终没有译成中文，但是中国早期的地质学家都非常熟悉这部著作②。虽然李希霍芬对中国矿产资源的调查，曾经助长了西方列强对中国的侵略野心③，但是他的工作还是对后来中国学者的考察，起到了示范性的作用。

---

① 陶世龙：《从庞培勒到维里士》，《地质学史论丛》3，中国地质大学出版社，1995年。

② 吴凤鸣：《1840～1911年外国地质学家在中国的调查与研究》，《中国科技史料》，1992年，第13卷第2期，第37～51页。

③ 德国人侵占华北门户胶州湾，主要是由于李希霍芬在书中要求人们注意那里的战略重要性。参见〔英〕罗伯特·迪金森：《近代地理学创建人》，葛以德等译，商务印书馆，1984年，第93页。

欧洲人把野外考察看做是认识自然界的重要贡献，把收集世界各地的地理环境资料和动植物标本作为科学研究的基础性工作。这种思想很快影响到了俄国。俄国统治者十分重视对各地自然资源情况的考察，他们“认识到用正确的地理资料来引导帝国向东方扩张的极端重要性”①。科学思想的影响和统治者的支持，成为俄国远征探险的重要动力。俄国人开始用堂皇的科学研究目的，掩饰其考察的真正动因。政治与科学结合起来，促成了俄国早期的探险考察。

出于扩张领土的政治野心，俄国人的考察兴趣集中在确定河流、海岸、山脉的位置，寻找矿产资源地，采集动植物标本，并收集自然特征、人口和经济方面的资料。俄国人早期的考察多集中在辽阔的西伯利亚地区。从19世纪后期开始，他们考察的范围扩大到中国的西北和东北地区。在进入中国版图的俄国人中，影响较大的是普尔热瓦尔斯基（N. W. Przewalski，1839～1888）。他在俄国地理学会和陆军部的资助下，于1870～1885年先后四次率领考察队到中国西部探险。其目的，主要是了解中亚地区的自然环境、调查中国西北地区的矿产资源，并收集动植物标本。普尔热瓦尔斯基在考察中收集的哺乳动物、鸟类、鱼类、昆虫和植物标本数以万计，其中野马、野骆驼等珍贵动物标本更是第一次被带到欧洲。从1892年开始，俄国多次派人进入中国东北地区进行矿产资源和地质调查。规模最大的是1892～1894年由俄国地理学者奥布鲁切夫（D. V. Obruchev，1863～1956）率领的考察队。他们在大兴安岭、呼伦贝尔一带进行地质、地理和生物资源调查。考察队在中国境内采集了大量的动植物标本和种子。奥布鲁切夫也十分重视对中国境内矿产资源的考察，他是最早在中国从事石油资源考察的西方人。

英国、法国、瑞士等欧洲国家的学者也曾经来华考察。1885～1897年，英国人亨利（A. Henry，1857～1930）先后四次来华，雇佣中国人在湖北、四川、云南、海南、台湾等地采集了数万件标本，著有《中国植物名录》（1887年）和《中国经济植物笔记》（1893年）。他在华的采集和研究，被认为是最有价值并富有意义的工作。法国学者桑志华（Emile Licent，1876～?）于1914年来华，并长期担任天津北疆博物院（图1-1）院长。他在中国北方从事了长达20余年的资料收集与考察工作，采集了数以万计的植物标本，著有《1914—1923年黄河流域十年勘察报告》（1924年）、《黄河流域十年调查记》（1933年）及《1923—1933年黄河流域十一年勘察报告》。

美国来华考察的学者当中，最著名的当属地质学家庞培烈（Raphael Pumppelly，1836～1923）。他于1862～1865年在华从事考察。他来华的目的本是地质调查，但是当他来到中国时，受清政府的邀请首先从事了一个多月的北京西

① 〔美〕普雷斯顿·詹姆斯等：《地理学思想史》，李旭旦译，商务印书馆，1989年，第270页。

图 1-1 天津北疆博物院旧址

山煤矿资源调查。随后，他在东北、华北和西北一带从事地质调查，并横穿欧亚大陆。回到美国后，庞培烈于 1866 年发表了在华的地质考察报告《在中国、蒙古及日本的地质研究》。虽然庞培烈不及俄国人那样重视中国的自然资源情况，但是他在华考察时间长、范围广，所以他的考察成果中还是包含了大量中国自然资源的资料，这些资料成为后人研究的基础。

步西方人的后尘，从 20 世纪初期开始，日本人也涉足中国的自然资源考察。日本人在中国的考察活动虽然晚于俄、美、德、英、法等西方国家，但却后来居上，在中国的东北、华北、华东、西北以及台湾等地进行了大规模的矿产和生物资源调查。

19 世纪后半叶，由于蒸汽轮船的发展和扩充军备的需要，日本国内对煤、铁等资源的消费大量增加。而日本国内的金、铜等矿山的开采量，在此时却趋于衰退。为了解决矿产资源问题，进入 20 世纪以后，日本人开始窥视周边国家的自然资源，尤其是矿产资源。出于侵略的目的，他们开始对中国东北和台湾等地进行考察。日本在占据台湾的 50 年里，调查了岛上的煤、金、石油等矿产资源，采集了大量的生物标本，在考察的基础上，先后出版了不同比例尺的《台湾地质矿产地图》、《台湾植物名汇》等资料。

日本人对中国大陆地区矿产资源的调查，主要是由日本设立在中国东北的地质调查机构完成的。日本于 1906 年设立了南满铁道株式会社（简称满铁），1907 年满铁矿业部内设“地质课”，主要从事抚顺煤矿调查，后将调查范围扩大到整个东北地区。“地质课”后迁至大连，交由兴业部管理，更名为满铁地质调查所，1919 年改为地质调查所，从事东北地区的地质矿产资源考察。1938 年，满铁地质调查所的部分机构迁至长春，由伪满洲国接管，隶属于大陆科学院，并更名为“满洲帝国地质调查所”。地质调查所对东北的地质、矿产做了大量调查工作。随着日本侵华势力的扩大，地质调查所一度把调查区域推进到华北地区。到1940年，仅调查的矿产地就达3000多处①。

不可否认，在上述来华的外国探险者中，既有学者也有政客，更有出于侵略或掠夺目的的探险家，其中有些考察也很粗糙。但是外国人的考察报告或专著，成为早期研究中国资源环境情况的重要资料，尤其是在区域环境特点、动植物和矿产资源的分布、中国地层系统的建立、古生物种属的发掘、描述与鉴定的划分等方面，都具有参考意义。中国学者早期从事野外调查时，也多参考西方人的工作。

早期外国探险家的考察活动，多是在各国政府、企业、学术团体或研究机构的资助之下，以个人身份来中国考察的。这一时期来华的西方人多是不请自来，他们与中国学者之间少有直接的交流。他们的足迹遍及中国的广大疆域，考察报告和相关论文、论著数以千计。

2. 中国政府聘请的西方学者

中国近代工业的发展，刺激了对全国自然资源分布情况的调查。为了解决考察人才短缺的问题，中国政府开始聘请外国学者来华，帮助调查矿产资源的分布和储量。早在19世纪末期，清政府就曾高薪聘请英国人来华帮助调查中国内地的矿产资源。进入20世纪以后，随着近代科学在中国的引进及发展，中国政府不断聘请西方学者来华，从事自然资源的调查与研究。这一时期被聘请来华的大多是西方著名的学者，他们的到来，为中国的自然资源考察和科学研究事业增添了生命力。早在20年代初期，中国地质事业的开拓者章鸿钊（1877～1951）就曾经指出：“十年以来，外国的有名地质学家，常常在我们左右和我们共事，这即是使我们得到一个‘不能不发展’的好机会。”②

德国学者梭尔格（F. Solgar）是影响较大的西方学者之一。1909年，梭尔格应聘到京师大学堂地质科从事教学工作，后因地质科停办，他便应农商部之邀与中国学者共同从事矿产资源的考察。1913年，梭尔格与地质学家丁文江（1887～1936）和王锡宾在山西铁路沿线从事地质和矿产资源的调查，并与丁文江共同绘制了煤矿区域地质图。

曾任瑞典地质调查所所长的地质学家安特生（Johann Gunnar Anderson，1874～1960）于1914～1924年应聘来华，担任北洋政府农商部矿政司顾问，并

---

① 解学诗：《隔世遗思——评满铁调查部》，人民出版社，2003年，第105页。

② 章鸿钊：《中国古代之地质思想及近十年来地质调查事业之经过》，《地学杂志》，1922年，第2期，第55～62页。

带领他的助手丁格兰（F. R. Tegengren）从事矿产调查。安特生十分重视调查中国煤、铁及其他矿产资源，他在中国最大的成绩就是发现了宣化烟筒山铁矿，并且详测了龙关线一带的铁矿资源。他于调查煤、铁、铜各种矿产期间，连带注意从事地文分期的研究，并进一步研究了新生代的分层、新生代古生物采集及远古人类考古。为了能够收集到大量的化石标本，他利用外国学者的身份，托请在中国各地的教会帮忙采集各地化石等史前遗物。他还发现了周口店等重要的化石地点。这位发表论著达60多种的多产学者，不但亲自对中国的自然资源做了大量的调查和研究，而且还积极推动了中国学者从事相关的工作。为了帮助中国学者解决经费上的困难，安特生通过争取瑞典王子、世界著名火柴大王等著名人士捐款，积极帮助中国学者募集野外考察资金。

20世纪20年代，中国开始对土壤资源进行调查。由于缺乏土壤学家，美籍学者潘得顿（R. L. Pendleton）被聘请来华指导，并帮助中国学者从事土壤资源的调查工作。30年代，中国建立起了土壤学研究机构，又聘请了美国学者梭颇（James Thorp）参与土壤调查。在华期间，梭颇在与中国学者多年共同考察的基础上，绘制了1∶750万的《中国土壤概图》，编写了《中国之土壤》一书。

与各国自行组织的来华考察相比，中国政府聘请来华的西方学者对中国学者的影响更加直接。首先，这些学者大多在相关的研究领域有着很深的造诣，他们带来了先进的科学理论和研究方法。他们的考察报告或研究论文又大部分发表在中国的刊物上，对中国学者起到了示范的作用。其次，他们在华工作期间大多与中国学者有直接的合作与交流。一些西方学者更是亲自带领中国学生在野外考察，因此在培养科学人才方面发挥了作用。再次，这一时期来华的学者，在中国学术界大多具有很高的地位，他们的学术观点和工作方法直接影响甚至左右着中国学者的工作。西方学者多是在抗日战争爆发之前、中国现代科学事业正在起步的时期来华工作，从而使得这些外国人在中国学术界成为学术权威。对某一件工作成果，只要外国学者“点头就成为定论，这也是大家暗中遵守的‘不成文法’”①。经过几十年的努力，中国学者逐渐成为各学科领域的主体。同时由于抗日战争的影响，在华的西方学者开始减少。

3. 中外合作的考察团

进入20世纪，随着考察规模的扩大，德国、法国、意大利、美国等国家纷纷组织考察团或远征队来华。早期的考察队大多未经中国政府的允许而长驱直入。西方人的行径引起了中国学术界的强烈不满。从20世纪20年代开始，经过西方近代

① 黄汲清《回忆录》，未刊稿。

科学思想的传入和五四运动的洗礼，中国学术界走向成熟。中国学者开始具有现代意识与民族精神。为了反对外国人在未经允许的情况下在中国从事考察活动，中国学者于1927年组织成立了“中国学术团体协会”。协会在《宣言》中明确提出：

凡一国内所有之特种学术材料，如历史材料，及稀有之古生物动植矿物等材料，因便利研究、尊重国权等理由，皆宜由本国各学术团体自为妥实保存，以供学者之研究，绝对不允输出国外。此在文化优越之国家，已经著为典则，无有例外。乃近数十年来常有外人所组织之采集队，擅往中国各处搜掘，将我国最稀有之学术材料……莫不大宗捆载以去。一若不平等条约蚀吾国权之不足，更欲用其精神以蚀吾学术。当时虽亦有人呼号反对，而政府社会置若罔闻，遂致材料分散，研究不便，致学术上受莫大之损失，兴言及此，良堪痛心……

我国近年因时局不靖，致学术事业未能充分进行，实堪慨叹。但同人等数年来就绵力所及，谋本国文化之发展已有相当之效果。现更鉴于合作之必要，组织联合团体，作大规模之计画，加速进行，将来并可将采集或研究之所得，与世界学者共同讨论。一方面对于侵犯国权损害学术之一切不良行为，自当本此宣言之精神，联合全国学术团体，妥筹办法，督促政府严加禁止，当此吾民日趋觉悟，举国呼号废除不平等条约之时，邦人君子爱国之心虽不如我，谅能急起直追，使中国文化前途有所保障。①

对于计划来华的外国考察团，中国学术团体协会采取合作的方式，组成中外联合科学考察团。联合组团的方式，一方面可以增进中外的学术交流，解决中国学者缺乏考察经费和设备的实际问题，另一方面也限制了外国人在华的资源考察与掠夺。

这种中外联合组团考察的方式，始于1927年中国学术团体协会与瑞典地理学家斯文赫定（Anders Sven Hedin，1865～1952）联合组建的“中瑞西北科学考查团”。斯文赫定从1885年开始多次来华，在西北和西藏等地从事考察，并收集了大量资料，发表了许多在中外学术界具有广泛影响的著作。1926年当他再次来华，准备组织考察队对中国西北地区开展一次大规模的考察时，受到了中国学术界的强烈抵制。为了能够顺利地开展工作，斯文赫定与中国学术团体协会经过

① 《中国学术团体协会西北科学考查团报告》，此《宣言》的主要内容于1927年3月10日发表在《晨报》上。

多次协商，决定成立“中瑞西北科学考查团”①。

“中瑞西北科学考查团”（The Sino-Swedish Scientific Expedition to the North-Western Province of China，1927～1935）是第一个组建的大规模中外合作考察团。考察内容涉及自然资源与环境、地磁、地质矿产、气象与气候、天文、考古和民俗。由于考察团经历地域辽阔、参加人数较多、涉及学科广泛、时间跨度较长，所以在自然资源考察方面取得了丰硕的成果。在矿产资源方面，中国学者丁道衡（1899～1955）和袁复礼（1893～1987）发现了白云鄂博铁矿。这个发现经过1955年的详查证实后，为包头钢铁工业基地的建设奠定了基础。在植物资源方面，年轻的植物学者郝景盛（1903～1955）在甘南和青海等地收集了大量植物标本及资料，并对这一地区的植物地理和植物区系进行了研究；在气象观测方面，考察团在内蒙古和新疆两地建立了6个气象站，取得了第一手气象观测资料。在沿途考察过程中，考察团成员还进行了大地测量和地形测量，绘制了包含有资源情况的详细地图。考察结束后，中外学者都发表了大量的考察报告和研究成果。瑞典方面将研究成果汇集成了11大类55卷的《中瑞西北科学考查团报告集》（*Reports from the Scientific Expedition to the North-Western Provinces of China under the Leadership of Dr. Sven Hedin, Sino-Swedish Expedition*）。这个报告集从1937年开始出版发行，一直延续到20世纪80年代②。

仿照“中瑞西北科学考查团”的合作模式，中国学者还先后与美国和法国学者组织了联合科学考察团。

自20世纪20年代初期开始，美国自然历史博物馆组织了中亚远征队（Central Asiatic Expedition of the American Museum of Natural History）。在队长安得思（Roy Chapman Andrews）的领导下，考察团每年春来秋返，先后在云南、四川、福建、西藏、蒙古等地考察，发掘了大量动物化石。1928年考察队自蒙古返回北京时，中国舆论界普遍谴责考察队偷盗中国宝物、查勘中国矿产资源，考察队采集的85箱化石也在张家口被扣留。因此当1930年考察队再次来华时，改由中美学者共同组团，考察团的名称也定为“中美联合科学考查团”。中国学者张席禔（1898～1965）、杨钟健（1897～1979）、裴文中（1904～1984）等参与

---

① 关于“中瑞科学考查团”成立的详细经过，参见李学通：《中瑞西部科学考查团组建中的争议》，《中国科技史料》，2004年，第25卷第2期，第95～105页；张九辰：《中国现代科学史上的第一个平等条约》，《百年潮》，2004年，第10期，第42～46页；罗桂环：《中国西北科学考查团综论》，中国科学技术出版社，2009年。

② 《中瑞西北科学考查团报告集》中的个别卷次，不属于20世纪20～30年代的“中瑞西北科学考查团”的考察成果。根据笔者掌握的资料，这个报告集一直出版到80年代。最后一位在世的“考查团”成员那林去世后，报告集便告停止。但据社会科学院考古研究所陈星灿研究员介绍，他在瑞典访问期间，曾看到《中瑞西北科学考查团报告集》仍在继续出版，但收录的内容已是现代学者的考察与研究。

了考察活动。“中美联合科学考查团”的考察成果，对中国学术界影响也比较大。早在1922年秋季“中亚远征队”完成考察任务回到北京后，中国地质学会举行第4次常会，专门邀请考察队的四名成员安得思、伯克（Berkey）、莫里斯（Morris）和格兰格（Granger）介绍考察成果；1925年当远征队再次来华时，中国地质学会又特地举行了第9次和第11次常会，分别邀请考察队成员介绍他们的考察计划和成果。

第三个大型的中外联合考察团，是中法之间的合作。20世纪20年代末期，在法国政府、军方和法国雪铁龙公司的支持与赞助下，法国方面计划组织亚洲考察活动，并于1930年派代表卜安（V. Point）来华，商谈成立“中法科学考查团”事宜。双方在协商的基础上初步达成协议。按照协议，考察的主要内容涉及地理、地质、生物、人类、考古和民俗等诸多方面。1931年中外联合考察团正式成立，法方19人，团长为卜安；中方9人，团长为褚民谊（1884～1946）。虽然协议中规定这是一次综合性的学术考察，但中方团员、地质学家杨钟健评价法国人的目的：“本只是横贯亚洲的大旅行，而不是什么学术考查。与中亚考查团（即中美考查团——笔者注）和西北考查团（即中瑞考查团——笔者注）绝不相同。”① 法方人员中真正的科学家很少，只有德日进和雷猛。由于在考察过程中法方一些团员“完全以殖民地主义的态度待人”，甚至殴打中方团员，致使这次合作以失败而告终。

中外联合组成的科学考察团，由于经费充足、设备先进、涉及学科广泛，在自然资源考察方面成绩斐然。同时为了避免引起中国学者对西方人掠取中国文物的不满，考察团一般都把与自然资源有关的内容列为考察的重点。这些都有利于推进自然资源的考察工作。但是由于双方无法真正平等的合作，各自的考察目的也不尽相同，这就造成了在考察过程中缺乏良好的协调，考察结束以后双方的合作关系随即终止，无人再督促后期的成果交流与总结。这一点在中国学者方面更是明显，即使像合作良好的“中瑞西北科学考查团”，考察结束后的研究工作也进展迟缓。抗日战争爆发后更是导致考察资料散失、研究中断。

二、中国学者自行组织的考察

进入20世纪中国学术团体和研究机构纷纷成立，中国学者开始独立从事自然资源的调查与研究。这一时期的工作大多围绕着学术研究而展开。地质学、地理学、生物学等领域的学者分别从不同的角度，对同一项或几项自然资源进行调查研究。学术机构组建的考察队，着重于自然资源的调查、自然条件的观测与初

① 杨钟健：《西北的剖面》，北平兵马司地质图书馆，1932年，第141～143页。

步研究。为了克服经费、人员等方面的困难，曾经也有学术团体、高等院校、学术机构，甚至政府机构和社会团体联合组织过考察团①。

1. 学术机构组建考察队

从20世纪开始，地学、生物学研究机构纷纷建立②。这些以地域性研究为主要特点的学术机构，成立之初的首要任务就是到野外收集资料，为科学研究奠定基础。与此同时，为了研究机构的发展，也为了解决研究经费的困难，许多机构也接受政府或企业交给的任务，在服务社会的同时从事学术考察。1949 年以前生物学、地学领域的研究机构，每年都会派出考察队到野外工作。地质学领域先

---

① 这一时期组织的考察团数目众多、名目繁杂、时间长短和规模大小不等、考察水平参差不齐。笔者在阅读资料过程中，看到了大量的考察团的记载，其中主要有："广西科学调查团"（1928 年，中央研究院组织，历时9 个月，着重采集动植物标本，调查地质环境及风土人情）；"西陲学术考察团"（1931 年，政府组织，前往蒙古、甘肃、新疆各地考察）；"西北考察团"（1932 年，百多名在中央党部工作的专家学者奔赴陕西、甘肃、宁夏三省区考察）；"长江通讯社西北考察团"（1932 年，撰写有《西北实业计划调查报告》）；"四川考察团"（1932～1933 年，资源委员会组织，在四川省乌江流域考察）；"雷马峨屏考察团"（1934 年，西部科学院组织，在云南和四川东南部考察）；"云南地理考察团"（1934 年，中央大学、国防设计委员会、云南省政府联合组织）；"西北考察团"（1937 年，中英庚款董事会、西北移垦促进会联合组织，在甘肃调查）；"西北艺术文物考察团"（1940 年，教育部组织，在西安开展工作）；"西北考察团"（1940 年，中华自然科学社组织，考察范围在川西北及甘南白龙江流域）；"西南公路考察团"（1940 年，由青海起南北穿过西康到云南一条可能的公路线）；"中印公路勘查队"（1941 年，全国公路总局组织。北队曾拟从云南经西藏入印度，但被藏族所阻，未能完成任务）；"川康古迹考察团"（1941 年春，中央研究院历史语言研究所、中央博物院筹备处和中国营造学社共同组建，在四川彭山和新津等处调查发掘）；"川康考察团"（1941 年，西南联合大学化学系、生物系和地质系联合组织）；"甘青考察团"（1941 年，农林部组织）；"川西科学考察团"（1942 年，中央大学地质系、地理系、生物系联合组织）；"西北史地考察团"（后改为"西北科学考察团"，1942 年，中央研究院历史语言研究所、中央博物院筹备处、中英庚款董事会、中国地理研究所和北大文科研究所联合组织，以甘肃、青海、宁夏、新疆等省区为中心）；"西北科学考察团"（1943 年，中央研究院组织）；"西北建设考察团"（1943 年，中央设计局主持）；"国父实业计划西北考察团"（1943 年）。

② 地质学机构有：中央地质调查所（1916 年成立）、河南地质调查所（1923 年成立）、两广地质调查所（1927 年成立）、湖南地质调查所（1927 年成立）、中央研究院地质研究所（1928 年成立）、江西地质调查所（1928 年成立）、贵州地质调查所（1935 年成立）、四川地质调查所（1938 年成立）、西康地质调查所（1939 成立）、云南地质矿产调查所（1939 年成立）、资源委员会矿产测勘处（1940 年成立）、福建地质土壤调查所（1940 年成立）、新疆地质调查所（1944 年成立）、台湾地质调查所（1945 年成立）、宁夏地质调查所（1946 年成立）、浙江省地质调查所（1946 年成立）和察绥地质调查所（1947 年成立）；生物学机构主要有：中国科学社生物研究所（1922 年成立）、广州中山大学农林植物研究所（1927 年成立）、北京静生生物调查所（1928 年成立）、北平研究院植物学研究所（1929 年成立）、北平研究院生理学研究所（1929 年成立，原名生物学研究所）、北平研究院动物学研究所（1929 年成立）、中央研究院动物学研究所（1934 年成立）、中央研究院植物学研究所（1934 年成立）、广西大学植物研究所（1935 年成立）和西北植物研究所（1936 年成立）。相比之下，地理学研究机构最少，1949 年以前只有中国地理研究所（1940 年成立）一个机构。

后组织了几百次的小规模考察。以当时中国最大的地质学研究机构中央地质调查所为例，在抗日战争最困难的1940年上半年，该所就有近20个考察队在野外工作。生物学领域的研究机构，也在动植物资源的考察、植物标本的采集，以及药用植物的考察和采集方面做了大量的工作。由于条件的限制，这些学术机构的考察地域多集中于所在地附近的区域，因此不同的机构研究的地域不同。位于南京的中国科学社生物研究所，考察区域主要集中在长江中下游地区；位于北京的静生生物调查所，主要在华北、西北等地考察；广州中山大学农林植物研究所和广西大学植物研究所，考察地域则集中在华南。

研究所组织的考察队一般规模小、时间短，有时两三个人即可组成一个考察队。当然，在经费充裕、条件允许的情况下，研究所也会组织远距离、规模大的考察工作。1932年，静生生物调查所组织了由蔡希陶（1911～1981）领队的云南生物采集团，这是中国生物学史上时间最长、收获最多的一次生物标本的采集活动。虽然各研究机构考察地域有限，但是这一时期成立的研究机构较多，考察成果也逐渐丰富起来。据统计，1949年以前全国约有六七十位植物学者，经过多年的努力，采集的高等植物标本约80万号，代表2万余种植物，并在全国15个省市的植物学研究机构及大学建立了27个标本室①。

学术机构组织的考察，有很大一部分以应用性研究为目的。矿产资源考察是地质学者开始最早、投入人力和财力最多的工作。中国学者在煤、铁、石油以及其他金属矿产和非金属矿产资源的考察方面都做了大量工作，尤其重视对煤、铁等资源的考察。据统计，仅中国学者调查过的煤田就有180多处，其中新发现的有十几处。他们在铁矿资源的调查方面也做出了重大的贡献，发现了六七处铁矿②。地质学者还在中国的西部地区进行了多次石油地质调查，并找到了天然油气田。

在地质学家和生物学家从事专项资源考察的同时，地理学家已经开始尝试从区域研究的视角，在力所能及的范围内进行小区域的、综合性的自然资源和自然条件的综合性考察。中国地理研究所作为1949年以前唯一的地理学研究机构，从成立伊始就把区域综合考察作为学术研究的重要内容。该所建立时还缺乏组织大规模区域规划和区域开发的条件，进行全国范围内的综合性区域考察与研究条件尚不成熟。从当时学术基础来看，区域范围的选择如果太大，在人力、时间、财力等条件的限制下工作无法深入，从而也就失去了考察研究的意义。因此在区

① 中国植物学会编：《中国植物学史》，科学出版社，1994年，第160页。

②《经济部中央地质调查所二十五周年纪念会记略》，《地质论评》，1942年，第7卷第1～3期，第87～98页。

域的选择上，有地理学家建议："最好是一个岛屿、山谷、冲积扇、三角洲、一丘一埠等，因为这一类的研究，宜于精细。"① 中国地理研究所以及高校地学系，根据自身的条件，首先在机构周边地区开展了区域考察与研究，像中国地理研究所早期的考察区域，就主要集中在中国的西南部地区。

2. 基金会资助的考察

与政府出资不同，基金会对学术机构的资助一般时间较长，而且也没有具体的任务要求。从而保证了研究机构能够在较长的时期内专心于专项考察与研究工作。基金会在自然资源考察方面的资助，以土壤资源的调查规模最大。

中华教育文化基金会十分重视中国的农业问题，并于 1930 年通过了一项土壤调查计划。由于缺乏相应的研究机构，中华教育文化基金会委托中央地质调查所开展全国范围的土壤调查。为此该所专门成立了土壤研究室，并聘请美国学者来华指导工作。由于最初几年经费比较富裕，土壤调查工作进展顺利，取得了丰硕的成果。这是 20 世纪前半叶规模最大、范围最广的土壤资源的调查。土壤调查工作先后在山东、河北、陕西、甘肃、广西、广东及江西等地展开。虽然这次考察是因为关注农业问题而资助的工作，但是基金会并没有给研究机构下达具体的任务。这项工作开展后，基金会也没有干涉它的考察内容。正是这种特殊的机遇，使土壤资源的考察和研究取得了长足的进展。在野外工作的基础上，研究人员编制土壤图百余幅、采集土壤标本万余个、撰写调查报告和论文百余篇②。学者们还研究了土壤生成及分类、土壤分布规律、指示植物、土壤形态、土壤分层、土壤理化性质、土壤肥力等内容。

由于条件的限制，早期的土壤资源调查主要集中在中国的东部地区。西部地区，只在山西省和陕西省的部分地区做了一些工作，东经 100 度以西的地区则是空白。抗日战争爆发后，土壤调查工作开始转向西北和西南，开展了相关区域的土壤资源考察。

3. 多方联合组织考察团

野外考察需要大量的经费，20 世纪 20～30 年代，一次野外考察旅费的支出少则几百元，多则几千元。相对于当时北京四五口人之家每月只要有十几元的伙食费就可以维持生活，这个开销非常大。随着研究机构的增多和野外考察规模的

---

① 田世英：《地理学新论及其研究途径》，商务印书馆，1947 年，第 90 页。

② 李庆逵：《前地质调查所土壤研究室的工作回顾》，见程裕淇、陈梦熊主编：《前地质调查所的历史回顾》，地质出版社，1996 年。

扩大，单靠一个机构的力量已经无法担负起大规模的野外工作。组建联合考察团在一定程度上解决了这些问题。

联合考察团一般规模较大，利于在短期内迅速筹集资金。它的组织形式也比较灵活，可以建立起包括多个机构、多个学科的队伍。只要有一定的经费支持，这个队伍就能够迅速成立并开展工作。1949 年以前成立的、以自然资源考察为目的的考察团，涉及学科范围广泛，包括地质学、地理学、生物学、考古学、历史学、经济学等多个学科。

从学科角度看，当时的中央研究院、北平研究院和西部科学院等机构，本身就具有多学科的优势。1928 年，中央研究院组织了由生物学家和地质学家共同参与的“广西科学调查团”，该团历时 9 个月着重采集动植物标本，调查地质环境及风土人情①；1934 年，西部科学院生物、地质两所共 12 人组成了考察团，在云南和四川东南部地区考察。这种组团方式，以学术研究为目的，所以收集有丰富的资料，并撰写了考察研究报告。

高等院校也具有多学科的优势。由于教学工作的需要和时间上的限制，高校组织的考察团一般时间较短，但是参与人数众多，由教师和学生共同参与工作。这种考察团组建目的多是为了教学需要，所以研究性的考察报告不多。当然也有部分人员经过个人的努力，发表了考察记录或研究论文。1941 年，西南联合大学化学系、生物系和地质系组织了“川康考察团”。考察团的领队曾昭抡（1899～1967）于 1945 年出版了 20 万字的考察报告《大凉山夷区考察记》。报告介绍了这一地区的矿产资源、交通和少数民族情况②；1942 年中央大学地质系、地理系、生物系，也曾联合组织了 100 多人参加的“川西科学考察团”。但是该考察团没有发表正式的报告。高等院校组织的考察团的教育目的和意义要高于学术意义。考察团的组建是为了促进教学、培养学生吃苦耐劳的科学精神，所以考察工作没有明确的任务要求，考察后的研究成果往往也较少。

研究机构与高校之间，也曾经联合组织过跨机构的考察团。例如，1934 年中国科学社生物研究所与静生生物调查所、中央研究院自然历史博物馆、山东大学、北京大学等单位联合组成了“海南生物采集团”，赴海南岛一带调查热带和亚热带动植物资源，采集标本。

在跨机构联合组织的考察团中，规模最大的当属 1942 年组建的“西北史地考察团”。考察团早期由中央研究院历史语言研究所、中央博物院筹备处和中国

---

① 姜玉平等：《从自然历史博物馆到动物研究所和植物研究所》，《中国科技史料》，2002 年，第 23 卷第 1 期，第 18～30 页。

② 裘立群：《西南联大师生步行考察大凉山》，《中国科技史料》，1994 年，第 15 卷第 2 期，第 32～41 页。

地理研究所联合发起。该团以甘肃、青海、宁夏、新疆等地为中心，着重调查陇西及河西走廊一带的历史古迹、自然环境与资源情况。1943 年考察团规模扩大。北京大学文科研究所正式加入，并新增了地质、矿产、动植物等组。考察团名称也改为“西北科学考察团”①。“西北科学考察团”虽然涉及学科众多，但是结构松散，学科组各自为政，经费也是独立使用的。各组之间基本上没有学术交流，考察成果也是在各自的学术刊物上发表。所以名为联合考察，实际上是在统一的旗号下独立工作。只是这种组团的形式可以增加考察的社会影响、扩大考察的规模，也利于得到经费资助、维持较长的工作时间。所以各学科的考察工作都取得了不小的成绩。

三、政府机构推动的考察

尽管 20 世纪前半叶考察活动频繁，各种名目的考察队数量众多，而且有些也具有一定的水平和规模，但是大规模的考察活动由于经费、组织管理等客观条件的限制，学术团体或研究机构无力承担。政府的支持，无疑是这项工作的最好推动力。而且从国家经济建设的角度来看，由政府机构出面来组织考察工作，可以更好地把科学工作与经济建设结合起来。

民国时期的资源委员会的建立，在一定程度上推动了自然资源的综合考察。“九·一八”事变后，为了发展工业、增强国力、及早进行抗战准备，国民政府于 1932 年 11 月创立了国防设计委员会。委员会隶属于国民政府军事委员会参谋本部。1935 年，委员会改隶军事委员会，并易名为资源委员会。后来该委员会的隶属关系不断变化，还曾经隶属于经济部、行政院，并于 1952 年在台湾撤销。委员会成立后，致力于加强国防建设，发展工矿企业，推动经济建设的全国性建设方案的拟订。

面对千头万绪的建设工作，应该从何入手？时任国防设计委员会秘书长的翁文灏（1889～1971）提出：

> 建设必先有计划，计划又必须有实在根据，不能凭空设想，亦不能全抄外国成法……古人说：七年之病必求三年之艾。现在可以说五年建设，必须先有五年的测量调查和研究。所以俄国五年建设计划比较可

---

① 刘诗平、孟宪实：《敦煌百年：一个民族的心灵历程》，广东教育出版社，2000 年，第 254、260 页。考察团人员组成情况如下：团长辛树炽（西北农学院院长）、总干事李承三（中国地理研究所所长兼领队）；历史组：主任向达（西南联大教授，1942 年由中央博物院聘请，1943 年以北大文科研究所成员参加），1943 年夏鼐任副组长（历史语言研究所留英考古学博士），组员劳幹、石璋如。1943 年阎文儒（向达的研究生）加入；地理组：主任李承三，组员林超、周廷儒；植物组：主任吴静禅（同济大学教授）；文书：劳幹（史语所）；会计：石璋如（史语所）；事务：周廷儒（地理所）。

能，因为他们预备功夫究竟比我们开始得早了许久。他们第二个五年建设计划成功必定更大，因为已有第一个五年工作做了基础。中国在前清末年的建设事业，差不多都是毫无计划，贸然实行，所以用力虽大而成效甚微，甚至还引起许多危险。民国以来方始有些测量调查研究的工作，但仍未尽得实用，或者因为不能一贯进行，所有成绩大半损失。或者因为当局主持的人没有利用此种材料的能力及信心，所以事业上仍得不着指导。①

国防设计委员会成立之初，其下设的三个部门中第一个就是调查处。调查处初步计划的调查内容中，包括了对自然资源的调查。然而，仅仅依靠调查处的力量显然无法完成全国性的调查研究。翁文灏认为："这种机关不必完全另起炉灶，一一创立，国内现有的调查所、研究所都应该尽量利用。一则事半功倍立刻可用，一则也使这种研究机关多加几分为国努力实事求是的意义。"② 委员会成立后，开始组织各方面的力量开展调查，例如，为兴建水利设施对长江三峡地区开展科学考察，为开发石油资源对陕北地区的石油矿产资源进行调查等（图1-2）。

图1-2　20世纪40年代的石油考察

国防设计委员会改名为资源委员会以后，更是着力推动自然资源的调查工

① 翁文灏：《建设与计划》，见翁文灏著，李学通选编：《科学与工业化——翁文灏文存》，中华书局，2009年。

② 翁文灏：《经济建设与技术合作》，见翁文灏著，李学通选编：《科学与工业化——翁文灏文存》，中华书局，2009年。

作，并先后组织了对湖北、四川、湖南、云南等地的矿产资源调查。进入20世纪40年代以后，为了满足西南地区建设对矿产资源的要求，还专门成立了“资源委员会矿产测勘处”。该机构先是负责西南，后改为负责全国矿产资源的勘探任务。抗日战争期间，矿产测勘处在西南地区开展了大量调查工作。据统计，该处调查了60处煤矿、16处铁矿、20处铜矿、20多处银铅锌矿、10处汞矿，此外还有金、钨、锡、镍、铝、石油、盐、瓷土、硫黄、石棉等矿床①。抗日战争胜利后，矿产测勘处的调查工作推进到山东、江苏、河南、安徽、湖南、福建、广西、台湾，甚至东北等地，发现了许多重要的矿产资源。

除了资源委员会组织的有关调查工作外，其他政府机构，如建设委员会、铁道部、交通部，以及各省建设厅纷纷围绕建设任务组织资源调查。1929年，铁道部邀请当时隶属于农矿部的地质调查所②帮助调查南部各省铁路沿线的矿产资源。为此，该所制定了详细的《拟定调查办法大纲》，大纲中将考察的重点放在了中国西南部地区③。1929～1930年，在铁道部的资助下，地质调查所组织了一个规模较大的考察队到西南考察。这个考察队不但人员众多，而且配备了当时较好的考察设备④。高素质人员和先进设备的组合，使这一次西南考察成果丰硕。考察队采集了大量标本，收集了这一区域的自然资源和人文情况的丰富资料。

地方政府在推进考察工作方面也发挥了重要的作用。20世纪30年代中期，生物学家计划开展海洋生物资源的考察。1935年，北平研究院计划开展海洋生物资源调查。因为他们的计划可以“辅助实业”，得到了青岛市政府的支持。双方联合组织了“胶州湾海产动物采集团”，对胶州湾及临近海域的海洋动物进行考察。青岛市政府为考察团提供了设备、组织等保障，北平研究院则派出动物学研究所、生理学研究所的研究人员，并与青岛市观象台海洋科和山东大学等机构的学者共同开展工作。

民国时期，政府部门虽然在经费和组织管理方面推动了对自然资源的考察，但是不难看出，有关工作依然力量分散、各自为政，缺乏统一的规划和强有力的领导。大规模、有计划地对全国范围内的自然资源进行综合性的考察与研究，始于中华人民共和国成立以后。

---

① 殷维翰：《矿产测勘处对中国勘探事业的贡献》，见郭文魁等主编：《谢家荣与矿产测勘处》，石油工业出版社，2004年。

② 1930年农矿部与工商部合并为实业部，地质调查所又隶属于实业部。

③ 中国第二历史档案馆档案：全宗号375，卷宗号115。

④ 考察队员携带有一套经纬仪、一只Omega高级怀表、一套手携无线电收听仪、一个美国制Brunton地质罗盘、一个干气压计、一套沸点温度仪、一个双筒望远镜、一个手携扩大镜、两个大锤、若干个钢钎、数个皮尺、一个小钢卷尺和一套绘图板及附件，以及电池、电灯等设备。

第二节 新中国综合考察兴起的社会背景

从自然资源综合考察的理论框架与研究方法的角度来看，1949年并不是一个明显的转折点。但是中华人民共和国成立以后，加强了对自然资源综合考察的统一规划。野外工作也在内容上、规模上、组织形式上、考察目的上，甚至指导思想和工作方法上发生了重大的变革。这种变化与新中国社会政治环境和科研体制的改变密切相关。

综合考察不但需要在体制上、资金上、人员上给予强有力的支持与保障，也需要各部门的通力合作。1949年11月建立的中科院，以全国学术中心的地位从体制上保障了大规模综合考察的顺利进行。为了配合国家经济建设，中科院从建立初期就开始组织地学、生物学、经济学以及工业、农业、交通等各学科与专业的力量，共同对一定地区开展自然资源及其开发条件的科学考察与综合研究。1956年“十二年远景规划”制定以后，中科院更是投入了大量人力物力，组织了多学科、跨机构的综合考察。

中科院组织的大型综合考察，是一项规模庞大、持续时间长、投入人力和物力巨大的科学研究工作。即使在10年“文化大革命”中，野外工作也没有完全停止。从1956年到1966年的10年中，综合考察的规模尤其庞大，中科院每年都组织5～10个大型考察队同时在野外工作。仅以1958年为例，就有107名苏联专家和1500多名中国学者参加野外工作。国家对这项工作的投入更是巨大。以1959年为例，中科院当年有近2500人参加工作，考察经费达600万元①。

中科院从建院开始，就把“科学研究为人民服务”、“科学研究与实际密切配合”作为科学研究的新方向。在中科院的各项任务中，对国家自然条件与资源的调查研究，成为理论联系实际、科学研究为国家建设服务的重要内容。综合考察不但可以填补有关领域的学术资料空白，而且还可以为当地工农业生产建设服务，这符合当时的政治和学术标准。因此，综合考察能够在新中国成立初期，在科学基础薄弱、人力物力并不充裕的情况下迅速开展，有来自于学术研究的需求，更有学术之外的社会环境的影响。多种因素的共同作用，造就了独具特色的新中国自然资源综合考察。

① 《综考会工作会议记录》，中国科学院档案馆档案：Z374-42。

一、科学研究的计划性

20世纪50年代，在决策体制上以中央决策为主，在调节方式上以行政手段为主的计划经济体制，把指令性计划作为行政管理的唯一形式。这种特点，决定了科学研究也必须严格在中央决策的指导之下，制定具体的工作内容和进度，并通过行政手段组织实施。

“50年代，‘规划’或‘计划’是新政权科层组织运用最多的管理术语（之一）。对于科学，政府积极推进计划程序，以此实现对科学发展的干预目标。”① 中科院成立之后，不仅强调理论联系实际，也特别强调科学研究的计划性和集体性，强调建立并加强各学科研究之间的有机联系。

对于规划在科学研究中的重要性，在1953年第五次院务常务会议上中科院院长郭沫若曾经指出：科学规划是“很重要的任务，是配合国家建设走向计划化。要保证整个国家计划的完成，科学工作者必须要在自己的岗位上保证完成计划”，副院长李四光（1889～1971）也强调“计划既经批准如同法律，必须遵守，努力完成”。②

至于为什么要制定科学规划，在1952年召开的中科院北京各研究所所长联席会议上，中科院计划局副局长丁瓒（1910～1968）给予了明确的解释：

> 最主要的理由是因为我们的国家是计划经济制度。我国的国民经济是有计划按比例地发展着的，那么与生产发生直接联系的科学工作便不能不是按照一定计划来发展。如果生产是有计划的按照一定比例的在那里发展着，而科学工作却是盲目的无计划的自流，那么必然就会发生科学工作与生产不相适应的情况，国家生产中的许多重大问题便无从得到科学的帮助来解决；也就不能把科学家们的主要力量集中在国家建设的主要问题上，其结果科学工作本身也不能得到很好的发展③。

规划科学成为新中国科学研究与科学组织的重要方式。尽管这种方式在后来科学的发展过程中暴露出了不少问题，但当时在配合国家经济建设方面，还是发挥了行之有效的作用。这一点从当时对综合考察的组织工作可以反映出来。

---

① 李真真：《1956：在计划经济体制下科技体制模式的定位》，《自然辩证法通讯》，1995年，第17卷第6期，第35～45页。

② 中国科学院办公厅档案处档案：1953-02-02。

③ 丁瓒：《关于制订科学工作计划的几点意见——在中国科学院北京各研究所所长联席会议上的发言》，《院史资料与研究》，1993年，第1期。

1. 早期规划中的综合考察内容

综合考察在中华人民共和国成立后，很快成为服务于国家经济建设的重要科研活动。对于其中的原因，竺可桢作了很好的说明：

> 解放后，国家为了使这些优越的条件和富饶的资源能够适合国家经济建设的要求，得到充分利用和合理的开发，就必须对需要开发的地区进行一系列专业的和综合的调查研究工作，以便在充分掌握自然条件的变化规律、自然资源的分布情况和社会经济的历史演变过程等资料的基础上，提出利用和开发的方向、国民经济的发展远景，以及工农业合理配置的方案，作为编制国民经济计划的科学依据。
>
> 经过综合考察最后提出的报告是建议性的远景方案，供国家计划部门编制国民经济计划时作参考。因此有人形容它是“计划的计划”，对于计划起着“探照灯的作用”。①

在新中国经济建设和区域开发过程中，中科院曾经联合当时的工业部、农业部、林业部、水利部、铁道部、交通部、地质部和国家测绘总局、中央气象局等单位，以及各地方的有关机构，在全国各地联合组织了综合考察。这些工作对于查清全国的自然条件和自然资源的分布和规划其未来的开发，发挥了重要作用。

综合考察不仅具有经济意义，而且也有重要的学术价值。竺可桢曾经指出：“一个国家的科学水准很容易从这个国家对于其国境内的地形、气候、动植物和矿产的普查工作做得怎么样而看出来；要看这个国家的大型、中型的地形图、地质图、土壤图有没有能做出来；要看这个国家有没有出全国动物志、全国植物志。这类普查工作不但为建立生物学、地学各科的基本理论研究奠定基础，而且也是做国民经济建设计划时所必需的基本材料。”②

从国际上讲，消灭地图上的空白点已成为国际的风尚。中国的辽阔疆域，正是综合考察的薄弱地区。整个世界都在关注这一地区的调查资料。但是由于条件的限制，1949 年以前，中国学者没能完成全国范围内的系统考察工作。这就使得作为具有区域性特点的地学、生物学，缺乏足够的野外考察资料，无法深入开展研究。因此，综合考察的科学意义不言而喻。

综合考察能够同时兼顾学科建设和国家需要，因此在中科院制定的长期研究

---

① 竺可桢：《综合考察是建设计划的计划》，《人民日报》，1959 年 11 月 20 日，第 7 版。

② 竺可桢：《中国生物学地学的发展状况与前途》，《竺可桢全集》第 3 卷，上海科技教育出版社，2004 年，第 280～289 页。

规划和历年年度计划中，一般都包含有这项内容①。但是中科院早期制定的研究规划，一般是从下到上，即由各研究所提出方案，再由院务会议讨论决定。这种规划，往往从学科出发，其中综合考察的内容，也是以单项资源的专题考察为主。跨学科、综合性的工作，很难反映在规划中。

在1952年12月召开的中科院第一次院务常务会议上，国务院文化教育委员会计划局局长邵荃麟（1907～1971）就指出，这种计划的拟定方法往往看不出突出的问题，应该将拟定计划的程序改变为从上到下。因为领导了解全面，可以提出方案，然后交给各所去讨论。为了能够制定出合理、有效的研究规划，中科院采取了两者相结合的办法，即重要的规划一般都是“由下到上”，再“由上到下”，并经过反复讨论再做出决定。从此，综合考察逐步被列入到中科院的各种规划之中。

早在1953年初中科院就明确指出，综合考察作为科学研究的重要内容和区域开发的前期工作，需要按照国家的任务和学术的要求进行规划。但是如何选择、确定有关的任务，是一项复杂的工程。对于如何进行科学规划，中科院曾经提出过四项原则：①最重要的是密切配合国家建设的需要；②考虑各门学科本身发展的需要；③照顾到现有的设备和工作人员的主观能力及兴趣；④参考苏联的先进经验。② 这四项制定科学规划的原则，直接影响了远景规划中综合考察内容的选择。国家经济建设的需要、学科建设的要求，左右着规划内容的选择。而政治条件、国际环境等多种因素，导致规划内容的不断调整。

随着国家第一个五年计划的制订，综合考察进一步得到了中科院长期、重点的支持。为了配合国家的经济建设，科学规划中一般都要求：“系统地进行国家自然条件与资源的调查研究，作为国家今后生产力配置和改造自然计划的参考和依据，并为目前国防、工业、农业部门的工作提供必要的材料。”③

中科院第一个科学发展远景规划的制定，始于1954年。这一年，国家计划委员会要求中央各部编制“十五年远景计划”。按照国家计划委员会的要求，中科院于1954年5月开始组织力量，协助工业、农业、交通运输业制定“十五年

---

① 1952年年底，中国科学院召开的第一次院务常务会议提出：院1953年的计划要同国家的五年计划相结合。在会议讨论的《中国科学院1953年工作计划（草案）》中，将“国家自然条件与自然资源的调查”列为这一年度的第一项重要工作。1953年年底，在《中国科学院党组关于目前科学院工作的基本情况和今后工作任务给中央的报告》中，提出了中国科学院的6项重点任务，其中第二项指出：有重点地对正在建设或即将建设的工业中心或经济区域，进行地上地下资源和自然条件的调查研究，提出按照社会主义原则综合利用国家资源的具体建议或参考资料（钱临照、谷羽主编：《当代中国丛书·中国科学院》上卷，当代中国出版社，1994年，第36～37页）。

② 丁瓒：《关于制订科学工作计划的几点意见——在中国科学院北京各研究所所长联席会议上的发言》，《院史资料与研究》，1993年，第1期。

③ 中国科学院办公厅档案处档案：1953-01-13。

规划”，并着手准备中科院“十五年计划”的制订工作。1955年1月，院长顾问、苏联学者柯夫达建议，中科院应该规划全国的科学研究工作，编制“十五年科学发展远景计划”，以解决国民经济建设“十五年计划”中提出来的最重要的科学技术问题。柯夫达的建议，进一步推动了中科院制定科学发展的长远规划。

1955年9月，中科院第39次院务常务会议通过了《中国科学院关于制订十五年发展远景计划的指示》（简称《指示》）。决定从10月开始，以各部门为单位，进行院第一至第三个五年计划期间发展远景规划的讨论与制定工作。《指示》要求：“制订远景计划，首先要认真研究我国发展国民经济的第一个五年计划，了解国民经济发展对科学工作的要求，研究各门科学的现状和趋势（国内的和国际的），分析各项科学研究与国家建设实践的关系。从科学的预见去估计国家今后进一步对科学的要求，找出各门科学中的生长点，提出发展的途径、步骤和应该研究的重大问题。”①

“十五年远景计划”中包含了大量与国民经济密切相关的项目，如涉及国防科技和尖端技术领域，涉及资源的开发与利用，涉及国民经济建设中带有综合性、关键性的重大理论问题等。同时，这个计划的制订也考虑了学科发展的问题。在开始制定科技发展长远规划时，中科院也曾经设想按照国民经济建设对于科学技术所提出的任务来进行规划，不是按照学科的门类来进行规划。这样制定的规划，使多数基础学科的发展方向在任务规划中表现不出来，或表现得不全面、不明确。所以在实际规划过程中，中科院仍然按照学科进行规划。

按照学科制定规划的方法，也存在着因无法系统了解国家的需要，不能使理论和实际很好结合的问题，但是这种矛盾在综合考察规划中表现得并不明显。综合考察比较容易使学术研究与国家经济建设结合起来。所以对综合考察的规划，在协调学科发展和完成经济建设的任务这两个方面做得较好。这一点在当时也得到了苏联专家的肯定②。

“十五年远景计划”把大规模的综合考察工作和基本科学资料的整理总结作为一项重要的任务，并希望通过这项工作，能够做出全国自然区域和经济区域的科学划分，以利于科学资料的积累和地域分异性规律等理论研究的深入。中科院“十五年远景计划”提出的大部分任务，都被纳入1956年制定的国家“十二年远景规划”之中③。

---

① 《关于制订中国科学院十五年发展远景计划的指示》，见中国科学院学术秘书处编：《中国科学院年报·1955》，1956年。

② 苏联专家在看过科学发展远景规划后，认为资源考察部分写得比较好（参见中国科学院办公厅档案处档案：1956-03-20）。

③ 樊洪业主编：《中国科学院编年史（1949—1999）》，上海科技教育出版社，1999年，第58页。

2. “十二年远景规划”中的综合考察

从20世纪50年代中期开始，中科院注意到应该“有计划地发展调查研究自然条件与土地生物资源的有关学科”①。这种思想也反映在制定科学发展远景规划之中。1956年1月，国务院召开制定《1956—1967年科学技术发展远景规划》（简称“十二年远景规划”）的动员大会。国务院副总理、计划委员会主任李富春（1900～1975）作了关于制定“十二年远景规划”工作的报告，指出了科学规划的目的、要求、原则和规划的内容。他在报告中强调了规划中要重视四个方面的重要工作：①国家必要建立的空白科目，如电子学等；②综合性重大项目，如长江、黄河、柴达木综合考察；③国民经济所需要解决的重大问题，如农业所需要的化学肥料等；④各产业部门迫切需要解决的问题。综合考察工作被列入其中。

制定“十二年远景规划”是一项庞大的工程。600多位中国科学家和近百位苏联专家参与了规划的制定工作。当时制定远景规划，采取了“党的领导、中国专家和苏联专家三者结合的方针进行”。中科院党组对此方针的解释是：“由于时间短，而我国有许多科学家对近年来世界科学情报掌握不够，因而对于最新的科学问题提出的比例较少。有部分科学家在确定重大项目时，缺乏全局观点，片面强调本门学科。在讨论过程中，深入地展开原则性争论也不够。这说明如果完全依靠中国的专家制定‘十二年科学规划’是有困难的。”② 但是在实际制定规划过程中，主要还是由中国科学家提出工作内容、苏联专家提出修正意见，再经过学者们的反复讨论才最后落实。参与综合考察规划讨论的生物地学方面的专家有学部委员及其他科学家200余人③，此项工作前后用了半年多的时间④。

---

① 竺可桢：《中国科学院生物学地学部报告》，《竺可桢全集》第3卷，上海科技教育出版社，2004年，第213～222页。

② 《中国科学院党组向中央汇报提要》，1956年3月9日。感谢杨小林先生提供的资料。

③ 参与资源考察规划的中国学者主要有：竺可桢（中国科学院副院长）、简焯坡（中国科学院计划局）、施雅风（生物地学部秘书）、过兴先（中国科学院生物地学部）、马溶之（土壤研究所所长）、侯学煜（植物研究所研究员）、吴征镒（中国科学院植物研究所）、黄秉维（地理研究所副所长）、林镕（植物研究所副所长）、张文佑（地质研究所副所长）、罗宗洛（植物生理研究所所长）、张肇骞（华南植物研究所副所长）、彭光钦（华南植物研究所副所长）、方俊（地理研究所大地测量组主任）、刘崇乐（昆虫研究所研究员）、吕炯（地球物理所研究员）、李庆逵（土壤研究所研究员）、黄汲清（地质部特级工程师）、孙敬之（人民大学经济地理教研室主任）、李承三（重庆大学地质系教授）、王鸿桢（北京地质学院地史教研室主任）、夏坚白（同济大学副校长）、马杏垣（北京地质学院普通地质教研室主任）、任美锷（南京大学地理系主任）、何康（农业部热带作物司司长）等。

④ 竺可桢：《中国科学院生物地学部工作报告》，《竺可桢全集》第3卷，上海科技教育出版社，2004年，第350～358页。

苏联学者在考察内容的选择上，对中国学者影响很大。苏联顾问柯夫达认为，应该在内蒙古、西南方面有计划。这项建议后来被纳入远景规划之中。1955年，中苏开始了许多联合性的考察工作。这些考察项目多是由苏方提出，再经双方讨论商定。苏联学者的主要兴趣在中国的土壤资源考察、大兴安岭地质与煤田调查、西北综合考察、地震考察和热带资源考察上。这些内容，很多都反映在“十二年远景规划”当中。

经过参与制定规划工作的中国科学家深入细致的讨论和多次修改，并吸收了苏联顾问的意见之后，涉及综合考察的项目最终归纳为五项：第3项，西藏高原和康滇横断山区的综合考察及其开发方案的研究；第4项，新疆、青海、甘肃、内蒙古地区的综合考察及其开发方案的研究；第5项，我国热带地区特种生物资源的综合研究和开发；第6项，我国重要河流水利资源的综合考察和综合利用的研究；第7项，中国海洋的综合调查及其开发方案。

“十二年远景规划”的讨论是深入细致的。参与制定规划工作的黄秉维曾经回忆到：“订规划时，每一项都经过反复讨论，要讨论这个方案成立不成立。持反面意见的不少，当然提反面意见的人也是选出来的，专门从反方向去提。钱学森就是其中之一，还有黄汲清。其他人我都记不清了。就感觉那次的气氛比较民主。”①

从目前掌握的资料来看，在讨论远景规划的过程中，除了在一些具体的问题上学者之间存在着不同看法外，对于综合考察的总方向并没有听到反对的声音②。不知这是否与“提反面意见的人也是选出来的”有关。我们注意到，反对开展综合考察工作的胡先骕没有参与这项规划的讨论③。

1956年8月，《1956—1967年科学技术发展远景规划（草案）》完成。在国务院科学规划委员会扩大会议上，对草案进行了总结性讨论，从而完成了规划的编制工作。草案从13个领域提炼出了57项重要科学技术任务。“十二年远景规划”为综合考察提出了一个发展纲领，并且也为这一领域的学科建设制定了目标。

“十二年远景规划”明确了综合考察的任务，促进了这项工作的全面展开。

---

① 韩宁等：《黄秉维访谈录》，《院史资料与研究》，1995年，第6期，第1～16页。

② 尽管在综合考察的规划中，已经注意到了学科发展的问题，但是仍有学者认为，这种综合性的工作存在着问题：“以为是吃大锅饭，不能结合专题研究”（竺可桢：《竺可桢全集》第14卷，上海科技教育出版社，2008年，第27页）。但是在生物学地学领域，反对的声音是微弱的，多数学者对于这项工作报以极大的热情。院内生物地学领域的各研究所在制定研究任务时，也多把综合考察作为重点。

③ 据记载，植物学家胡先骕对于综合考察工作持反对态度（竺可桢：《竺可桢全集》第14卷，上海科技教育出版社，2008年，第364页）。笔者在采访过兴先先生时，他认为这是由于胡先骕主要从事植物分类研究，所以没有参与综合考察规划的制定工作。

从 1956 年开始，中科院不但先后组建了一些大型综合考察队，还建立了自然资源综合考察的组织协调机构——综考会，从体制上保证了这项工作的顺利进行。

综合考察是一项多学科参与的、综合性的研究工作。科学规划有利于加强各学科研究之间有机的联系，也有利于对多学科的野外工作进行统一的领导。因此，制定科学研究规划，对综合考察工作的组织与实施发挥了积极的作用。此外，"十二年远景规划"中明确了"以远为主"，长远研究与具体任务相结合的方针，为学术研究提供了发展空间。

二、地区经济建设的带动

新中国成立后，一方面急需发展生产、促进国民经济的快速增长；另一方面又面临着帝国主义的经济封锁、很多战略资源无法进口的问题。为此，国家急需调查全国的自然资源储量及分布情况。虽然当时各产业部门和研究机关已经在全国范围内开展了大量的调查，但是各方面的工作大多是独立进行，结合得不够紧密。因此，对全国性和地区性自然资源开发方案一直没有系统而全面的研究。这种局面不但使生产建设的许多综合性重大问题无法深入解决，而且经常是工作重复，造成人力物力的浪费。因此，根据社会主义国民经济有计划、按比例发展的要求和大规模区域经济开发建设的需要，以摸清"家底"、促进社会主义现代化进程为目的的自然资源综合考察，成为全国经济建设事业的必要前期工作。

中科院组织的最早的自然资源调查工作，就是源于工业部门的需求。新中国成立初期，全国的工业基础十分薄弱，工业部门不完整、工业结构不合理、工业分布不平衡。为了改变这种状况，中央政府需要了解全国资源的分布及储量，尽快调整工业结构和布局，建立新的工业部门。

东北地区首先遇到这个问题。在全国范围内，东北是率先由战争、土地改革转向经济和文化建设的地区。这里重工业发达，过去由于日本的侵略，全区工业发展很不协调，大型的钢铁工业、有色金属工业都是以原料开采和半成品粗加工为主。为了把东北建设成新中国的重要工业基地，急需全面掌握这一地区的资源情况。但是新中国成立初期，东北地区科研人员十分缺乏，没有能力组织大规模的综合考察。为了解决人才短缺的问题，1949 年年底东北工业部组织了"东北人民政府工业部技术人员招聘团"，时任东北科学研究所所长的武衡（1914～1999）率团赴内地招聘人才。

曾经在清华大学地学系学习地质学的武衡，当时正在东北领导工业生产，并在沈阳、鞍山、本溪、抚顺等煤炭和钢铁基地了解情况。他深知掌握矿产资源的分布及储量等基本资料，是东北工业生产规划的重要依据。所以"人才招聘团"的任务之一，就是寻求地质学家到东北参加地质矿产资源的调查勘探任务，帮助东北恢复经济。

东北人民政府的要求，得到了当时的政务院财政经济委员会的积极支持。此时，中科院刚刚成立不久，正在进行旧有研究机构的接收和改组工作，计划成立的第一批研究所还没有正式建立，负责领导全国地质工作的中国地质工作计划指导委员会也没有成立。全国的地质学家仍然分散在旧有的机构当中：原中央研究院地质研究所由中科院接管、原国民政府所属的中央地质调查所本部由南京军管会接管，它的北京分所由中央计划局接管，原国民党资源委员会所属的矿产测勘处由华东区工业部接管，后又改属于政务院财政经济委员会。

为了支援东北的工业建设，1950 年 4 月，在政务院财政经济委员会、中科院等单位的共同努力下①，新中国历史上第一次有计划、有组织的，包括各有关专家参与的大规模的资源调查工作开始了。中科院组织起由南京的原地质研究所、原矿产测勘处、南京和北京的原中央地质调查所和东北地质调查所的研究人员，以及技术学校的学生组成的“东北地质矿产调查队”。调查队中有 84 名地质人员、21 名物理探矿人员、45 名测量人员和 80 多名钻探工人，加上学生和工人共 800 余人。当时全国地质学界一半以上的人员，都参加了这次矿产资源考察。调查队中有许多人员还不知道他们所在机构是否会继续存在、行政归属于哪里，就已经投入到新中国的科学考察工作之中。经过半年多的努力，学者们调查了东北十几个煤、铁、有色金属及非金属矿区，采集矿石标本 3 万余件，绘制地质图 300 余幅。他们撰写的论文和工作报告，直到 20 世纪 90 年代初期“仍然是东北工矿企业重要的参考文献”②。

虽然东北地区的地质矿产调查是为了具体目的而组织的专题性考察，但它开了中科院大型综合考察组织方式的先河。新中国成立不久，在科学基础薄弱、人才缺乏的条件下，能够快速而有效地组织起大型的考察队伍，也反映出政府在组织科学考察方面行之有效的力量。

东北考察开始以后，中科院根据国家需要又于 1951 年组建了西藏工作队，

---

① 关于东北地质考察工作是否属于中国科学院组织的大型考察工作之一，不同的资料说法不一。《中国科学院史事汇要·1950 年》（李真真编）中将它作为科学院组织的考察工作之一。但是在多数文献中，则认为中国科学院组织的考察工作始于 1951 年组织的西藏考察（见《竺可桢全集》第 3 卷，第 360 页；《中国科学院综合考察工作报告》，1956 年 12 月，地理科学与资源研究所资料室）。这种差异的原因就在于，前者考虑到考察队的成员主要来自于科学院，后者则考虑到当时中国科学院正在忙于建立院内的研究机构，没有参与考察的具体组织与工作实施。无论中国科学院是否参与了考察队的具体组织工作，它在东北地质考察中所发挥的作用还是不应忽略的。

② 武衡：《科技战线五十年》，科学技术文献出版社，1992 年，第 66 页。

1953年组建了黄河中游水土保持综合考察队①与云南热带生物资源综合考察队等大型考察队。然而，这些工作远远不能满足国家的需要，从而造成国家在制订国民经济第一个五年计划时，由于缺乏相关的资料依据，很多想上的项目上不了②。为了尽快掌握全国自然条件和自然资源的情况为国家建设服务，从20世纪50年代中期开始，中科院联合工业部、农业部、林业部、水利部、铁道部、交通部、地质部和国家测绘总局、中央气象局等单位，以及各地方的有关机构，在全国各地联合组织了一系列的综合考察。这些工作对于查清全国的自然条件和自然资源的分布，发挥了重要作用。

三、学科发展的需求

自然资源综合考察是在国家经济建设的强大需求带动下发展起来的。与此同时，这项工作能够受到中科院的重视，也有来自科学家发展科学的热切愿望。两者的结合，有力地推动了综合考察。学科需求的推动作用，可以从中科院自然资源的开创者、组织者竺可桢的思想和地理学科的发展需求中窥见一斑。

1. 竺可桢的思想

著名气象学家和地理学家竺可桢（1890～1974），是新中国自然资源综合考察工作的开创者和组织者，他在这项事业中具有举足轻重的地位。竺可桢曾经担任过中科院的副院长，主要负责地学、生物学领域的学术组织工作；他还推动了中科院地理研究所的建设；筹划建立了综考会，并长期亲自担任该机构的领导。

竺可桢对自然资源考察工作的重视，萌芽于留学美国时期，形成于民族危难之中，并在新中国成立后得以实现。分析他的有关思想的形成过程及背景，可以从学术的角度，了解新中国自然资源综合考察兴起的原因。

竺可桢重视自然资源考察，首先源于他的民族责任感。1918年留美归国后，面对经济萧条、政治动荡、内忧外患不断的祖国，他深感“国家兴亡，匹夫有责”。1921年，竺可桢在《科学》和《史地学报》等杂志上发表了《我国地学家之责任》。文章在列举中外历史上各国对于地理形势、资源情况的调查及重视程度，及其对国家利益的影响后指出：

欧美日本以迄印度，其对于国内耕地、草地、森林多寡之分配，均

---

① 考察队名称几经变化，1953年初，水利部、农业部、林业部和中国科学院植物土壤、地理各所联合组织了“黄河勘察队”（《科学通报》，1953年5月号，第90页）；4月下旬，水利部、农业部、林业部、中国科学院和各地有关部门联合组织的考察队，曾经称为“西北水土保持考察团”（《科学通报》，1953年8月号，第102页）；1955年中国科学院单独组建时，称为“黄河中游水土保持综合考察队”。

② 何长工：《何长工回忆录》，解放军出版社，1987年，第451页。

有详细之调查，而我国各省则独付阙如。间或有之，则得自古籍之载记，略焉不详，且未免以误传误之讥。即新得之调查，亦未经精密之测量，不甚足恃也。①

对于当时大量外国人来华从事考察活动、设立地震台和气象台，竺可桢认为："外国人到中国来办科学事业，从学术上讲我们应当欢迎，但是从国体上着想，从民族光荣上着想，我们是不是能永久容忍这种越俎代庖的办法呢？"② 对于日本人在华的调查活动，竺可桢更是痛陈："近年以来，日人深入腹地，随处摄影制图，其用心叵测，言之尤足寒心。"面对"日本人之知中国胜于中国人之自知"的言论，竺可桢指出，中国地学家应该"以调查全国之地形、气候、人种及动植物矿产为己任"，并提出"吾人不得不警告政府，鼓吹社会，使人人知有测量调查之必要"。③

在当时的条件下，竺可桢并不指望政府能够出面组织自然资源考察工作。他认为："为今之计，惟有赖社会与国民耳"。所以竺可桢的设想是："苟能组织机关，捐募巨款以调查全国之地形、气候、人种及动植物、矿产为己任，设立调查之标准，定进行先后之次序，择暑假或其他相当时期，结队考察，自十八省以至满蒙藏疆，庶几东邻不致再有秦无人之诮。"

20世纪30年代，日本公开侵略中国。1932年，日本军队占领了东北全境；30年代中期，日本对华北的侵略也日益急迫。面对国家的危难，竺可桢于1936年在《东方杂志》上发表文章，再次提出调查自然资源的重要性："'九·一八'以前，三十年间，日本处心积虑，欲进占东三省，诸凡农林之富庶，矿业之贮藏，交通路线之规划，人口之多寡，以及经济政治状况，莫不调查尽净，如数家珍，而我反懵然一无所知，事事要拾人的牙慧。人之视我，洞若观火，我之视人，恍惚若云雾，一旦有事，胜负之数，固可不必决之疆场而已明矣。"④ 然而，竺可桢的呼吁很快就湮没在了日本军队的隆隆炮声之中。作为一名学者，竺可桢能做到的，就是在参加远东气象会议时，因中国代表受到歧视而愤然宣布退出；作为浙江大学的校长和中央研究院气象研究所的所长，在抗日战争中为迁校和迁所的事务而奔走。

---

① 竺可桢：《我国地学家之责任》，《竺可桢全集》第1卷，上海科技教育出版社，2004年，第338~341页。

② 竺可桢：《取消学术上的不平等》，《竺可桢全集》第1卷，上海科技教育出版社，2004年，第569~571页。

③ 竺可桢：《我国地学家之责任》，《竺可桢全集》第1卷，上海科技教育出版社，2004年，第338~341页。

④ 竺可桢：《论不科学之害》，《竺可桢全集》第2卷，上海科技教育出版社，2004年，第282~285页。

即使在抗日战争的艰苦条件下，竺可桢仍然没有忘记自然资源考察工作。1941 年 10 月，他在中国地理研究所作了题为“抗战建国与地理”的演讲，再次提出应该调查自然资源的问题：“现今战争虽未结束，但科学工作人员不能不预作通盘打算与缜密之观察……重工业的建立，在矿产、农产与其他物产已作详细调查之后，即须慎择设厂位置，研究钢铁厂、机器厂、基本化学工厂、水泥厂等位置之分配。凡此种种，与各地之交通、人口、物质及环境，息息相关，而均为地理上之重要问题也。”① 竺可桢自留美回国后，一直在呼吁调查、研究全国的自然条件和自然资源，并且多次提出在全国实施自然资源考察的设想。但由于条件的限制，他的设想在 1949 年之前没有实现。

竺可桢的上述思想，一方面是出于作为一名中国学者的民族责任感，另一方面也有着深厚的学术源流。在他留学美国的八年中，正是美国地学发展史上十分强调野外考察传统的时期。曾经在中国考察的庞培烈，与在哈佛大学地学系执教的戴维斯（William Morris Davis，1850 ~ 1934）共同从事过美国蒙大拿州沿北太平洋铁路沿线的资源考察。戴维斯通过这次考察更加重视野外考察的传统，并把这种传统带到了哈佛大学。竺可桢的老师阿特伍德（Wallace Walter Atwood，1872 ~ 1949），继承了美国近代地学的先驱威廉·莫里斯·戴维斯所开创的重视野外工作的传统②。阿特伍德在教学过程中十分重视野外实习，这种传统对竺可桢产生了深远的影响。

竺可桢学成回国时，中国近代科学刚刚起步，国内的学术基础和研究水平十分薄弱。面对这种情况，他认为从自然资源考察入手开展有关研究，符合当时中国的实际情况。在 1927 年发表的一篇文章中，竺可桢指出：“含有地方性的各种科学，如地质学、动物学、植物学、气象学之类，我们在理论方面，虽然不敢高攀欧美，至少在我们国境内的材料，应当去研究研究。”③

竺可桢对自然资源考察的重视，也源于他强调综合性研究的思想。在哈佛大学学习期间，他学习了气象学、地质学和地理学等课程，还旁听了著名科学史学家乔治·萨顿（George Sarton，1884 ~ 1956）的科学史课程④。萨顿提倡在人类活动越来越专业化的形势下，通过科学史的研究，促进人类文明统一性信念的形成。广泛的知识背景和萨顿思想的影响，为竺可桢的综合研究理念奠

---

① 竺可桢：《抗战建国与地理》，《竺可桢全集》第 2 卷，上海科技教育出版社，2004 年，第 548 ~ 550 页。

② 〔美〕普雷斯顿·詹姆斯等：《地理学思想史》，李旭旦译，商务印书馆，1989 年，第 372 页。

③ 竺可桢：《取消学术上的不平等》，《竺可桢全集》第 1 卷，上海科技教育出版社，2004 年，第 569 ~ 571 页。

④ Harvard Archives：UAV. 161. 272. 5.

定了基础。

竺可桢回国以后，近代地学开始以分化后的地质学、地理学和气象学三大学科先后传入中国。竺可桢希望能够综合各学科的研究，创造一个中国式的地学"大家庭"：

> 盖地学犹如一大户人家，当初家累奇重，极为复杂，其后群从昆季，各自成家立业，……顾门户虽专，而系统乃存，望衡对宇，声气相连。"大块文章"，原无此疆彼界之见，惟有拘儒，不知会通之义。①

20世纪20年代，竺可桢在东南大学创建地学系时，有意促成地学的综合发展。在地学教育中，他十分重视地学知识的综合性训练。地学系虽然根据学科发展的需要设置了地质矿物和地理气象两个专业，但是所有学生的必修科目中包括了地质学、地理学和气象学的基础知识。他更是通过综合性的野外实习，培养学生的能力。

对自然资源的考察，可以在实际工作中有效地促进学科的融合，利于综合性的研究。发展中国的自然资源综合考察事业以服务于国家，并带动有关学科的发展，是竺可桢的一个长期梦想。但是在1949年以前，无论从国家的实力，还是从竺可桢个人的地位来看，这个愿望都不可能实现。

新中国成立之初，由于经济建设的需要，政府率先在东北组织了大规模的资源考察。此时，竺可桢也担任了中科院副院长。政府强有力的领导、国家建设的需求和竺可桢及其那一代学者多年的夙愿结合在一起，促进了自然资源综合考察的迅速开展。

2. 地理学科发展的需求

综合考察来自学术界内部的推动力，可以从发展地理学的需求略见一斑。地理学是综合考察涉及的众多学科中综合性最强的一门学科，也是基础最为薄弱的学科。自德国地理学家洪堡（Alexander von Humboldt，1769～1859）奠定了近代地理学基础之后，地理学在世界范围内曾经经历了蓬勃发展的时期。但是，到第二次世界大战以前，地理学基本上处于停滞的状态。战后，地理学分支学科发达，出现了"弱干强支"的现象。作为一门学科的地理学，是否还有存在的必要，受到了严重的质疑。

近代地理学在中国的发展尤其缓慢。地理学传入中国时，西方世界对地理学的学科性质、研究范围还没有形成共识，学科体系并不完善。虽然从1949年以前国内相关刊物上发表的论文来看，在20世纪30年代以前，地理学论文从数量

---

① 竺可桢主编：《新地学·序》，南京钟山书局，1933年。

上占了绝对的优势①，但是，这个领域内作者队伍庞杂、分散，而且缺乏较为集中的研究主题。

1937年，中央研究院曾经计划建立地理研究所，由于抗日战争的爆发而被迫放弃。直到1940年，在朱家骅（1893～1963）的热心帮助下，地理学的研究机构——中国地理研究所才得以成立。朱家骅是中国近代科学史中，对地质学和地理学的创建工作做出重大贡献的人物。他本人的学术理论建树虽然不多，但是在推进相关事业发展方面却做了大量的努力。朱家骅于20世纪初留学德国，在柏林矿科大学学习地质学，归国后曾担任北京大学教授、广东大学教授、中山大学校长等职。1927年，他参与创办了两广地质调查所，并任所长。朱家骅也十分热衷于推动中国地理学的发展。1929年他在中山大学担任副校长期间，积极与当时"国际联盟"联系，介绍德国著名的第三代地理学家、"最多产和最有能力"的学者②克勒脱纳（Wilhelm Credner，1892～1948）来华创建地理系。克勒脱纳于1929年受聘为中山大学教授，并担任新建地理系主任。朱家骅在中山大学担任校长期间，为了吸引学生学习地理学，学校规定入地理系读书的学生一律免交学费（其他系学生学费每期10元）③。而朱家骅离开中山大学后，地理系的经费即被削减④。自20世纪30年代开始从政后，他历任国民党政府教育部部长、中央研究院总干事、中央研究院代理院长和国民党中央党部组织部部长等职。在从政的同时，他积极参与中国近代地质学和地理学的学科建设，曾先后任中国地质学会第6届副会长（1928年）、第8届会长（1930年）和第19届理事长（1943年）。他在中英庚款董事会（后改称中英文教基金董事会）担任董事长时，积极推动成立了中国地理研究所。该所成立后即隶属于中英庚款董事会。朱家骅离开董事会后，中国地理研究所无法继续得到基金董事会的资助。于是，研究所又改隶属于朱家骅担任部长的教育部⑤。

中国地理研究所在建所头几年，因为经费充裕，组织开展了一些小区域的综合考察。但是全所很快就因经费困难而陷入困境，无法从事野外调查。而且一个研究机构挂靠在教育部下，不但在当时名不正、言不顺，也为1949年以后这个机构顺利纳入中科院带来了困难。

---

① 1933年中国地学会成立25周年，《地学杂志》共出版170期，共发表文章1670余篇。其中属于地学的研究性论文以及译文总数不到50%。而在这些研究性论文中，气象学部分不到50篇；地质学部分有60余篇；其余则为地理学内容。

② 〔英〕迪金森：《近代地理学创建人》，商务印书馆，1980年，第180页。

③ 曾昭璇：《两位德国学者对我国华南地貌研究的贡献》，《中国科技史料》，1990年，第11卷第4期，第37～41页。

④ 司徒尚纪：《地理学在中山大学70年》，中山大学出版社，1999年，第77页。

⑤ 《解放以来的中国地理研究所》，《科学通报》，1950年，第1卷第1期，第27页。

新中国成立初期，中科院对自然科学各学科的专家进行了调查。结果显示，地理学方面的专家共77人，当时在国内的地理学家有60人，他们大多集中在各高等院校的地理系中①，中国地理研究所的学者只有20多人，而且还隶属于教育系统。中科院成立以后，在是否有必要在院内成立地理学研究机构的问题上，参与筹组中科院的部分人员对地理科学的重要性持怀疑态度，对专门设立地理学研究机构更是持有异议。而此时，教育出版系统也计划接收中国地理研究所到教育出版部门，负责编写地理学教科书。直到1953年，在中科院制定发展规划、分析各学科已有的基础时，仍有学者怀疑地理学的学术价值，认为地理方面，只能做一般的调查工作。1956年在制定"十二年远景规划"时，地理学是否属于基础学科的问题再次引起了学者们的争论。

面对来自学术界内部的各种质疑，地理学家不得不一再申述地理学在科学研究中的重要性。野外考察、绘制地图等观测技能，是近代地理学的特色。近代地理学传入之后，中国学者就开始大力提倡野外考察，他们认为："考近代新地理学研究方法，多侧重野外实地考察，再将搜集材料，室内详加研讨与整理，始无空乏之病。"② 学者们提出："我国不提倡新地理则已，欲提倡新地理，当由实地考察入手。"③ 越来越多的地理学家，把综合考察看做是认识自然界的重要手段。他们善于综合野外收集到的各种信息，分析并研究其中的规律。自从现代地理学建立之后，对未知地域的信息收集和分类，就主要由地理学家倡导和承担。

地理学的上述特点，正符合中科院"力求科学研究与实际密切配合"的方向④。它成为地理学家强调在中科院建立地理研究所的重要依据。以中国地理所所长周立三为首的20多位地理学家，在写给副院长竺可桢的信中，首先强调：

> 地理科学工作为客观条件所需要，以中国面积之大，未经勘察地区之广，无论土地利用之调查，资源分布之研究，交通路线之勘测，荒地屯垦之调查，边疆地带之探发，区域经建之设计，以及地图之编制等，莫不与地理密切相关。而地理为综合性之科学，恒能照顾全面与其他各科学专精一部门之研究，可以相辅相成，并无冲突之处，此理甚显，无待详释。⑤

---

① 《中国科学院1949—1950年全国科学专家调查综合报告》，《中国科技史料》，2004年，第25卷第3期，第228～249页。

② 附录，《本系最近三年来之工作报告》，《地理集刊》，1943年，第11期。

③ 胡焕庸：《法国之地理学》，见竺可桢等译：《新地学》，南京钟山书局，1933年，第218页。

④ 《中央人民政府政务院文化教育委员会郭沫若主任关于中国科学院基本任务的指示》，见中国科学院办公厅编：《中国科学院资料汇编·1949—1954》，1955年。

⑤ 中国科学院办公厅档案处档案：1950-02-46。

在谈到苏联的经验时，信中还强调，苏联的“历届五年经建计划均有大批地理人才参加”。

竺可桢十分支持在中科院内建立地理学研究机构。他认为，中科院在“地质方面有个地质所，地质所的重点在找矿……是为工业服务的。他说，地理所也是地学方面的一个所，这个所不是直接搞农业，但应该为农业做工作。所以一个为工，一个为农，地学部分要有这样两个所”[①]。为了支持地理学的发展，他亲自担任了地理研究所筹备处主任，与所中学者共同讨论制定研究方向。在地理研究所筹备委员会会议上，竺可桢强调：“过去中央研究院未设地理研究所，除国民党反动统治障碍外，主要由于地理工作本身的缺憾，只有地理学者努力做出成绩，才能受到社会的重视。地理所现在还处于筹备阶段，将来能否正式建所还要靠工作人员的努力。”[②] 他认为过去“地理工作者缺乏实际工作的表现”，今后的地理学“在经建工作中，调查经济，发展经济……有许多工作要做”[③]。

为了加强地理研究所的建设，该所在筹备期间就从各个部门和高校毕业生中吸收科研人才，扩大科研队伍。与此同时，该所学者也在不断地探索如何使研究工作为生产建设服务，以显示地理学的价值。

地理研究所在筹建时期的研究计划，基本上是围绕国家建设任务开展，以凸显地理学的价值。学者们通过两种方式把科学知识应用于生产实践中：一方面，地理研究所分别与当时的水利部、铁道部、军委测绘局、燃料工业部、水力发电局等机构联系，联合从事为生产建设服务的实地考察[④]。例如，受长江水利委员会委托，初步调查汉水流域自然地理及经济地理；受铁道部委托，调查西北兰宁新铁道线的经济地理；按照水利部的要求，负责测量淮河流域的二等三角与黄河流域的天文点。另一方面，积极推动综合考察。他们针对国家的需要和自身的力量，适当开展一些研究课题。1953 年，国家开始大规模经济建设之后，将根治与开发黄河的任务提上了日程。地理研究所就把有关黄河的调查研究作为中心任务来抓[⑤]。正是因为明确了工作的中心环节，“地理所的发展方向也就明确起来……过去工作中的盲目性和偶然性也得以逐步克服”[⑥]。

---

① 韩宁等：《黄秉维访谈录》，《院史资料与研究》，1995 年，第 6 期（总第 30 期）。

② 施雅风：《从中国地理研究所到中国科学院地理研究所》，见吴传钧、施雅风主编：《中国地理学 90 年发展回忆录》，学苑出版社，1999 年。

③ 竺可桢：《目前中国地理研究工作的任务》，《竺可桢全集》第 3 卷，上海科技教育出版社，2004 年，第 39 ~ 40 页。

④ 王忠俊编：《中国科学院史事汇要 · 1951 年》，中国科学院院史文物资料征集委员会办公室印，1994 年，第 35 页。

⑤ 施雅风口述、张九辰访问整理：《施雅风口述自传》，湖南教育出版社，2009 年，第 114 页。

⑥ 侯仁之主编：《中国地理学简史》下册，北京大学印制，1960 年，第 226 页。

综合考察为地理学的发展提供了广阔的空间，地理学者的努力也推动了综合考察。地理研究所成立以后，在综合考察工作中发挥了重要作用。在1956年中科院成立综考会之前，是“以地理研究所作为综合考察的研究机构，而以综合考察作为该所主要任务……解决了综合考察的骨干和研究力量问题”①。

新中国的地理学一直与综合考察紧密相连。在实际工作中，地理学也显示出了它的重要作用。正如当时地理学家的总结所说的：“虽然综合考察工作包括很多学科，不过地理科学在大部分考察队中，都是主要的组成部分，其他学科组也都或多或少和地理科学有关。”② 在新中国成立初期的十多年中，地理研究所工作的70%是国家交给的主要任务。正是由于地理学者的努力，到1959年，地理研究所由建所初期的自然地理、人文地理、海洋和大地测量四个组，发展成为自然地理、地貌、水文、气候、地图、经济地理、外国地理和历史地理八个组。经过10年的发展，全所人员也增加了十余倍。③

20世纪60年代初期，中科院所属分院在南京、广州、兰州、西安、长春、石家庄、开封、上海、武汉等地都建立起地理学研究机构；高等院校的地理系（科）也增加到50多个。初步形成了全国地理研究基地网，地理科学研究的基本队伍壮大起来④。

---

① 地理科学与资源研究所资料室：《综合考察工作的初步经验》。

② 侯仁之主编：《中国地理学简史》下册，北京大学印制，1960年，第250页。

③ 李秉枢：《为改变地理学的面貌而奋斗》，见中国科学院地理研究所编辑部：《大跃进中的中国地理学》，商务印书馆，1959年。

④ 中国科学院编译出版委员会主编：《十年来的中国科学·地理学》，总论，科学出版社，1959年。

第二章

建立综合考察组织机构的探索

中科院成立以后，即着手确立新的研究方向，以区别于过去的研究机构。当时认为“在封建军阀和国民党反动派的长期黑暗统治之下，中国的科学研究工作，尤其是自然科学的研究工作，一向没有获得合理的发展条件”。过去的研究被看做是与人民生活和利益完全脱节的，而其中的原因除了“反动统治只把科学研究工作作为一种门面的点缀”外，当时还认为受英美资本主义国家科学的影响、缺乏明确的研究方向、理论与实际不能联系，是造成脱节的主要原因。为了纠正科学研究脱离实际的弊病，中科院成立以后，“在研究工作上特别强调联系实际的方针，尤其注重发展与国防、工业、农业有关的科学研究工作”。[①]

此外，1954 年以前中科院不但是全国的学术研究中心，而且也是全国的学术管理机构。当时中科院的职能，正如在 1951 年 9 月召开的第二次院务扩大会议上郭沫若院长所说，中科院的使命，“不仅是领导其本身所属各研究所的研究工作，并且应该把全国各方面的科学研究工作和科学研究工作者有计划地、有系统地组织起来，领导起来，使其在整个国家建设工作中成为一种有组织的力量，在意识形态的领域内成为一支有力的战线”[②]。中科院的中心地位，使其能够按照国家建设的需要，选择有限的目标，集中主要的科研力量，统筹安排，重点突破，这样可以提高工作效率，减少重复性的工作，为组织大型、综合性的科学工作提供体制上的保障。

第一节　完成重大任务的临时性组织

中科院成立以后，接受了大量的、紧急的科学研究任务。在国家下达的众多任务中，有些工作在院内找不到相应的研究机构独立完成。1950 年 4 月 21 日，中科院经文化教育委员会向政务院呈送了《中国科学院暂行组织条例草案》。其中第 8 条规定：“本院视工作需要得聘任各种学科专门委员并得设各种委员会或调查研究团。”[③] 20 世纪 50 年代，为了完成一些具体的、紧急的任务，中科院内曾经设立过多种跨学科的专业委员会。

---

① 郭沫若：《中国科学院 1950 年工作总结和 1951 年工作计划要点》，见王忠俊编：《中国科学院史料汇编 · 1951》，中国科学院院史文物资料征集委员会办公室印，1994 年，第 3 页。

② 郭沫若：《本院一年来的工作概况和当前的任务》，见王忠俊编：《中国科学院史料汇编 · 1951》，中国科学院院史文物资料征集委员会办公室印，1994 年，第 51 ~ 61 页。

③ 《中国科学院暂行组织条例草案》，见中国科学院办公厅编：《中国科学院资料汇编 · 1949—1954》，1955 年。

一、专业委员会

为了解决特定的、跨部门的、综合性的任务，中科院通过设立专业委员会的方式，负责学术性的协调与组织工作。这些专业委员会，是介于科学研究机关与行政管理部门之间的一种松散建制。其主要职能是接受中科院的委托，负责组织、集中各方面的研究力量，完成国家交与的、对发展国民经济有重大意义的任务，同时推动相关的科学研究。专业委员会成立以后，与院内外有关方面相互配合协调，制订科学研究工作计划，筹划并准备各种专门工作和学术会议。

中科院为了完成特定任务而设立的专业委员会，大多为临时性的组织。它多由著名科学家兼任委员会中的职务，在任务完成之后随即撤销。建院初期正值国家大规模经济建设开始时期，中科院接受了众多的任务。面对繁重的任务和有限的人才，专业委员会充分利用各方面的资源，发挥科学家的作用。当然，建立过多的专业委员会也造成科学家任务负担过重的问题。像竺可桢就曾经担任过十几个委员会的主任委员或委员①。

专业委员会在短期内完成重大科学任务方面，充分显示出它的高效性和灵活性。在人才严重不足的年代，委员会快速有效地组织起各方面的研究力量，在短期内解决了许多问题，取得了重要的成果。以地震工作委员会为例。1953 年中国开始实施第一个五年计划时，苏联决定派专家帮助中国实施重大工程建设。按照苏联的建设经验，他们提出在建设之前必须有抗震设防的地震烈度资料。中科院在接到这项任务以后，于同年 11 月成立了“中国科学院地震工作委员会”，并制定了章程。副院长李四光和竺可桢分别担任了该委员会的主任委员和副主任委员。该委员会作为国家计划委员会的咨询机构，聘请地震、地质、地理、历史、古建筑、土木结构等有关方面的专家学者，负责收集并向各地工矿企业机构提供地震资料。委员会下设三个工作组，即综合组、地质组和历史组。凡是地震烈度达到 VII 度（含）以上的地区，以及重点建厂地区，委员会就召集委员及有关人员开会讨论。委员会还先后组织整理并出版了《中国地震历史年表》（1956 年）、《中国地震区域划分图》（1957 年）。20 世纪 50 年代末期，委员会的工作基本结束。

国际地球物理年观测委员会的成立，从另一个方面证明了专业委员会在短期内组织大型科学活动的有效性。1957 年是太阳活动的第 19 个峰值年，为此国际

① 如中国科学院自然资源综合考察委员会主任委员、中国科学院自然区划工作委员会主任委员、黑龙江流域综合研究委员会主任委员、地震工作委员会副主任委员、全国水土保持委员会委员、中国科学院自然科学史委员会主任委员、黄河规划委员会委员、长江规划委员会委员、中国国际地球物理年主任委员、国家科学规划委员会委员等（参见竺可桢：《竺可桢日记》第 4 卷，科学出版社，1989 年，第 85 ~ 86 页）。

大地测量和地球物理协会决定发起国际地球物理方面的联合观测行动。世界上有60多个国家和地区参加了这项活动。由于观测“牵涉范围之广、地域之大，在国际合作事业中过去实罕有其匹”；而且这个活动“也明显地表现着各国科学水平的高下”①。这项工作引起了中国政府的重视。周恩来总理指示：在工作中“要实事求是，要善于藏拙，一鸣惊人”②。为了更好地完成任务，展示新中国的科学水平，中科院于1955年成立了“中国国际地球物理年委员会”，竺可桢任主任委员。1957年由于国际方面接纳台湾为成员，造成“两个中国”的局面，中科院提出严重的抗议。在问题没有得到妥善解决的情况下，中科院宣布退出有关活动。退出以后，“中国国际地球物理年委员会”更名为“中国科学院国家地球物理年委员会”，相关的组织工作交由中科院地球物理研究所负责。委员会决定各项工作仍按照原计划执行，所有观测资料“除兄弟国家外，绝对不与资本主义国家交换，因而可引起各国科学家对国际地球物理年专门委员会的错误表示不满”③。在中央政府的有力支持下，委员会仍然在组织专家、建设观测台站、收集观测资料等方面发挥了重要作用。比如，在委员会成立之前的1953年，苏联专家曾指出：“中国的地球物理学研究工作，除已有长久历史的气象学以外，还处于初期发展阶段”，“现在所用仪器是太陈旧了，已不能符合现代要求”④。委员会成立之后，在仅仅一年多的时间里，就建设起多个观测台站，装备了当时世界上最先进的观测和记录仪器，培养了一批年轻学者。虽然委员会存在的时间不长，却有力地推动了中国地球物理学的发展。

在众多的专业委员会当中，与自然资源综合考察密切相关的当属自然区划工作委员会。1955年12月，院务常务会议讨论了生物学地学部提出的《中国自然区划工作进行方案（草案）》，同意组织“中国科学院自然区划工作委员会”。该委员会由竺可桢直接领导，涂长望（1906～1962）、黄秉维（1913～2000）担任副主任委员，并由黄秉维主持日常工作。1956年，自然区划被列入“十二年远景规划”当中。《1956—1967年国家最重要科学技术任务书》中，明确指出了自然区划的重要作用在于“全面地认识全国各地的自然——它的类型，它的发生、

① 竺可桢：《国际地球物理年的组织和国际科学合作》，《竺可桢全集》第3卷，上海科技教育出版社，2004年，第325～330页。

② 竺可桢1956年7月27日日记，见竺可桢：《竺可桢全集》第14卷，上海科技教育出版社，2008年，第378页。

③《中科院关于参加和退出国际地球物理年委员会和该会所组织的活动的有关文件》，中国科学院档案，案卷号1958-1-40。

④ B. B. 别洛乌索夫：《对中国地质学和地球物理学现状的一些意见》，见中国科学院编印：《苏联科学院代表团访华资料汇编》，1953年。

发展和分布，它的主要组成部分以及这些组成部分与其周围现象的联系”①。从此，自然区划工作具备了在统一计划之下、在中国辽阔的国土上，同时进行综合自然、地貌、气候、水文、土壤、植物、动物及昆虫等的区划。

“十二年远景规划”开始实施后，自然区划的工作首先启动。参与这个委员会的机构主要有当时中科院内的地理研究所、地球物理研究所、土壤研究所、植物研究所、动物研究所、昆虫研究所，以及中科院外的天文地质与工程地质等研究机构。委员会的任务，是组织各有关学科人员收集整理资料，进行中国地貌、气候、水文、土壤及动植物区划及综合自然区划。经过两年多的努力，1959 年委员会完成并出版了《中国综合自然区划》、《中国地貌区划》等 8 种 9 册区划说明书，共计 259 万字。上述工作完成以后，由于学者们“深切地感到要使区划再显著提高一步，必须对自然过程及其在广义农业中的作用进行较深入的研究。因此在 1959 年初稿完成之后便基本上未再从事区划工作”②。委员会的工作也基本上处于停滞状态。1964 年 6 月，为了配合《1963—1972 年农业科学技术发展规划》中提出的“农业自然条件与自然资源分区评价”的任务，委员会再次召开工作会议。会议决定自然区划工作应以农、林、牧、副、渔，特别是为建设高产稳产农田作为区划工作的重点。为了完成这项任务，委员会扩大了人员组成，新增了 18 位委员。但是这项工作因为“文化大革命”的干扰而中断。

虽然在特定的时代，专业委员会曾经在短期内有效地组织完成了一些重大任务。但是，这些都是以完成特定任务而组建的，属于一种松散的组织。在工作方式上，委员会基本采取工作期间“各个所做各个所的事，定期开会，讨论结果”③。对于这种组织形式的问题，自然区划工作委员会副主任黄秉维在当时就指出，因为“没有明确规定委员会的职权，参加自然区划工作的专家很多，其中有不少人事实上把区划工作视同业余工作，别的工作紧一些，就把区划工作搁下来，担任自然区划工作的机构也有一部分不重视这一工作，不予支持、保证，因此，计划往往无法完成，一再变更，何时完成，也还没有确切的把握。而委员会本身虽然有主任、副主任、学术秘书，全都是兼职的，事实上没有成为帮助和推动各组工作的核心，组织领导如此不健全，而担任工作的机构和人员又多松懈散漫，工作的质量和进度都没有保证”④。

---

① 竺可桢：《中国科学院自然区划工作委员会工作会议开幕词》，《竺可桢全集》第 4 卷，上海科技教育出版社，2004 年，第 282 ~ 284 页。

② 黄秉维：《自然地理综合工作概述》，见左大康主编：《地理学研究进展》，科学出版社，1990 年。

③ 韩宁等：《黄秉维访谈录》，《院史资料与研究》，1995 年，第 6 期，第 1 ~ 16 页。

④ 《国家科学研究任务一、三、四、五、六项目协调会议，学部第二次会议等》，中国科学院档案馆档案：Z374-17。

由于多数专业委员会存在的时间较短，而且在完成任务后自行解散，所以体制上存在的许多弊病没有凸显出来。当时主要的问题就是很多学者同时参与多个委员会的工作，没有时间的保证。针对这个问题，中科院也曾经设想合并类似的委员会。例如，参与自然区划工作委员会的学者，大多也同时参与了1955年成立的综考会。1958年有人建议把自然区划委员会与综考会合并。但是随着自然区划工作的结束，该委员会也就不再发挥作用，组织体制上存在的问题随之消失。

与上述专业委员会不同，综考会成立以后逐步壮大，并发展成为研究实体，因此机构成立时遇到的很多体制上的问题，一直困扰着这个机构。而且随着社会环境的改变和国家经济体制的改革，这个机构又不断遇到新的问题。这些问题作为本书重点讨论的内容，将在后文详细分析。

二、大型考察队

在众多的任务中，对国家自然条件和自然资源的调查与研究很快成为中科院的重要工作之一。早在1951年2月2日，郭沫若院长在政务院第70次政务会议上总结1950年中科院的工作时，“关于国家自然条件的研究调查方面”就被列为中科院研究工作的第一项成绩①。为此中科院组织了多个大型考察队。无论是专业委员会还是大型考察队，都是为了完成国家的重大任务而成立的临时性组织。

专业委员会是为了某项具体的任务而设立的。但是自然资源综合考察工作，则是一项关注全国各地区自然资源经济开发前景的综合性任务。为了完成这些任务，中科院组织了多个大型考察队（表2-1）。1956年综考会成立之前，这些考察队在中科院内没有相应的业务依托单位。考察计划直接在院务会议上讨论决定，并由院里组织有关学科人员建立队伍。这些考察队直属中科院领导，具有独立的编制。考察队是临时性的，从组织者到具体工作人员均由院内各单位抽调。考察队由中科院尤其是副院长竺可桢直接领导。考察队与研究所平级，它的组织结构在许多方面与研究所有类似之处。这种组织方式的好处是职能单一，也不存在行政归属的问题。

---

① 郭沫若：《中国科学院1950年工作总结和1951年工作计划要点》，见王忠俊编：《中国科学院史料汇编·1951》，中国科学院院史文物资料征集委员会办公室印，1994年，第3页。

表 2-1　20 世纪 50 年代中国科学院组织的大型、综合性考察队①

考察队名称	地区范围	主要任务	参加学科数/个	参加人次/人	参加单位数/个	考察起止年度
西藏工作队	西藏	社会情况、自然条件和自然资源初步调查	9	50 多		1951～1954
黄河中游水土保持综合考察队②	黄河中游五省	防治水土流失，发展农业生产	22	700 以上	30 以上	1953～1958
云南热带生物资源综合考察队	云南	紫胶等热带、亚热带生物资源开发利用	8	500 以上	40 以上	1953～1962
土壤调查队	黄河、长江流域	土壤调查	5	1000	10 以上	1956～1960
黑龙江流域综合考察队	中苏黑龙江流域	以黑龙江水资源开发为中心的全面考察	30 以上	700 以上	40 以上	1956～1960
新疆综合考察队	新疆	农业自然资源开发利用与生产力布局	20 以上	800 以上	30 以上	1956～1960
华南热带生物资源综合考察队	广东、广西、福建	橡胶等热带、亚热带生物资源开发利用	10 以上	500 以上	40 以上	1957～1962
盐湖科学调查队	青海省柴达木盆地	盐湖资源开发利用	20 以上	900 以上	40 以上	1957～1960
青海、甘肃综合考察队	青海、甘肃	工农业资源开发利用及生产力布局	40 以上	500 以上	20 以上	1958～1960
治沙队	西北六省区	沙漠的改造与利用	12 以上	1200 以上	60 以上	1959～1964
西部地区南水北调综合考察队	四川、云南	引水线路及该地区资源开发利用	38	800 以上	114 以上	1959～1961

① 此表根据历年《中国科学院年报》和《纪念自然资源综合考察委员会成立三十周年文集》（中国科学院、国家计划委员会自然资源综合考察委员会编印，1986 年）编制而成。

② 1953 年初考察队成立时，称为“黄河勘察队”（《科学通报》，1953 年 5 月号，第 90 页）；同年 4 月下旬出队时曾经称为“西北水土保持考察团”（据《科学通报》1953 年 6 月号第 103 页题为“黄河水利委员会、中国科学院等组成黄河流域水土保持查勘队”文：“继中央人民政府农、林、水利部门联合组成的西北水土保持考察团在 5 月 3 日由北京出发后，黄河水利委员会又会同中国科学院土壤所、地理所、植物所和中央人民政府农业部、林业部有关部门组成 10 个黄河流域水土保持查勘队。5 月 5 日第一批四个查勘队已由开封出发……”参见《科学通报》，1953 年 8 月号，第 102 页）。上述工作是水利部、农业部、林业部、中国科学院和各地有关部门共同组织的考察队。1955 年中国科学院单独组建考察队时，改称“黄河中游水土保持综合考察队”。

在早期没有专门组织管理机构的条件下开展工作，从组织者到具体工作人员对综合考察的组织方式、工作方法和职责权限都不熟悉。水利部副部长张含英（1900～2002）在组织水土保持考察工作时曾经说过："水土保持工作，对于我们来说，是一个新的工作，我们的经验很少，不知道应当怎样做，甚至连这一工作应该包括哪些内容知道的也不多。因之对于这一工作有片面的、局部的甚或是主观的看法。"①

中科院建立黄河中游水土保持考察队以后，综合考察的组织工作逐步走上了正轨。这项工作组织名称不断变化、参与单位一再调整，并最终在多年工作的基础上建立起长期的科学研究机构。因此水土保持考察工作组织机构的变化过程，反映了综考会成立前后大型考察队的组织模式的规范化过程。这里首先略费笔墨，梳理水土保持工作由临时性的组织到永久性的科研机构的转化过程。

1. 围绕水土保持开展综合性考察

"圣人出，黄河清"，"河清海晏"是几千年中国人的梦想。新中国成立以后，中央政府十分重视黄河的治理。1952 年毛泽东主席视察黄河以后，发出要把黄河治理好的号召。1952 年年底，政务院发布防旱、抗旱、大力推行水土保持工作的指示，并强调水土保持应以黄河中游地区为重点。从此国家开始了治理黄河水害、开发黄河水利的事业。

1953 年国家全面展开了对个体农业、手工业的社会主义改造，在农业合作化运动的带动下，山区水土保持工作也逐步成为规模巨大的群众性生产运动。这一年，为了落实政务院的指示，水利部、农业部、林业部、中国科学院、部分高校和西北行政委员会的有关部门，共同组成了"西北水土保持考察团"。考察团由水利部牵头，主要任务是了解黄河上中游的全面概况，作为黄河上中游水力发电、航运、灌溉、防洪、调节气候的参考，编制治理黄河水害和开发黄河水利规划的工作，并为这一区域的全面开发提供初步的资料。考察开始的第一年就有 8 个队、450 多人同时在野外工作。

早期的水土保持考察做了大量的工作，也取得了不少成果。但是，来自不同部门的人员业务不同、知识不同、工作目的不同，因此不同部门的学者对于水土保持问题的观察点不同，拟定的解决方案也有分歧。

来自水利部门的学者偏重于打坝等技术措施，强调以治沟为主的"工程路线"。他们认为"堤坝工程是我们和黄河作斗争的主要武器"，并把争取在 5～10 年内首先建筑一个大型水库作为治黄的首要任务。为了修建水利工程设施，水利

① 张含英：《对于西北水土保持工作的认识》，《科学通报》，1953 年，9 月号：54-60。

部组织的考察团的工作重点是：草测全段的河道纵断面及坝址地形；收集地质、水文、气候等资料；完成全河水文资料的整理分析、泥沙数量的计算、水库坝址地形图的复核及地质钻探等工作；进行水库坝址的初步设计等。为了完成任务，水利部还在黄河干流上设立了30多个水文站，在支流上设立了50多个水文站。

来自中科院的人员，在水土保持考察中的侧重点则完全不同。他们强调以农、林、牧等措施为主，采取坡沟兼治的“生物路线”，通过营造森林、改变各地农业的生产方式以减轻水土流失问题。中科院的考察人员不但在治理观念上与水利部不同，而且他们也不熟悉以修建水利设施为重点的工作业务。一个由50多人组成的考察分队，经过两个多月的野外工作，考察队中也只有15人熟悉业务，另有23人可以收集基本资料①。

目标、任务、专业及研究方式上的差异，使两个部门不能很好地合作。两个部门的人员在一起时经常发生争论，“当时谁也未说服谁”。由于双方“对治理措施上有些不同的意见，合作得不够好”②，于是中科院开始考虑独立组织考察队。实际上，早在中科院成立之初，中科院中就有研究人员在黄河流域从事考察工作。中科院地理研究所的学者“估计到治理黄河迟早会被提到日程上来，所以……就将黄河地区的地理考察列为工作重点，并且开始在河患较大的黄泛区和侵蚀较重的中游峡谷区进行调查研究”③。中科院土壤研究所的学者也曾经在黄泛区调查，但后来他们认为这些“工作不易与经济建设配合，所以放弃”④。

这些早期开展的考察工作，主要是研究黄河流域的沉积现象、排水问题与复兴移民问题、黄河中游的土壤冲刷情况。虽然学者们也希望自己的工作能够配合国家的治黄治淮政策，但是这些工作还是侧重于学术研究。1953年在中科院与水利部合作组团时，苏联专家就曾建议：“黄河水利问题是一个综合性的大问题，现在就要开始准备，培养干部或派留学生到苏联去学习，中国科学院必须担负一部分这方面的科学研究工作，不能等待由水利部分人过来再进行。”⑤ 同年底中科院生物学地学部所长会议决定，将黄河中游水土保持工作作为中科院的重点工作之一。

---

① 扈庄：《西北黄土高原上的查勘队》，《科学通报》，1953年，9月号：101。

② 陈道明：《回忆黄河中游水土保持综合考察队与治沙队的工作》，《院史资料与研究》，1996年，第5期。

③ 侯仁之主编：《中国地理学简史》下册，北京大学印制，1960年，第240~241页。

④ 竺可桢1950年9月6日日记，见竺可桢：《竺可桢全集》第12卷，上海科技教育出版社，2007年，第174页。

⑤ 薛攀皋、季楚卿编：《中国科学院史事汇要·1953年》，中国科学院院史文物资料征集委员会办公室印，1996年。

2. 组建“中国科学院黄河中游水土保持综合考察队”

在与水利部不能很好合作的情况下，中科院于1955年正式成立了“中国科学院黄河中游水土保持综合考察队”。有了过去的经验作为基础，在苏联科学家柯夫达院士的协助下，1955年中国科学院制定了《黄河中游水土保持工作计划纲要》（简称《纲要》）。《纲要》提出了一系列目标：要在15年内使黄河的泥沙减少30%，同时提高农业产量；完成二十万分之一的水土保持土地合理利用区划图，并提出原则性建议；在普查的基础上进行典型地区的详查，完成万分之一的规划图，并提出具体的意见，交有条件的生产合作社或水土保持站推广①。《纲要》还要求在工作中采取多学科合作的办法，以“阐明自然规律、研究土地利用现状、提出水土保持规划与设计的科学资料以及原则性的和关键性的水土保持措施”。

水土保持是农、林、牧、水四个方面的综合性研究工作，这是一项需要多学科和跨部门合作，才能够顺利完成的工作。考察队吸收了多个学科的专家学者参与工作（表2-2）。

表2-2　黄河中游水土保持综合考察队学科分布②

学科	地质	地理（地貌、经济地理）	地球物理	植物	土壤	农业生物	经济	林业	水利
人数/人	5	13	1	19	10	18	7	11	3

考察队由中科院的地质、地理、土壤、植物、地球物理、农业生物、经济共7个研究所，中央林业研究所、黄河水利委员会的测量组和农业大学、北京大学、南京大学、兰州大学等高等院校组成。另外，这项工作还得到了地方政府的有力支持。山西省有关各厅局和有关的区级、县级干部也参与了水土保持考察。考察队的组织结构灵活，可以根据工作的需要临时组织各种专题研究小组。在苏联方面提出考察黄河流域的要求后，又临时组织了一个中苏联合考察队。

参与水土保持工作的学者都是各个领域的专家学者，他们精通于本学科的学术研究，并尝试着将这些知识应用于水土保持的实践中。地质学家通过考察，编制了大比例尺的第四纪地质图，并划分了新生代土状沉积物的成因类型。在考察

① 中国科学院办公厅档案处档案：1955-16-08。

② 中国科学院成立的水土保持综合考察队共有228名队员，其中中科院内71人，高校88人，林业部11人，黄河水利委员会3人，另外还有各地方政府的工作人员。业务人员以中国科学院和高校派出的人员最多。参与考察的高校人员主要目的是为了带领学生野外实习，所以本统计没有包括高校人员。资料来源：《中国科学院水土保持综合考察队参加工作人员名单》，见中国科学院黄河中游水土保持综合考察队编：《山西西部水土保持调查报告》，科学出版社，1957年。

中，他们还收集到大量的研究资料，并研究了黄土层的厚度和生成原因。为了结合水土保持工作，他们还尝试研究了不同岩性的分布成因与水土流失之间的关系；植物学家擅长植物分类研究，通过考察他们研究了植物区系、植被类型和植被区划，提出了适用于不同地区的保土植物；地貌学家则研究了不同地貌类型的土壤侵蚀特征；土壤学家紧紧围绕着土壤侵蚀的问题开展考察与研究，他们深入研究了土壤侵蚀的因素、过程、演变规律等问题……

对学者们来说，水土保持是一个全新的课题，他们对于如何将各自的学科紧密结合水土保持都比较生疏。为了使科学研究能够服务于生产实践，加强不同学科之间的联系，考察队采取集体式的工作方法，积极与农、林、牧业和水利工程等领域的专家学者沟通。考察队还十分重视学习群众的水土保持经验，并通过访问和召开座谈会等多种途径了解群众的水土保持经验。

为了完成水土保持工作，学者们不但要收集学术资料，研究考察区域试验站和气象站的记录，还要收集各级党政的方针政策、各地县的农业生产计划与五年规划、各地的丰产经验、各地县的生产指标与定额、各生产合作社（后期是人民公社）经营上的经验和生产上存在的问题……考察结束后，还要帮助地方制定水土保持工作规划。面对这些学术研究之外的工作，学者们做了很大的努力，也有学者产生了被迫改行的思想包袱①。

经过四年的野外工作，考察队收集了有关自然条件、水土流失情况、社会经济条件、农林牧等方面的大量资料，制定了自然区划、经济区划、水土保持土地合理利用区划和 11 个试验点的土地合理利用规划（图 2-1）。规划内容涉及水土保持的效益、工作量、各种措施对农作物产量的影响，以及未来劳动力的估计。一些规划“是与当地党政领导和合作社干部共同制定的，因而也就比较富于实践的意义”②。

考察队还出版了大量的考察成果，仅科学出版社编辑出版的考察报告就有十几册③。学术性的研究成果大多成为相关研究领域的奠基性著作，甚至是经典之作；应用性的研究成果在社会上也产生了一定的影响。只是许多考察成果正产生于“大跃进”期间，农村社会的组织结构和社会思潮的剧烈变动，使学者们在

---

① 《黄河中游水土保持研究工作总结》，见中国科学院学术秘书处编：《中国科学院年报 · 1955》，1956 年，第 128 ~ 131 页。

② 林镕等：《黄河中游水土保持综合考察》，见中国科学院编译出版委员会主编：《十年来的中国科学 · 综合考察》，科学出版社，1959 年。

③ 如《黄河中游黄土高原的自然、农业、经济和水土保持土地合理利用区划》（1958 年出版）、《黄河中游黄土》（1964 年出版）、《黄河中游黄土地区水土保持手册》（1959 年出版）、《山西西部水土保持调查报告》（1957 年出版）、《黄河中游的林业》（1959 年出版）等。

图 2-1　1956 年水土保持考察

撰写时效性很强的应用性成果时，总有一种力不从心的感觉。《黄河中游黄土地区水土保持手册》便是其中的代表。

该《手册》于 1958 年 10 月完稿，此时正值中国社会重大变革的时代，随着人民公社化运动和"大跃进"高潮的来临，学者们也感到"山区的土地合理利用和水土保持的方向，无疑将有急剧的、重大的转变"，在成果出版之时，学者们就已经意识到"本手册的内容也将有需要补充或改动之处"① 了。尽管考察队员做了很大的努力，但是水土流失问题并没有得到根本解决。水土保持是一项长期、艰巨的工作，需要深入研究，考察队无法承担起这项艰巨的任务。在这种背景下，在考察队的基础上建立一个研究水土保持问题的研究机构的条件已经成熟。

3. 创建研究所

1954 年中国科学院开始筹建西北分院。西北分院的任务，是"为适应国家建设发展的要求……密切配合西北地区各项建设事业"。西北分院筹建时确定了未来五年内的 5 项任务，其中第 2 项是"配合西北农、林、水利及畜牧事业的发展，以黄河中上游水土保持问题为中心，进行综合性的调查研究"。为此，西北

---

① 中国科学院黄河中游水土保持综合考察队编著：《（黄河中游黄土地区）水土保持手册》，序言，科学出版社，1959 年。

分院筹建的第一年就把“参加与指导中国科学院黄河考察队的工作”列为首要任务。①

1955年，在黄河中游水土保持工作的推动下，中国科学院在陕西武功建立起西北地区的第一个学术研究机构——中国科学院西北农业生物研究所。研究所成立初期的工作方向是：在综合考察的基础上，结合西北地区的实际情况，以黄河中游水土保持问题为中心，配合农业部门的研究力量进行调查及总结群众经验；开展生物、农、林、牧、水等基本性和关键性问题的研究，为解决黄土区水土保持及增加农业生产提供科学依据。

研究所成立后的几年中，主要是参加中国科学院水土保持考察队的工作②，并协助水土保持考察队在武功设立了唯一的田间试验场。试验场由考察队各专业组的组长提出研究计划，由西北农业生物研究所派出基层干部和行政人员，进行土壤侵蚀和提高土壤肥力的试验研究。研究所的方向与考察队的任务统一在一起。

由于历史的原因，这个以水土保持为中心任务的机构却定名为“农业生物研究所”，而且选择了在武功建所。有学者认为农业生物研究所是竺可桢“亲临陕西武功，选定所址”③。竺可桢作为中科院副院长，在推动农业生物研究所的建立方面确实发挥了重要作用。但是西北分院建院之初，在筹建的研究所主要集中在兰州和西安两地的情况下④，首先选择在武功建立起分院的第一个研究所则另有原因。

20世纪30年代，出于政治上的考虑，南京国民政府提出了开发西北的号召，并在短期内投入了大量的资金，国民党政府考试院院长戴季陶（1890～1949）多次亲临西北视察，并担任了西北专门教育委员会常委。戴季陶认为：“欲救西北，首先须振兴农林事业，尤以造就大量农林人才为根本要图。”⑤ 在他的推动下，1931年开始在陕西武功筹建西北农林专科学校，1934年该校正式成立。该校建立时正值1928～1929年陕西大旱之后，地价便宜，该校以廉价购买了7000多亩土地。1949年以后该校扩大为西北农学院。

---

① 《关于中国科学院西北分院筹备工作的初步方案》，见中国科学院办公厅编：《中国科学院资料汇编·1949—1954》，1955年。

② 《中国科学院西北分院筹备委员会一年来的工作报告》，见中国科学院学术秘书处编：《中国科学院年报·1955》，1956年。

③ 陈国达等主编：《中国地学大事典》，山东科学技术出版社，1992年，第713页。

④ 在建立武功农业生物研究所时，西北分院计划在兰州建立8个研究所，在西安建立3个研究所（《中国科学院西北分院筹备委员会一年来的工作报告》，见中国科学院学术秘书处编：《中国科学院年报·1955》，1956年）。

⑤ 转引自马敏等主编：《中国西北开发的历史审视》，湖北人民出版社，2001年，第347页。

中科院筹建农业生物研究所，得到了西北农学院的大力支持。农学院划出110亩土地送给该所，并抽调了部分人员支援该所的建设。这个所的所长也由西北农学院土壤农化系主任虞宏正（1897~1966）兼任。除西北农学院外，当时在武功还有中国科学院植物分类研究所设立的西北工作站和土壤研究所建立的黄土试验站。在这些机构和人员的基础上，西北分院建立起由60多名工作人员（其中研究人员39人）组成的研究所。

在水土保持考察带动下建立起来的研究所，其研究方向多为跨学科的新兴交叉领域。由于缺乏能够胜任工作的专门人才的支撑，这个研究所就从相关学科抽调人员组建新所。因此在研究工作中，存在着对综合研究与学科研究之间认识上的差别。水土保持考察是从区域的角度，综合考虑自然与经济的特点，进行流域的规划与治理。但是作为各学科的学者，往往认为“搞综合容易肤浅，什么都搞一点、样样都搞一点，样样都不深，都是很浅的东西，拿出来实际没有多大用处”①。所以研究所成立后，除参加水土保持考察外，还开展了相关的生物、土壤和农化研究。

水土保持考察结束后，所中专业人员的结构有所改变。1958年水土保持考察队工作结束，大部分人员转到西北地区的其他考察队中。考察队中部分从事土壤学研究的学者也充实到西北农业生物研究所。该所的研究方向也调整为以生物、土壤为重点，结合水土保持进行研究。1959年，西北农业生物研究所改名为“中国科学院西北生物土壤研究所”。

水土保持考察队结束以后，西北生物土壤研究所就成为研究水土保持问题的中心机构。1964年，西北生物土壤研究所的研究方向再次调整为以黄河中游水土保持科学研究为中心任务，主要研究解决水土流失严重地区的水土保持措施、土壤侵蚀规律等内容。该所也随即改名为“中国科学院西北水土保持生物土壤研究所”。1970年该所下放到陕西省；1979年又改为中科院领导，并更名为“西北水土保持研究所”；1987年该所改由中科院和水利部双重领导，中心任务仍然以水土保持研究为主。由于全国水土流失问题严重，此时研究所的研究范围已经扩大到了黄土高原以外的地区。1991年经国家科委批准，该所再次更名为“中国科学院·水利部水土保持研究所”②。

第二节　探索新的组织方式

组织领导多学科的综合考察，中科院有着人才、经费和学科综合等多种得天

① 韩宁：《黄秉维访谈录》，《院史资料与研究》，1995年，第6期，第1~16页。
② 王扬宗、曹效业主编：《中国科学院院属单位简史》第二卷下册，科学出版社，2010年。

独厚的优势。中科院包含有数学、物理学、化学、生物学、地学等学科的18个自然科学方面的研究所，以及考古、语言、社会和近代史等4个社会科学方面的研究所。到1957年，自然科学方面的研究所已经发展到50个，社会科学方面的研究所也增加到十几个。这种多学科的优势，为中科院组织对国家自然条件和自然资源的调查，以及综合性研究创造了条件。

中科院建院初期作为全国学术管理机构的地位，也为跨部门的合作考察创造了条件。从建院开始，中科院就与国内各高等院校、各部门的科学研究机构，以及生产单位加强了联系。20世纪50年代初期中科院召开的院务扩大会议，经常邀请原工业部、铁道部、交通部、农业部、文化部、教育部等政府机构，北京大学、北京农业大学等高等院校，以及地质勘探局、农业研究所、综合工业试验所等机关参加会议，汇报工作并听取意见与建议，了解中央政府、生产和教育部门的需求，为制订科研计划作参考。中科院不但为院内各单位之间交换资料创造了条件，也为跨部门的信息交流与合作提供了便利。综合考察需要大量的资料基础，很多时候，研究所在搜集资料时，只有通过中国科学院才能够解决向中央部门搜集材料的困难。

随着考察规模、涉及区域和工作任务的不断扩大，中科院内大型综合考察队的数量不断增加，由中科院直接管理考察队的做法已经无法适应工作的需要。建立一个专门的机构，负责组织管理综合考察工作迫在眉睫。综合考察是一项错综复杂、对国民经济发展远景关系重大的工作。在成立专门的组织管理机构之前，中科院对这方面的工作缺乏统一的规划与领导。随着综合考察规模的不断扩大，综合考察的组织者也意识到，综合性研究“最基本的问题在于缺乏坚强的组织领导”①。要想有效地联合各方面的力量，只有通过建立相应的组织管理机构，才能顺利地推进相关工作。于是中国学者一边开展工作，一边参照国外的经验，摸索着大规模综合考察的组织方式和方法。

一、苏联的经验

中科院开拓了综合考察这项新的事业后，一直在努力寻找一种“范本”。苏联的科学组织方式和管理经验，引起了中国学者的关注。新中国成立初期，中国的政治倾向倒向苏联一边，全国范围内普遍开展了学习苏联的运动。在学习苏联的热潮中，中国学者也在关注着苏联有关工作的组织方式。

---

① 竺可桢：《中国科学院生物学地学部报告》，《竺可桢全集》第3卷，上海科技教育出版社，2004年，第213～222页。

1. 苏联生产力研究委员会

“世界最早从事自然资源综合考察的国家当首推苏联”①，而且“从最早时期直至现在，俄罗斯科学最强大的领域之一是地理考察”②。早在18世纪，俄国科学家和科学院即组织了对堪察加半岛的考察，以及俄国北部地区的大规模地理调查与地图测绘工作。

第一次世界大战期间，俄国为了调查与研究自然资源，于1915年在科学院内成立了自然生产力研究委员会（КЗДС）。这个委员会本身的力量有限，主要是组织院外，尤其是大学的力量进行考察研究。十月革命胜利以后，列宁在《科学技术工作计划草稿》一文中提到了这个研究委员会的工作，并指出了它的发展方向。从此以后，研究工业的合理配置问题，成为自然生产力研究委员会的中心任务。随着该委员会研究规模的扩大、人员的增加，1930年，自然生产力研究委员会与两个地区考察委员会——民族自治共和国与民族自治省研究委员会和考察研究委员会合并、调整，建立了生产力研究委员会（СОДС）和14个学科研究所、3个独立研究室和1个博物馆③。

苏联生产力研究委员会的特点，是它的工作与生产实际密切配合。委员会的考察工作是在某个经济区域进行，而不是在某一部门内。工作内容以新开发地区的考察、规划为主，并积极参与国家主要经济建设的调查研究和规划设计工作。它实际上是苏联国家计划委员会的“参谋部”：主要任务来自国家计划委员会，工作成果也主要提供国家计划委员会参考。它的任务在于考虑远景发展方向，一般不考虑短期几年内的发展规划。因为后者是国家计划委员会本身的工作。

生产力研究委员会建立以后，在组织上直接受苏联科学院主席团的领导。这个机构包括综合考察队、秘书处、经常委员会等组织，机构内还分设了5个业务组：矿产资源组、冶金工作新基地组、水能资源组、农业资源和区划组、自然资源和北极地区组。该委员会共有委员40人，其中只有7人经常在委员会工作，任期三年。其他人员只参加委员会的会议、担任委员会交与的任务。这些任务包括负责举行某种会议、审查鉴定某些工作、组织各种小考察队、担任委员会考察队某一部门的学术领导、讨论某些考察队的报告等。这些工作多是临时性质的。

生产力研究委员会编制内的工作人员有数百人，大部分是来自各个学术领域

---

① 王广颖：《国外自然资源综合考察》，《自然资源译丛》，1986年，第3期，第10~15页。

② 〔英〕洛伦·R. 格雷厄姆：《俄罗斯和苏联科学简史》，叶式辉等译，复旦大学出版社，2000年，第21页。

③ 吴传钧：《苏联科学院生产力研究委员会的综合考察工作》，《科学通报》，1958年，第12期，第375~376页。

的科学研究人员，他们中有植物学家、土壤学家、地质学家、水利工程学家、冶金学家、经济学家和气象学家，以及其他领域的专家学者。这些人员中间，绝大多数都具有长期的野外工作经验，是一支强大的科学队伍。由于委员会将从各方面吸收来的学者、专家和工作人员组织起来共同进行工作，因此参加委员会工作的人数远超过委员会本身的人数①。到了20世纪50年代，委员会秘书处的人员已达350人，组织的队伍达3500人②。

综合考察是委员会的主要工作方式，考察队是其基层工作单位。委员会组织的各个大型考察队一般分有若干个专业小队，这些专业小队的人员大多来自苏联科学院的各专业研究所。每个考察队都有自己的中心任务，并围绕着这些任务组织工作。考察任务可以由地方政府及有关机构提出，也可以由委员会亲自制定。

生产力研究委员会在人才和设备方面，主要依靠苏联科学院系统的研究机构。除此之外，也联合高等院校和政府各部门的科学研究机构，共同从事有关考察工作。委员会组织的考察队，不仅仅是为了完成具体任务的工作队，它在考察地区也发挥着组织有关工作的作用，并为该地区的科学研究奠定人员、设备及工作经验的基础。考察队在各地普遍建立起了考察基地和定位观测站，以便与当地有关的科学机构联系。这些基地常常成为苏联科学院分院的基础。

在野外工作的基础上，生产力研究委员会每年在考察地区组织召集两三次地区综合性学术协商会议。除了相关的学术机构参与协商外，会议还邀请地方人士参加，请他们提出意见，帮助进行工作规划。由于有各方面专家及地方工作人员参与其中，就可以在比较短的时间内对地区生产力的综合问题进行广泛而深入的讨论。会议结束时，由地方政府和苏联科学院共同拟定区域发展的建议，并提交政府部门。

苏联生产力研究委员会的工作方式和组织形式，有利于推动大规模的野外考察，并为国家的经济建设做了大量的工作。委员会组建的考察队曾经发现过许多矿藏，并向政府提出了多项建议，这些建议很多反映在了苏联国民经济建设的计划当中。生产力研究委员会的强大组织能力、有效管理方法和丰硕的工作成果，给中国学者留下了深刻的印象。随着中科院自然资源综合考察工作的开展，中国学者更加关注这个机构，并探索如何借鉴其经验，在中国组建类似的组织管理机构。

此时成立不久的中科院，虽然还没有开始组织大型的综合考察队伍，但是院

---

① 汪志华：《介绍苏联科学院生产力研究委员会》，见中国科学院秘书处编：《学习苏联先进科学——中国科学院访苏代表团汇刊》，中国科学院出版，1954年，第448~456页。

② 竺可桢1956年5月25日日记，见竺可桢：《竺可桢全集》第12卷，上海科技教育出版社，2007年，第343页。

中的一些研究所已经开始了相关的工作。早在1950年4月，中科院即参与了组织地质学家赴东北地区调查地质矿产资源的工作。1951年，中苏友好协会总会派中国代表团赴莫斯科，参加庆祝五一劳动节的活动。竺可桢作为代表团成员，在莫斯科进行了短暂的参观访问。他在苏联科学院参观期间，曾经听到苏联科学院院长介绍生产力研究委员会的情况，初步了解了这个机构的性质和工作。尽管竺可桢没有时间参观生产力研究委员会，但是该机构还是引起了竺可桢的注意。竺可桢随团访问苏联时，中国科学院已经派出了几十个调查队在东北、中南以及西南等地区从事地质、土壤及生物资源的专题考察。如何更好地组织综合性的自然资源考察，是竺可桢关心的问题。他在回国后的报告中，简要介绍了苏联生产力研究委员会的工作①。

1953年，中国科学院正式派出访苏代表团。中国学者详细了解了生产力研究委员会的具体工作办法。回国后，中国科学院办公厅秘书处副处长、数学家汪志华（1917~1967）撰文介绍了苏联科学院生产力研究委员会的情况②。为了更好地了解、学习苏联的资源考察管理经验，中科院派地理学家吴传钧（1918~2009）前往苏联生产力研究委员会，学习他们组织科学考察的经验及经济地理学。吴传钧回国以后，也曾经撰文介绍该委员会的情况③。

在中国学者前往苏联学习的同时，一些苏联专家被邀请来华，协助并指导中国的科学工作。20世纪50年代中期，在中科院担任顾问、指导工作的苏联专家拉扎连柯认为，中科院的自然资源综合考察应适当改组，使之接近苏联科学院生产力研究委员会的性质④。在中科院内应该建立什么样的组织机构，是中国学者思考与探索的问题。中国学者认为："综合考察在我国是一门新的工作，没有成熟的经验。苏联虽然有长期工作丰富的经验，但是一方面由于我国的情况

---

① 竺可桢于1951年4月16日启程赴莫斯科，并于5月29日离开莫斯科，前往柏林参加中德友好月活动。由于竺可桢这次苏联之行并非学术访问，所以他在莫斯科期间参观的学术机构十分有限。竺可桢参观了莫斯科大学和苏联科学院的地理研究所、地球物理研究所、海洋研究所和地震台，但未能参观生产力研究委员会。所以，竺可桢对这个机构的了解还比较粗略，他在报告中称这个机构为"科学院下特设有协助伟大共产主义建设委员会"（竺可桢：《欧游三月的见闻和感想》，曾刊登在1951年的《地理知识》、《科学通报》、《中苏友好》等刊物上。引自竺可桢：《竺可桢全集》第3卷，上海科技教育出版社，2004年，第75~80页）。

② 汪志华：《介绍苏联科学院生产力研究委员会》，《科学通报》，1953年，第9期；中国科学院秘书处编：《学习苏联先进科学——中国科学院访苏代表团报告汇刊》，中国科学院出版，1954年，第448~456页。

③ 吴传钧：《苏联科学院生产力研究委员会的综合考察工作》，《科学通报》，1958年，第12期，第375~376页。

④ 竺可桢：《中国科学院综合考察工作的现状及亟待解决的问题》，《竺可桢全集》第3卷，上海科技教育出版社，2004年，第360~363页。

有所不同，另一方面我们搞全面的生产远景配置，涉及国家机密甚多，不便与他们讨论。因此，虽然要充分学习苏联经验，但不能机械搬运，也不能完全靠苏联专家的帮助来解决这些问题。至于中国科学院现在感觉虽然有的是高级研究人员，但是对综合考察则不能说已是内行，已有经验。”① 在借鉴苏联经验的同时，应该建立什么样的组织机构来组织新兴的综合考察工作，中国还缺乏现成的“范本”。

2. 互派代表团

早在1949年以前，中国学者就注意到了苏联的科学管理方式。他们“旷观全世界科学之能，真正为政府、为社会、为人民所重视，实无过于苏联。即以美国科学在目下之根基，尚不免仍为资本主义社会之附庸”②。中国学者希望能够借鉴苏联的科学管理经验，发展中国的科学事业，但是这个愿望直到新中国成立以后才得以实现。

向苏联学习是新中国的总政策。1949年6月，《人民日报》发表毛泽东主席的《论人民民主专政》，强调要达到胜利和巩固胜利必须“倒向社会主义一边”。1953年2月，毛泽东主席号召学习苏联先进的科学技术，要求在全国范围内掀起学习苏联的高潮。

在全国学习苏联的热潮中，苏联的科学管理经验成为中国科学事业发展的典范。建院初期，中科院遇到了许多新的问题。于是中国学者自然想知道苏联方面是如何解决这些问题的。比如，在革命成功后，苏联科学院是如何在旧的基础上建立起来的；苏联科学院和加盟共和国的科学院、产业部门的研究机构如何联系；苏联科学院如何领导科学家从事配合实际的研究，工作如何计划③；等等。中国学者认为，“苏联是比中国早三十多年就开始建立的社会主义国家，积累了丰富的经验；中苏是友好的邻国，当时的苏联政府是愿意帮助中国的；苏联的科学与技术在沙皇俄国时期的水平就比较高，经过‘以马克思列宁主义为指导，批判地吸收了西方的科学技术’，更适合中国的需要”④。只要“认真学习苏联的先进经验就会使我们少走弯路，稳步前进”⑤。

---

① 《综考会综合考察工作总论、经验、简报》，中国科学院档案馆档案：Z374-44。

② 杨钟健：《科学家怎样长成的?》，《科学》，1948年，第30卷第3期，第65~69页。

③ 竺可桢1952年6月8日日记，见竺可桢：《竺可桢全集》第12卷，上海科技教育出版社，2007年，第633页。

④ 钱临照、谷羽主编：《当代中国丛书·中国科学院》上卷，当代中国出版社，1994年，第30页。

⑤ 《中国科学院关于访苏代表团工作的报告》，见中国科学院秘书处编：《学习苏联先进科学——中国科学院访苏代表团报告汇刊》，中国科学院出版，1954年。

为了学习苏联科学院的经验，1953年2月，中科院首次派出由著名科学家组成的访苏代表团，"去研究如何组织和领导科学研究的工作"①。代表团由钱三强（1913～1992）领队。来自数学、物理学、天文学、地球物理学、化学、地质学、生理学、动物学、植物学、土壤学、农学、医学、电机工程、机械工程、土木工程、建筑学、历史学、语言学和教育学等19个学科的26名著名专家学者组成的访苏代表团，进行了为期三个月的学习访问。代表团在苏联访问期间，参观了98个各种类型的研究机构、11所大学和许多工厂、矿山、集体农庄以及博物馆；专门听取了苏联科学院主席团组织的7个全面性的报告②。对苏联生产力研究委员会的介绍，就是报告内容之一。

回国以后，代表团按照学科分别总结了苏联科学的发展方向、中心工作和主要成就，并在北京、上海、南京、沈阳、长春等地，向中国科学界传达访苏的体会和收获。1954年，中国科学院汇集、出版了访苏代表团的工作报告：《学习苏联先进科学——中国科学院访苏代表团报告汇刊》。此后，中科院内各研究所就把学习《访苏代表团报告汇刊》作为各所的工作之一。在宣传苏联科学院的组织经验的过程中，中国学者指出，苏联对研究工作的科学计划、严密组织，以及苏联科学家的集体主义精神，是顺利完成大规模、综合性科学任务的保证③。苏联生产力研究委员会的组织方式，引起了中国学者的关注。

1955年，苏联科学院副院长巴尔金院士率领苏联科学院代表团，到中国进行了为期两个月的访问。代表团参观了中科院的研究单位、访问了各地的高等院校和工矿企业，并作了数十次学术报告、举行了近百次座谈会。自苏联代表团访问中国后两国科学院的交往开始增多，大批苏联科学家被邀请来华指导工作，其中很多苏联专家参与了综合考察。仅以1958年为例，被中科院邀请参加综合考察的苏联专家就有107人④，随中科院内大型考察队参加野外工作的苏联专家有90人（表2-3）。

---

① 郭沫若：《学习苏联先进科学——中国科学院访苏代表团报告汇刊》，序言，中国科学院出版，1954年。

② 报告内容包括苏联科学院的发展、组织机构及干部培养，怎样制订科学工作计划，苏联科学家如何学习和运用马克思列宁主义的方法论，生产力研究委员会及共产主义建设委员会的工作任务和研究内容等。

③ 汪志华：《介绍苏联科学院生产力研究委员会》，见中国科学院秘书处编：《学习苏联先进科学——中国科学院访苏代表团汇刊》，中国科学院出版，1954年，第448～456页。

④ 《综考会工作会议记录》，中国科学院档案馆档案：Z374-42。

表 2-3 1958 年各考察队苏联专家所属专业及人数① 单位：人

考察队	合计	土地规划	自然地理	地貌	地植物	水文地质	土壤	地质	水文	林业	水利	化学	冰川	生物	生产力配置
黄河队	6	1	1	1		1	1				1				
新疆队	11		1	1	1	2	3	1	1		1				
黑龙江队	60														
云南队	4			1	1		1							1	
甘青队	5 ~ 6		1					1 ~ 2		1			1		1
柴达木队②	3					1						2			

二、两种方案

1954 年竺可桢到西北考察时看到，长期、综合性的考察工作“事关农、林、水利以至交通运输等各部门。因各部门的业务不同，看问题的角度也就不同，如由某一部门单独来领导，必然会产生某些困难”。他提出，这种工作“将来是否能考虑由国家计划委员会或中央财政经济委员会来领导，或由农、林、水利组织一联合领导机构，庶几做计划时可以从全面来考虑问题，调配人才也可从各方面选取，工作当可以比较顺利地进行”③。建立新的组织机构的问题，逐渐提上中科院的议事日程。

为了解决综合考察的组织管理问题，中科院从 1955 年开始酝酿成立相应的机构。而正在此时中科院本身的性质也在发生改变，并开始酝酿组织形式的调整。1954 年，中科院的定位发生了变化。按照国家宪法和组织法，中科院已经不再是政府的组成机构之一，而是国务院领导下的国家最高学术机关。为了适应这种变化，也为了加强学术的组织管理工作，中科院成立了院本部学术领导工作机构——秘书处。秘书处的主要任务是协助院务会议在学术方面的领导工作，综合考察直接由秘书处负责。1955 年，中科院进一步调整了组织形式，其中包括

① 《1958 年中苏合作参加各考察队苏联专家人数及所需翻译人数》，中国科学院档案馆档案：Z374-23。

② 此处应是盐湖队。

③ 竺可桢：《参加黄河勘察队考察西北水土保持工作纪要》，《竺可桢全集》第 3 卷，上海科技教育出版社，2004 年，第 188 ~ 193 页。

正式成立学部及各研究所的学术委员会、增设综合调查工作委员会等内容①。

在1955年6月1日中科院学部成立大会上，院长郭沫若在宣布中科院成立物理数学化学部、生物学地学部、技术科学部及社会科学部四个学部的同时，还宣布成立综合考察工作委员会。他指出："要解决一个对国家建设起重大作用的科学问题，往往需要许多学科结合起来综合性的研究。以往我们对于这种工作不够重视，今后必须予以加强。为此，中国科学院要设置一个综合考察工作委员会来专门负责综合性的考察工作。"

中科院成立学部的目的很明确，就是为了联系和调整各研究单位的工作，避免科学工作中的重复和遗漏的现象，充分运用和发挥各单位的特长，将分散的力量集中起来，用以解决国家建设的重要任务。综合考察工作委员会不是学部，但却是类似学部性质的机构，其职能与学部相似。但是这项工作涉及的专业比学部广泛，几乎涉及院内所有的学部。除了以地学部和生物学部为主体外，社会科学部的经济所、数理化学部的化学所、技术科学部的前动力研究室都曾经参与过综合考察队的工作。因此委员会成立以后如何开展工作，从中科院的领导到相关的组织者都有一个认识的过程。

1955年4月2日，院党组在给中共中央的报告中，提出要增设"综合调查工作委员会"。报告认为，苏联科学院设有自然生产力研究委员会及共产主义建设协助委员会，负责全面、综合地研究苏联自然条件和自然资源，并提出合理利用资源的建议。报告指出："我国在开始了发展国民经济的第一个五年计划建设后，各业务部门曾不断提出综合性的科学研究任务，要求中科院协助进行，如黄河水土保持工作，华南热带资源的调查与利用，全国自然区划与经济区划工作等。这类性质的工作今后必然是日益增多。中科院以往虽然进行了一些工作，但多半是被动地应各业务部门的要求配合进行，缺乏统一的规划领导，而中科院本身也没有设立领导这个工作的专门机构。为了有效地组织综合性的科学研究工作，建议在中科院下设立'综合调查工作委员会'，并吸收各有关部门的负责同志参加，使科学调查研究工作能逐渐适应五年计划特别是十五年远景计划的要求。"②

与此同时，1955年召开的中科院第16次、19次和31次院务常务会议，讨论并最终通过了成立"综合调查工作委员会"的议案③。6月，郭沫若院长在中

---

① 《中国科学院关于改变科学院组织形式向国务院的报告》，见王忠俊编：《中国科学院史料汇编·1955》，中国科学院院史文物资料征集委员会办公室印，1995年。

② 《院党组致陈毅同志并中央函》，见王忠俊编：《中国科学院史料汇编·1955》，中国科学院院史文物资料征集委员会办公室印，1995年。

③ 竺可桢1955年4月7日日记，见竺可桢：《竺可桢全集》第14卷，上海科技教育出版社，2008年，第60页。

科院学部成立大会上的报告中，正式提出了要在院内设置一个“综合考察工作委员会”，专门负责综合性的考察，以适应全院日益繁重的综合考察任务①。11 月 15 日，中科院报送陈毅副总理《关于调整和改善科学院院部直属机构的请示报告》中，也提到了“拟成立综合考察工作委员会”的建议。在获得国务院的批准之后，12 月 27 日中科院发出院部机构调整的通知，其中包括了“成立综合考察工作委员会，协助院长、院务会议领导综合调查研究工作”的内容②。1956 年 1 月 1 日，中国科学院正式发文，通知成立“综合考察工作委员会”③。

综考会是作为中科院内的一个组织协调机构建立起来的。但是在最初的设想中，多数学者认为“自然资源综合考察委员会应归国务院直接领导，主要原因是由于中国科学院的科学力量薄弱，不由国务院领导，就不能统一组织领导各部门的科学力量完成综合研究的任务”④。但当时国务院并没有成立相应机构的计划，只是为了解决各部门之间的协调关系问题，科学规划委员会成立了有关综合考察的协调小组。但是竺可桢认为：综合考察工作“复杂错综，而对国民经济发展远景，关系又极为重大，如果不从组织上适当解决这个矛盾，仅仅进行一般的协调，效果恐怕不会太大”⑤。为此，竺可桢在 1957 年提交给院务常务会议的报告中，提出了机构建设的两种方案：

> 一、成立国务院直属的生产力研究委员会，（一）组织科学研究机构、业务部门、高等院校的科学家进行自然资源的调查；（二）综合自然资源调查的资料，进行开发利用的综合研究；（三）组织为进行这些工作所必要的直属的研究机构与试验室，研究与试验一般应利用现有机构，因此它的规模用不到很大。
>
> 二、在中国科学院现有的综合考察工作基础上，由有关学部负责人及各队队长组成人数不多的综合考察委员会，补充少数人员，充实其机构，并经现已成立的科学规划委员会的协调小组，与各业务部门进行工作协调。⑥

① 《郭沫若院长在中国科学院学部成立大会上的报告》，见中国科学院学术秘书处编：《中国科学院年报·1955》，1956 年，第 3 ~ 11 页。

② 《大事记》，见中国科学院学术秘书处编：《中国科学院年报·1955》，1956 年，第 272 页。

③ 孙鸿烈主编：《中国自然资源综合科学考察与研究》，商务印书馆，2007 年，第 605 页。

④ 《中央宣传部、中科院关于成立自然资源综合考察委员会的干部任免、机构设置、印章启用的通知、请示、会议纪要》：Z374-4。

⑤ 竺可桢：《中国科学院综合考察工作的现状及亟待解决的问题》，《竺可桢全集》第 3 卷，上海科技教育出版社，2004 年，第 360 ~ 363 页。

⑥ 竺可桢：《中国科学院综合考察工作的现状及亟待解决的问题》，《竺可桢全集》第 3 卷，上海科技教育出版社，2004 年，第 360 ~ 363 页。

成立生产力研究委员会的方案，是在苏联顾问拉扎连柯的建议下提出的。拉扎连柯认为："了解待开发地区的自然资源，做出这些地区的自然区划，作为研究这些地区的综合开发方案（生产力配置）的基础，是综合考察工作的目标。因之，目前的综合考察工作，应适当改组，使之接近苏联科学院生产力研究委员会的性质，受政府的委托，介于科学研究机关与业务部门之间，组织各方面的力量，完成这个对发展国民经济有重大意义的任务。"

竺可桢在提案中虽然把拉扎连柯的建议列在了第一项，但是他认为，即使建立生产力研究委员会，直属于它的研究机构和试验室的规模也"用不到很大"。竺可桢强调："我国的情况与苏联是有不同的，因为有关调查自然资源的科学力量，很大部分已集中于各业务部门。目前总的科学力量不足，为加强综合考察工作而过分削弱各业务部门的力量未必妥善。"① 因为"根据中国的国情，进行综合考察的科学力量散布在包括中国科学院在内的各个部门，我国不必成立生产力配置委员会（即生产力研究委员会——笔者注）"②。曾经担任综合考察委员会副主任的经济学家顾准（1915～1974）与竺可桢的观点相同。他后来回忆道："我国大部分的资源考察工作已由国务院各部担当起来，最主要的例子，例如，矿物资源的考察勘察由地质部负责，水力资源由水电部负责，而新的工矿地区的资源利用综合规划，也唯有国家计委和经委才抓得起来。所以，设想把综合考察委员会扩大到苏联科学院生产力研究委员会的规模是不现实的。"③

从苏联生产力研究委员会的功能看，中国科学院也无力担负如此的重任。中国学者认为，如果建立这样的机构，也应该是"国务院直属"的机构。在人员和物力都十分有限的情况下，中科院成立生产力研究委员会缺乏基础。

综考会需要进行跨部门的组织协调，但是中科院无力协调中央各部门之间的工作。因此中国学者也曾考虑这个机构由科学规划委员会领导，但是苏联专家认为：国家计划委员会是根据已经知道的资源来做计划，而这个机构是调查未知的资源。它应该是科学院和产业部门的媒介④。

竺可桢提出的两个方案，第一个并没有实现。最终中科院按照第二个方案，担负起了组织自然资源综合考察的工作。由于科学规划委员会的协调小组并没有很好地发挥组织协调的作用，在中科院内成立的综合考察组织管理机构，"只能根据国

---

① 竺可桢：《中国科学院综合考察工作的现状及亟待解决的问题》，《竺可桢全集》第3卷，上海科技教育出版社，2004年，第360～363页。

② 《竺可桢传》编辑组：《竺可桢传》，科学出版社，1990年，第181页。

③ 顾准：《顾准自述》，中国青年出版社，2002年，第237页。

④ 竺可桢1957年5月11日日记，见竺可桢：《竺可桢全集》第14卷，上海科技教育出版社，2008年，第573页。

家要求，分项担负若干项目的综合考察工作”。鉴于综合考察同国家经济规划、计划组织工作关系十分密切，直到1959年在科委召开的综合考察专业规划会议上，“到会绝大部分同志都发言，建议计委同科学院共同领导综考会，但计委代表未明确表示态度”①。1962年制定“十年规划”时，学者们再一次建议把综考会置于中国科学院和国家计委的双重领导之下，并认为这是推动资源考察工作的“重大措施”②。但是1982年之前，这个建议一直没有被采纳。

第三节　建立专门管理机构

1956年1月1日，中科院正式发出通知，决定成立综合考察工作委员会，协助院长、院务会议领导综合调查工作。综考会成立之后，即投入到紧张的组织工作当中。2月组织召开了综合考察工作座谈会，讨论1956年的黄河中游水土保持的计划与安排；4月根据“十二年远景规划”的要求，提出当年和下一年度的综合考察工作计划。直到1960年综考会发展成为研究实体之前，一直围绕“十二年远景规划”中规定的任务组织工作。

一、成立办公室

综考会成立初期，只有一个办公室负责日常工作。早期综考会的负责人只有主任竺可桢和副主任顾准；1957年10月顾准被划为“右派”后，改由漆克昌担任综考会副主任一职。直到1957年年底，综考会只有主任和副主任两位领导，综考会的委员会成员尚未确定。

负责日常工作的办公室仅有几个人，办公地点设在文津街的中科院院部。办公室成员中的研究人员很少，办公室主任由植物学家简焯坡（1916～2003）担任，副主任是石湘君和李超，另外还有负责政治工作的田青、安宏琴，以及会计、总务和翻译人员。办公室成立初期，这些人员主要负责文书档案，并整理各队交上来的成果出版物；负责统一领取器材后，分发给各队使用；负责各考察队的人事调配，等等。1956年年底，简焯坡被调回植物所从事研究工作。他调走之前特地要来多名植物学和土壤学专业的大学毕业生到各考察队。希望他们一方面从事野外调查，一方面做一些资料收集工作。

这个办公室就是综考会业务和政治工作的初始机构，也是中科院综合考察的组

① 《工作计划十年规划》，中国科学院档案馆档案：Z374-50。

② 中华人民共和国科学技术委员会、中国科学院：《1963—1972年科学技术发展规划（草案）·综合考察》，1962年，地理科学与资源研究所资料室。

织管理机构。办公室建立以后，中科院的综合考察基本上就是由办公室有关人员协调，包括借调人员、各队出发前的人员组织、经费的统一调整分配、各队在野外期间的工作联系，以及野外工作结束后的汇报总结、计划、学术报告、会议的组织等事务性工作。一般情况下，办公室的人员即可以处理日常性的事务，遇到较大的问题，就直接向竺可桢汇报。竺可桢也时常过问综合考察工作。

综考会成立时，中科院没有明确说明这个委员会是个什么性质的机构。委员会也没有像学部那样正式公布过《组织规程》，这个机构与各业务部门之间的关系更不明确。当时院内的大型考察队多没有建立或健全行政管理机构，因此在实际工作中各考察队把综考会当成了考察队与院部有关处局沟通的中间一级的机构。于是很多行政性事务，如财务管理、器材配备、干部调配等，都需要综考会办公室代为管理。这就大大增加了综考会办公室的工作量。为此，1957年1月顾准向院党组提交报告。报告指出综考会的性质类似于学部，在行政方面不成为一级机构，这为综考会的工作带来了很大的困难。为了解决这个问题，中科院在3月下发了关于《综合考察委员会办公室组织机构及其任务》的文件，其中强调："综合考察委员会直接领导的考察队，在行政上应成为一级独立机构，有关经费、器材、人事、总务等工作，各考察队可直接和院部各局联系。不必再统一经过委员会办公室办理，以减少不必要的事务手续和遇事互相推诿现象。"① 这个文件虽然减轻了综考会办公室的行政负担，但是并没有回答综考会的机构性质问题。直到同年6月，竺可桢在院务常务会议的报告中仍然提出："综合考察工作，究竟是什么性质，与有关各业务部门关系如何，并不明确。"

"十二年远景规划"制定以后，综合考察的任务更加繁重。1957年6月18日，中科院召开第13次院务常务会议，会议听取了竺可桢关于综合考察的工作汇报，并决定组建综考会的委员会，同时拟呈科学规划委员会建立生产力委员会②。因此，也有文献把综合考察委员会的正式成立时间确认为1957年6月③。实际上在第13次常务会议召开之际，综考会办公室已经成立了1年半。而且自1957年1月1日起，"综合考察工作委员会"就已经正式改名为"综合考察委员会"④。

---

① 《综考会、科学院干部任免及编制表》，中国科学院档案馆档案：Z374-10。

② 竺可桢1957年6月18日日记，见竺可桢：《竺可桢全集》第14卷，上海科技教育出版社，2008年，第594页。

③ 《竺可桢传》编辑组：《竺可桢传》，科学出版社，1990年，第181页。

④ 关于更改名称的原因，目前笔者还没有看到任何资料的记载。而且不同的文字资料，记载的名称也很混乱。在1957年1月2日《中国科学院关于院部增设机构的通知》中，已经明确这个机构从当年1月1日开始使用"综合考察委员会"的名称，但是在《中国科学院年报·1957》（1958年编印）中，仍然沿用了"综合考察工作委员会"。而在当代学者的回忆文章或相关资料中，也没有谈及机构名称的改变问题，基本上都是沿用了从20世纪70年代开始使用的"自然资源综合考察委员会"，或直接简称为"综考会"。

第13次院务常务会议上，还提出要明确中科院综合考察研究的方向，并加强综合考察工作机构的组织，以便更好地完成“十二年远景规划”的任务。到1957年年底，综考会负责组织管理的考察队共有6个：新疆综合考察队、柴达木盆地盐湖考察队、黄河中游水土保持考察队、黑龙江流域综合考察队、红水河生物资源综合考察队、云南热带生物资源综合考察队和土壤队。这个机构的组织工作非常繁重。

这个时期综考会应有关方面的要求接受具体的考察任务，并与院内各所和各高校联系，邀请相关人员和教师参加考察。综考会对外负责与各部门在综合考察、资料汇总并在综合研究方面进行合作，对内专门领导和协调各个考察队和学科的工作。

20世纪50年代，综合考察是苏联专家在中科院中参与人数较多的科研领域。其中的原因，一方面是因为当时中科院与苏联生产力研究委员会之间经常有合作关系；另一方面，当时的政策制定者认为苏联方面给中国以尖端科技的支持，所以中国方面应该在地学、生物学、综合考察等方面为苏联专家提供便利①。在这种情况下，综考会也担负起了相应的组织协调工作。当时规定，地学部和生物学部各所与苏联有关的研究项目，在野外工作中有苏方人员参加的，也归综考会负责办理。

1960年以前，综考会作为组织机构的性质基本上没有大的变化。因为早期的领导者，如主任竺可桢和副主任顾准都认为：综考会的工作机构无须扩大，有一个办公室足够了。因为它的任务就是组织考察队分项进行工作，考察报告应该送到委办机构去，学术上利用考察所得资料一事，参加考察的研究人员自己就会抓紧，综合考察委员会也就无须有自己的研究机构②。所以这一时期综考会没有自己的直属研究机构，唯一的例外是直属于它的一个土壤队，任务是进行华北各省的土壤调查，队长熊毅（1910~1985）。1960年土壤队也被合并到了中国科学院南京土壤研究所。

二、机构职能的重叠

综考会成立以后，对这个机构的性质及职能如何、同其他相关组织机构（如中科院生物学地学部、院内的大型考察队等）之间的关系如何等问题没有搞清

① 在中苏双方签订合作协议以及具体的合作过程中，经常会强调这个政策。这个问题在许多文献中都有涉及。例如，竺可桢1967年7月11日、12月8日、1968年1月20日等的日记中（参阅《竺可桢全集》第18、19卷，上海科技教育出版社，2010年）；吴学周1957年10月14日的日记中（参阅《吴学周日记》，《长春文史资料》第51、52辑，1996年，第275页）。

② 顾准：《顾准自述》，中国青年出版社，2002年，第237页。

楚。由于当时综考会的主要工作就是围绕“十二年远景规划”中的综合考察任务，开展组织、协调工作，制订具体计划。因此这个机构为中科院有效地组织综合考察，发挥了很大的作用。但是不久之后，国家科学规划委员会的正式成立，使得指导制订年度科研计划和长远科学规划、协调院内外研究机关等工作，改由这个更权威的国家专门领导机构来组织、推进。

早在1956年3月，为了制定“十二年远景规划”，国务院就组建了科学规划委员会。该委员会作为国务院的常设机构，负责领导全国的科学技术工作。委员会成立初期，主要负责全国科学技术发展远景规划的制定工作。远景规划制定工作完成后，国务院决定保留这个机构，并于1957年5月确定，科学规划委员会掌管全国科学事业的方针、政策、计划和重点措施的领导机关。当时规定科学规划委员会的任务是：①负责监督《十二年科学技术发展规划》的实施，特别是重点任务的实施；②负责汇总平衡全国科学研究工作的长期规划和年度计划，成为国家计划的一部分；③负责各系统间重要的协调工作；④管理国家重点任务的科学基金；⑤负责制定和实施高级专家的安排、培养、分配和使用的计划；⑥负责研究和组织解决科学研究工作的条件问题（如图书资料、情报、仪器、化学试剂等）；⑦统一安排科学技术方面的国际合作。国务院科学规划委员会对当时的中国科学院、国家技术委员会、高等教育部、第三机械部、国防部（包括航空工业委员会和其他部门）、农业部和卫生部，实行统一归口管理。同时指导地方科学工作委员会的工作①。

为了统一领导全国的科学技术工作，1958年年底，国家技术委员会和科学规划委员会合并为中华人民共和国科学技术委员会（简称国家科委），聂荣臻副总理兼任科委主任。科委设立了16个厅局，综合考察工作归七局主管。

为了搞好科学管理，国家科委先后设立了43个专业组（专题组），包括综合考察专业组。专业组负责制定规划、检查规划的落实和执行情况，并解决工作中存在的问题。专业组既包括各部门、各院校、中科院等方面的专家，也包括有关部门的领导干部，它可以超出一个部门的范围，协调各方面力量，按照统一方案协调行动。牵涉到投资、机构、人员、器材的调拨协调问题，由专业组提出意见，各部门和国家科委审批后实现。一般的任务协调和纯科学问题，专业组自行决定处理。国家科委虽然赋予了专业组必要的权力，但是在调动人力，保证工作条件，发挥各单位已有设备、仪器、图书、资料等作用方面，还要依靠有关行政部门和事业机构，专业组无能为力，只有经过行政系统才能实现。

1962年广州会议上，有学者抱怨“科委专业组，无声无息很少活动”，并指

① 韩秉成主编：《当代中国的科学技术事业》，当代中国出版社，1991年，第21页。

出，“十二年远景规划”编好之后，国家科委组成了若干专业组，但专业组很少活动，也不开会①，认为其领导不够强有力，不是实力派（不像计委、经委），提出问题时仅能通通气，叫一叫，不解决实际问题，不能在大问题上拿出主意来②。

为了解决这个问题，国家科委于1964年3月制定的《关于大力加强专业组工作的决定》明确指出：“国家科委专业组是进行科学技术工作的一种行之有效的组织形式，它把分处在科学研究、教学和生产系统的同一个专业或学科的代表性科学技术人员和各个方面的、全国性的科学技术领导，在不脱离各自工作岗位的条件下组织起来，分别形成科学技术各个方面的、全国性的科学技术领导核心。同时，它又是领导、专家、群众三结合的组织，使政治和技术密切结合。因此，它起着充分调动和发挥各方面科学专家协同作战的巨大作用，也是提高科学技术管理水平的有效方法。”③

可见，科委的专业组与中科院的综考会在组织综合考察方面职能相似。而且科委是行政领导中心，中科院是学术领导中心，两者各有优势。因此，科委在讨论综合考察规划时，也吸收不是该组成员的综考会的委员参加。为了更好地协调两个单位的组织工作，竺可桢曾经建议以中科院综考会作为国家科委综合考察专业组的常务组，以便二者统一起来，更好地发挥组织职能。竺可桢还提议科委专业组的成员做适当的调整，并建议加强专业组办公室，同综考会业务处工作上结合起来④。但是两个机构毕竟性质不同，很难协调。1959年，为了解决西北的干旱问题，科委又专门成立了西北防旱组，把综合考察中有关青海、甘肃、内蒙古一带的工作放入这个小组。这样综考会与科委专业组的合作更加困难。

在职能上的相似之处，不仅存在于综考会与科委的专业组之间，即使在中科院内部，综考会与同时成立的学部之间也存在着职能的重叠问题。1955年，中科院为了加强学术领导成立了学部。学部是科学院从学术上分工领导与掌握中国科学发展方向及科学任务的学术领导机构。《中国科学院学部暂行组织规程》中规定学部的任务共有9项，但实际上，学部、学部委员及常委的职责、如何工作等问题，并没有得到明确的解决。正如中科院在《学部成立大会工作总结报告》中所指出的：“关于学部和学部委员的工作问题，由于这是一个新的工作，缺乏经验，需要一段摸索过程。”⑤ 曾经在学部工作过的学者，把学部的职责归纳为

---

① 广州会议《简报》第十期，1962年2月21日。

② 广州会议《简报》第二十一期，1962年2月22日。

③ 转引自武衡：《科技战线五十年》，科学技术文献出版社，1992年，第201页。

④ 《国家科委综合考察组会议纪要》，中国科学院档案馆档案：Z374-146。

⑤ 《学部成立大会总结报告》，见王忠俊编：《中国科学院史料汇编·1955》，中国科学院院史资料征集委员会办公室印，1995年，第211～215页。

两个方面：一方面是作为科学院的业务管理机构，负责管理所属各研究所，其工作可以归纳为“五大抓”，即抓方向、抓任务、抓学术活动、抓评价研究成果、抓评议职称和抓科学干部培养；另一方面是面对全国科技界的大事，如自然科学奖的建立和评选，研究生制度的建立以及制定科学技术发展长远规划等。

综考会成立之初，其职能与中科院内的学部有类似之处。中科院内各所归学部领导，而类似于研究所的各大型考察队则归综考会领导。但是按照当时的规定，学部“只管学术领导①，不管行政事务”②；而综考会成立初期，则主要负责行政事务性工作。综考会负责管理的考察队类似于院内的研究所，但是又与研究所有不同之处。考察队在业务上主要是靠协作，每年冬季考察队结束野外工作后，考察队员都回到各个单位，只有一些行政人员留在综考会。中科院的学部不负责行政工作，只管理业务，而无论是综考会还是其领导的考察队，都是以行政事务性工作为主的。

综考会成立后，与中科院的生物学地学部，以及院内的其他行政部门，如计划局、联络局等分工也不明确。早期的综考会与生物学地学部在负责人员、领导机构、工作内容等方面多有重叠。例如，1957 年生物学地学部的总结报告中就说：“生物学地学部成立后，组织了黄河中游水土保持、黄海下游土壤调查、黑龙江上中游、新疆天山北路和华南热带资源等 5 个综合考察队，积累起我国生物学、地学的若干资料，并提出相应的有利于经济建设的意见。”③ 这些本应属于综考会的职责范围。综考会虽然不属于生物学地学部领导，但是由于工作内容上与这个学部有交叉。因此，当时生物学地学部认为，综考会与该学部的联系不够。学部的有关负责人曾经向竺可桢提意见，认为综考会应参加生物学地学部组织的一些活动④。

上述种种，只是综考会成立以后遇到了一些组织工作问题。然而这个新机构面临的问题的复杂程度，远远超出了创建者的想象：综考会的作用究竟是什么？怎样发挥它的组织、领导作用？与其他相关的组织机构如何分工？……由于对综考会与各考察队的联系方法、工作对象等还缺少一套现成的经验，一切都在探索之中。

---

① 当时中科院内对学部“学术领导”的具体内容是什么，也在探索之中。也有不少学者认为学部在学术领导方面没有发挥应有的作用，而是沦为行政性机构。

② 《关于中国科学院的基本情况和今后工作任务的报告》，见中国科学院办公厅编：《中国科学院资料汇编 · 1949—1954》，1955 年，第 11 页。

③ 《中国科学院生物学地学部工作报告》，见中国科学院办公厅编：《中国科学院年报 · 1957》，1958 年，第 130 页。

④ 竺可桢 1958 年 5 月 23 日日记，见竺可桢：《竺可桢全集》第 15 卷，上海科技教育出版社，2008 年，第 100 页。

第三章

作为组织机构的综考会（1956～1959）

自然资源综合考察开始时，中科院对于如何组织这种与生产实践密切相关的、大型的、综合性的工作还比较陌生，因此，在短期内快速组建起来的大型考察队，在组织管理上面临着一系列的问题。为了解决这些问题，中科院成立了综考会。但是无论是综考会的组织者，还是考察队的领导者，都缺乏这方面的管理经验。于是他们一边工作一边探索着综合考察的组织、管理及工作方式。

第一节 体制建设

综考会成立以后，首先建立起综合考察组织的执行机构——办公室，负责具体事务。但是这项工作还需要一个领导机构，即由著名科学家和有关领导组成的委员会。委员会委员需要担负起解决工作中的重大问题、确定考察方向、制订工作计划、检查计划执行情况等重任。因此综考会建立后，着手筹建委员会。

一、组建委员会

为了更好地发挥综考会的组织职能，综考会最初的设想是组建起由中科院院长或副院长、国家计委主任或副主任、有关部、委、局的负责人和著名科学家共同组成的委员会。综合考察毕竟是一项科学研究，因此综考会希望委员中能有一半以上是科学家，并有一定数量的专职委员。

由于综考会曾经计划在该机构内设立自然条件、地质矿产、动力资源、农、林、牧、交通运输和经济等专业组，涉及领域十分广泛。所以综考会最初拟定的委员会成员中有近一半的人员来自院外，以加强综考会与产业部门、高等院校之间的联系与合作。1956 年 10 月 22 日，综考会草拟了委员会委员的初步名单，其中院外委员有：地质部地质所所长和普查委员会主任黄汲清、水利部副部长张含英、林业部部长梁希、林业部林业科学研究所所长陈嵘、农业部副部长杨显东、气象局局长涂长望（或气象局副局长卢鋈）、农业大学教授李连捷等，并计划加入电力工业部、国家计划委员会、国务院第三办公室及国务院第七办公室各一位负责人。中科院内的委员有：地质所副所长张文佑（或所长侯德封）、土壤所研究员熊毅、地理所副所长黄秉维、地球物理所研究员吕炯、植物所副所长吴征镒、土壤所所长马溶之、真菌室副室主任邓叔群、林业土壤所副所长宋达泉、动物室室主任陈桢、水生所副所长伍献文、经济所代理所长狄超白、古脊椎动物室室主任杨钟健等。名单中还有中科院副院长竺可桢和综考会办公室主任简焯坡①。

---

①《中央宣传部、中科院关于成立自然资源综合考察委员会的干部任免、机构设置、印章启用的通知、请示、会议纪要》，中国科学院档案馆档案：Z374-4。

1957年9月6日，竺可桢与裴丽生、谢鑫鹤、武衡等再次讨论综考会的委员人选，讨论并确定了10人名单：竺可桢、宋芝春（从煤炭工业部调来）、谢鑫鹤、林镕、尹赞勋、熊毅、冯仲云、许杰，以及农垦局、农业科学院各1人①。但是直到1957年年底，综考会还只有主任竺可桢和副主任漆克昌担负着这个机构的领导工作，委员会成员仍然空缺。为此在《综考会关于体制问题的几点意见》中，再次呼吁"迅速正式成立委员会，由本院地学、生物学部，地理、地质、土壤、植物、经济各研究所和水利部、地质部、农垦部、中国农业科学院、国家计委（综合局）等单位与必要的个别人员参加"②。1958年1月14日，综考会向中科院党组提交了委员会名单：主任竺可桢，副主任漆克昌、尹赞勋（兼）、林镕（兼）。院内委员有竺可桢、谢鑫鹤、漆克昌、尹赞勋、林镕、马溶之、熊毅、狄超白、侯德封、黄秉维、简焯坡；院外委员有冯仲云（水利部副部长）、李济环（地质部副部长）、张临池（农垦部副部长）、杨显东（农业部副部长）、陈风桐（农业科学院院长）、何幼奇（国家计委局长）③。这个名单中的很多委员，同时也是当时地学部、生物学部的委员。由于在这个时期的中科院院务会议上有学者多次提出应该把综考会合并到其他部门（本书第五章将专门讨论综考会的合并问题），所以综考会的委员名单一直没有确定。

直到1958年12月9日，在中科院召开的第13次院务常务会议上，才正式讨论通过了18位委员的名单：裴丽生、谢鑫鹤、孙冶方、尹赞勋、童第周、张子林、林镕、李秉枢、侯德封、马溶之、朱济凡、熊毅、于强、孙新民、简焯坡、陈道明、施雅风、马秀山④。至此，综考会的委员会才算正式成立。与过去的名单不同，这个名单大多是中科院中与综合考察有关的组织者，以及各机构、各大型考察队的领导者或资深研究员。

1959年1月15日，综考会组织召开了第一次综考会委员会会议。到会的委员多是中科院的学者。会议讨论了综考会在工作中存在的问题，如任务与学科之间的矛盾、生产力配置与区域调查之间的矛盾等；会议还讨论了是否应将综考会发展成为研究实体等问题⑤；7月17日，综考会再次举行委员会会议。会议检查了"十二年远景规划"的执行情况，研究了综合考察的方法问题，讨论了下一

---

① 在竺可桢日记中记录综考会委员人选共11人，但在日记列出的名单中只有10人（参见竺可桢：《竺可桢全集》第14卷，上海科技教育出版社，2008年，第647页）。

② 孙鸿烈主编：《中国自然资源综合科学考察与研究》，商务印书馆，2007年，第612页。

③ 《中科院关于在云南建立云南生物地理群落研究站事、云南队更名及印章启用、成立青海、甘肃地区综合考察队的通知、请示以及综考会成立研究室的初步意见》，中国科学院档案馆档案：Z374-21。

④ 孙鸿烈主编：《中国自然资源综合科学考察与研究》，商务印书馆，2007年，第616页。

⑤ 竺可桢1959年1月15日日记，见竺可桢：《竺可桢全集》第15卷，上海科技教育出版社，2008年，第303页。

年度的工作计划和中苏合作等问题。这次到会的委员，仍以中科院内的成员为主。为了检查、安排工作，这次会议除了委员之外，还邀请了地理研究所等有关单位，以及各考察队的负责人员①。

可见，即使在综考会只是一个组织机构的20世纪50年代，委员会成员，尤其是院外委员，在综考会的组织管理工作中发挥的作用十分有限。60年代，综考会发展成为研究实体以后，委员会的作用更是日趋减弱。据竺可桢日记中的记载："综考会的委员会根本不起作用，只冯仲云一人尚到会参加，其余如计委的人很少参加，即参加也不提意见的，所以综考会既无所务会议，又无学部来管，变成了三不管。"② 鉴于委员会无法很好地发挥行政领导的作用，60年代中期综考会领导小组曾经向院党组建议，将综考会的委员会改变成为学术委员会的性质，以便更好地发挥委员会的组织及领导作用③。

二、队与会的关系

中科院早期组建的大型考察队多是临时性的单位，由中科院直接领导。考察队有专门的负责人及学术委员会，负责处理队内的有关问题。这个时期的考察队，在人员、经费等方面都很独立，中科院还专门为几个大型考察队在北京安排了办公地点。综考会成立以后，院内的大型考察队改由综考会组织管理。综考会在建立研究室之前，其职能主要是从业务方向、工作方针、学术研究、政治思想和行政工作等方面，负责统一领导、检查、监督各考察队的工作。

综考会成立以后，为了明确综考会与考察队的关系，中科院在1957年3月15日的通知中，强调综考会办公室是该会办理日常工作的机构。由综考会直接领导的考察队，在行政上是一级独立机构，有关经费、器材、人事、总务等则直接由院部各局解决，不必经过综考会④。因为强调各队包干，尽量减少综考会的行政管理工作，当时综考会主要的任务，是负责最后成果的验收。所以在综考会成立以后到20世纪50年代末期，各考察队的独立性仍然很强。除了土壤队当时归属综考会外，其他各队业务人员都是由中科院的协作单位、院内有关研究所、大专院校以及产业部门派来的，综考会只负责配备行政人员、行政副队长、行政

① 竺可桢1959年7月17日日记，见竺可桢：《竺可桢全集》第15卷，上海科技教育出版社，2008年，第419页。

② 竺可桢1966年9月12日日记，见竺可桢：《竺可桢全集》第18卷，上海科技教育出版社，2010年，第196页。

③ 《综考会领导小组扩大会议纪要及贯彻会议纪要精神的简报》，中国科学院档案馆档案：Z374-191。

④ 孙鸿烈主编：《中国自然资源综合科学考察与研究》，商务印书馆，2007年，第609页。

管理人员与汽车司机等，交与各队自行管理。综考会还负责要来一部分大学毕业生分配到各考察队参加工作。

为了加强综考会对各考察队的组织管理，1958年综考会公布了《综合考察委员会与各队联系的几项暂行制度（草案）》。这项制度，向各考察队提出了七点要求：①各考察队每年野外工作结束后及时就地总结，并在结束后两个月内把考察总结与下一年度的考察计划报送综考会。②各考察队召开的有关总结、计划及工作会议，要事先报告综考会，以便综考会安排人员与会。各考察队出发以后，要按月将野外考察工作情况、路线及时报送综考会。③综考会争取经常派人员到各考察队了解情况，或随队参加野外工作。④各队将每年的财务预算、决算季度报表在送院财务处的同时，报送综考会一份；各队也要将制定的执行财务制度的具体办法报送综考会。⑤按年度、季度将各队使用的器材（包括交通工具）、野外主要装备填表报送综考会，以便综考会统一定购、调配器材。⑥各队按年、按月在编人员的统计表，在报送院计划局、干部局的同时，报送综考会，以便综考会配合有关院机关做好人事安排。⑦要求各考察队向综考会提交20份每年的计划总结和6份专业报告。这项制度加强了综考会对各考察队的管理，改变了各考察队与综考会关系不明确的问题。为了把各考察队统一在综考会的领导之下，各考察队在野外时综考会按照需要派出人员，协助组织队伍。

尽管出台了具体的管理制度，但是直到20世纪60年代初期实行队会合一之前，基本上还是以综考会为“虚”，考察队为“实”，会队之间的关系也比较松散。这样的管理方式存在着很多问题。首先，考察队本身经常变动，既有新建的考察队，也有因为完成了任务被撤销的考察队；而西藏考察队，因为无法进藏工作几年没有出队，实际上只有一个名分。其次，考察队也不像院内的研究所那样固定，每年任务多少不同、工作区域时常变动、所需人员和设备也是时多时少……这些问题如果由各考察队单独处理、不统一协调，就会造成物资、人员调配方面的困难：多时不能用，少时又需补充，造成浪费。

20世纪60年代初期，由于国家经济困难，考察队的行政人员大大精简。人员的减少使各考察队的业务辅助性工作和行政工作不健全；而且各考察队的独立体制造成检查工作的困难。建立统一的管理体制势在必行。但是在50年代，由于考察队多、任务繁重，以及综考会领导力量的薄弱等诸多原因，综合考察工作还是以各考察队为主，综考会只是担当起部分组织协调工作。

第二节　考察队的组织方式

中科院的各大型考察队，是与研究所平级的机构。但是与院中以学科为中心的研究所不同，考察队是以任务为目标组建而成的工作实体。虽然考察队是一个临时性的机构，但是20世纪50年代成立的大型考察队，工作一般要持续5年以上，各队有上百人甚至上千人参加工作，涉及学科有十几个，参加单位有几十个。考察队分布的范围遍及中国2/3的省区，尤其是许多边远地区。考虑到当时生物学部和地学部各研究所的研究和技术人员一般在几十人到上百人之间，可以说考察队是大型的“移动的研究所”，是中科院内非常庞大的研究实体了。

过于庞大的队伍，增加了组织工作的难度。竺可桢曾经意识到，考察队的“人数常超出一百人以上，队伍庞大，纪律不严，有时造成严重浪费。以后如何建立制度，严格执行，尚待大家商榷”①。如何有效地组织考察队的工作，是一个全新的课题。

综合考察工作要求各学科人员在一定时期内共同完成规定的任务，这是一种复杂的、综合性的工作。不仅有学科之间的合作问题，还有不同性质工作之间的协调问题，甚至还有国际合作和民族团结等问题。例如，新疆队不但有苏联专家，还有7个少数民族的科学工作人员参与。因此考察队的组织方式合理与否，就成为能否有效推动综合考察的关键。

一、组织结构

作为综合考察工作的基层单位，院内的大型考察队都有独立的编制。它的设立由院常务会议讨论决定，并报国务院科学规划委员会批准。考察队与研究所平级，考察队的正副队长同各研究所的正副所长平级；对他们的任命，也与任命研究所所长一样，需要经过院常务会议讨论通过。考察队的组织结构也有许多方面与研究所类似（表3-1）。

表3-1 研究所与考察队的组织结构对比

项目	研究所	考察队
负责人	所长、副所长	队长、副队长
行政及学术管理	所务会议 学术委员会	各种联合会议 学术委员会
基本研究单位	研究室	专业组（或考察分队）

① 竺可桢：《中国科学院生物地学部工作报告》，《竺可桢全集》第3卷，上海科技教育出版社，2004年，第350~358页。

续表

项目	研究所	考察队
管理部门	办公室 （包括文书、人事、总务、财务、器材和图书管理人员等）	总部（或行政小组） （一般包括学术或业务秘书，以及翻译、文书、总务、财务、交通、计划、器材、资料、医生、报务员、技工、勤杂人员等）
分支机构	分所	工作站

考察队设有业务队长、副队长和行政副队长（一度称为政治副队长），并由高级研究人员组成学术委员会。学术委员会是考察队的最高学术领导机构，每年召开会议，听取各分队（组）的工作汇报，审查计划、检查工作。队长根据学术委员会决议，执行日常的学术领导与行政领导工作。委员会及业务正副队长负责组织业务工作和撰写成果报告，行政副队长负责政治思想和行政管理。队长遇有重大问题不能决定时，可以召开专业组长联席会，共同商议决定有关问题。除了业务工作外，培养干部、帮助地方建立科学研究机构，也是多数考察队的责任。

20世纪50年代，一浪高过一浪的政治运动影响了考察工作，有些考察队的负责人也因为政治上的牵连而不能正常工作①。但是一旦考察队奔赴野外，一般不能停下来搞运动。而且多数的考察队都有苏联专家随队考察，“也不可能停下来搞运动”②。所以行政副队长在野外的任务，就是负责行政管理和后勤保障。

与研究所相比，考察队的组织形式比较灵活。考察队可以根据工作需要，随时考虑将几个考察队合并，或将一个考察队拆分成几个队。考察队中一般设立有若干考察分队或考察小组。多数考察队是按照学科分为若干专业组，各组独立行动。黑龙江流域综合考察队则是学习苏联生产力委员会的组织办法，按照任务的需要分组。这种分组的方法，一度成为各考察队的榜样。考察队内的考察组由学科正副组长领导，各组组长和队中的著名科学家负责制订调查和研究计划，并参

① 像新疆综合考察队，在1956～1957年的队长是李连捷。后因他在农业大学接受批判，从1958年开始，考察队长只好中途易人（《综合考察委员会各考察队第二个五年计划时期的考察任务和主要保证措施及问题》，地理科学与资源研究所资料室）；治沙队队长邓叔群因受邓拓的牵连，而无法参加考察成果汇报会（陈道明：《回忆黄河中游水土保持综合考察队与治沙队的工作》，《院史资料与研究》，1996年第5期，第1～42页）。1959年庐山会议之后的“反右倾”运动，使一些负责考察工作的领导被卷入运动之中，而无力顾及和支持考察工作（《施雅风口述自传》）。

② 陈道明：《回忆黄河中游水土保持综合考察队与治沙队的工作》，《院史资料与研究》，1996年第5期，第1～42页。

加检查和总结。考察队成员主要由各学科的专家学者组成，另外还有秘书、翻译、总务人员、医生、报务员、技工和勤杂人员等。考察队成员是由中科院内的各研究所负责确定本单位的人员，并向中科院提交拟邀请的院外高等院校相关学科的人员名单，院外人员则由中科院统一联络、协商、邀请。

与研究所不同的是，考察队成员流动性很大。考察人员一般是“春聚秋散”，野外工作结束后队员纷纷回到各自所属的单位；也有些成员因为其他工作的需要中途离队。人员的频繁流动增加了考察队的组织管理难度，这就更需要考察队加强组织体制的稳定性。

经费的统一管理是稳定队伍的关键。早期的考察设备比较简陋，经费支出相对较少。各个研究所就可以解决本单位考察队员的设备和经费等问题。随着条件的改善、规模的扩大，考察队开始大量配备野外用车，一些考察队甚至配备了直升机。有些考察队每年参加人数以千计，使用的装备费用数以百万计。为了便于管理，考察经费改由中科院按照计划统一拨发①。

中科院不仅把考察队当做工作队，而且也把它看做是培养年轻学者的最好学校。尽管每个考察队投入的人员很多，但是资深研究人员的数量却十分有限。这个时期，各个考察队都是以青年学者和新毕业的大学生为主（表3-2）。考察队的成员大多数是初次参加野外考察的大学毕业生，缺乏工作经验。为了解决这个问题，各考察队一般在新的区域工作时，首先由高级研究人员带领年轻学者。在年轻学者熟悉了工作方法和工作要求后，高级研究人员就会转到其他地区，留下部分年轻学者按照要求完成该区域的考察。这些年轻学者通过实地工作，逐步积累起工作经验。许多人后来成为各研究机构、高等院校的学科骨干。

表3-2 部分考察队在编各级科研人员人数② 单位：人

队名	苏联专家	中方高中级研究人员	中方初级研究人员
新疆队	8～11	13	85
云南队	不详	6	20
西南队	0	17	99

二、工作制度

由于社会主义建设“大干快上”的需要，各考察队都是在很短的时间内组

① 中国科学院办公厅档案处档案：1955-16-08。

② 该统计数字不包括参加考察队的高校师生、翻译、化验员、绘图员、技工、情报资料及行政后勤等方面的人员。

建的，缺乏足够的准备时间，是各考察队的首要问题。经过几年的探索，1959年中科院的院、所领导在野外视察时，仍然“觉得综考队做得太快了，一下来了很多人，范围那么广，各方面的人都有，各种学科的都有，人员没有一起工作过，彼此没有交流，不晓得怎么做好，所以最初花的劳动很大，但收获是比较有限的。要是先有一个彼此了解，在工作方法上有机会一起研究讨论，然后再去开始工作，这样就好些”[①]。竺可桢也意识到，考察工作多分散进行，缺乏有力的组织和全面的综合，即使综合往往目的性不够明确，计划性不强[②]。直到20世纪60年代初期仍有学者呼吁：“今后，有必要规定，不使准备工作达到相当程度，不应匆匆地开展野外工作，这应成为一条制度。”[③]

由于任务重、时间紧迫，考察队只能边干边摸索，在实际工作中逐渐尝试、调整，以建立起行之有效的工作与管理方式。经过十多年的考察实践，考察人员初步总结了野外考察工作的方法和经验，逐步摸索出了一套大型野外考察队的工作制度。综考会最终在20世纪60年代，制定了《野外考察工作条例》（简称《条例》），对野外考察各阶段的工作，做出了具体的规定。

1. 准备工作

《条例》中明确规定：“考察队在出野外之前，必须充分做好一切准备工作，这是保证野外考察顺利进行的一个先决条件。”[④]《条例》详细说明了准备工作的内容，包括：拟定野外调查大纲和详细的野外工作计划；全面了解前人在考察地区所进行的工作和已有成果、资料；拟定考察路线图；准备地形图及航空照片；准备必要的科学仪器、交通工具和野外装备，等等。

20世纪50年代兴起的综合考察，由于其目的是为生产服务，所以资料的收集范围相当广泛，既包括考察地区的地图、航测照片、试验站和气象站的记录，也包括中央和地方各级的政策规定、生产计划和五年规划、生产指标与定额，以及区域的户口、劳动力、土地面积、农业产量等社会经济资料。因此前期准备任务十分繁重。

为了能够在野外有效地开展工作，也需要详细制订考察计划。其内容除了规定各学科的工作内容、地点和所需仪器、用具、交通工具外，也要求各分队事先制定好详细的时间进度表。时间表中对准备工作、野外考察、室内总结和绘制地

---

① 韩宁等：《黄秉维访谈录》，《院史资料与研究》，1995年第6期，第1～16页。

② 竺可桢：《访苏的收获和体会》，《竺可桢全集》第3卷，上海科技教育出版社，2004年，第411～412页。

③ 周立三、沈长江：《新疆综合考察的方法与经验》，科学出版社，1964年，第9页。

④ 《1964年规章制度》，中国科学院档案馆档案：Z374-152。

图、编写报告等各方面工作需要的时间，都有明确的规定。

20 世纪五六十年代，野外考察的准备还具有鲜明的时代特色。各考察队出发之前，一般要召开动员会，做动员报告。报告除了明确工作任务、说明工作方法及宣布工作制度外，更重要的是鼓舞考察人员的工作热情，尤其是在“大跃进”时期，政治性的鼓动与誓师大会成为前期动员的内容之一。为了确保工作的顺利进行，考察队出发之前，所有的要求都以文件的形式分发给各个成员。队员们在出发前需要仔细学习讨论，并提出修正意见。这种动员方式可以使每一个队员尽快了解工作的任务、方法与制度。而且他们除了对本部门的任务与方法有了认识外，还可以明了全队的任务和方法，以便在工作中能够互相配合，最后能够及时将成果汇总，更好地发挥集体的作用。

2. 野外组织

野外工作的组织协调尤其重要。考察队在野外工作的时间一般为 65% 左右①。如果组织协调不到位还会延长野外时间。分散的工作方式，也会造成各个分队或学科小组各自为政的局面。尤其是研究人员，多着眼于各自的学科普查与制图，出现了“合而不综的情况”。另外考察队中的成员来自不同的机构，学术背景不同，在工作中也存在着认识上的不一致和工作方法上的差异。来自中科院各研究所的学者，在工作中注重于学科的普查；来自高校的人员往往借调查的机会训练学生；而来自企业的人员，则要求解决具体的问题。

20 世纪 50 年代，考察区域多在资料稀缺、交通不便的落后地区，考察人员缺乏工作经验等问题，直接影响了野外考察的进度。由于在这些区域过去没有工作积累，一切都要从头开始。在缺乏起码的资料基础，甚至缺乏详细地图的情况下，学者们为了获取资料，经常在野外花费大量的时间。野外工作时间的延长，自然缩短了室内工作的时间。在 1959 年 2 月召开的综合考察工作会议上，学者们一再呼吁：“应留时间给调查者做室内工作。”② 直到 80 年代，仍有学者认为：“我国所进行的综合考察工作中野外工作时间所占比重偏大。”③

为了解决上述问题，《条例》要求考察队在野外采取“大集中、小分散”的办法。所谓“大集中”就是强调统一步骤，以便于综合性任务的完成；所谓“小分散”，就是尽可能按照各专业（学科）的特点进行野外调查，便于积累学

① 周立三、沈长江：《新疆综合考察的方法与经验》，科学出版社，1964 年，第 9 页。

② 竺可桢 1959 年 2 月 22 日日记，见竺可桢：《竺可桢全集》第 15 卷，上海科技教育出版社，2008 年，第 326 页。

③ 王广颖：《国外自然资源综合考察》，《自然资源译丛》，1986 年，第 3 期，第 10～15 页。

术资料，为完成总的考察任务奠定必要的基础。为了保证资料和数据的可靠性，《条例》要求考察队员要及时做好野外资料的记录整理，及时进行野外工作阶段小结、交流考察经验。

学习群众经验、走群众路线，也是这一时期对野外工作的要求。在考察过程中，队员们不但要采集标本、观察现象，而且根据工作的性质，有些考察队还要召集村干部及老农开座谈会，讨论规划的内容及措施；如果有条件，也要向群众介绍、推广考察成果。与地方群众的交流有着积极的意义。学者们在交流中不但了解到生产实际的需要，也吸收了在生产实践中积累的解决问题的方法。此外综合考察提出的地方经济建设的规划方案，也需要地方在人力、施工、管理等方面具体实施。这种实施是一个长期的过程，需要依靠地方的力量。

但是，毕竟学术研究与生产实践不同。作为从事科学研究工作的学者，在短期内还没有适应这种新的工作方式。许多人缺乏与群众交流的经验，甚至在交流的过程中还存在着语言上的困难。许多学者在工作中也没有注意到“与群众见面”在新时期科学工作中的重要性，甚至“认为根本不可能与群众商量了”[①]。这在当时被认为是科学与生产实际脱离而受到批评。

学者们从学术理论出发制定出的生产建设规划，也存在着“主观成分较大，难为群众所接受和掌握”的问题。以黄河中游水土保持考察队为例，该队根据考察成果制定的生产发展远景规划中，详细制定了工作量、精确计算了收益情况等。但是就连中科院的检查组，也怀疑这种规划是否具有实际意义、是否有必要做[②]。

3. 工作检查制度

为了掌握考察队在野外的工作进展，学术汇报与检查制度就显得尤其重要。中科院曾要求有关领导，至少每年有4个月的时间亲赴各野外队了解并检查工作[③]。野外分散的工作方式，使总结和汇报成为重要的沟通渠道。在不同地区，由于交通和通信条件的差异，各分队与总队之间的交流方式各异。条件允许的地区，各分队或小组须逐日或隔日进行汇报，各组长须隔日或每隔三日向队部汇报。这种汇报的目的是为了及时了解情况、讨论问题、交流经验，并布置下一阶段的工作。

为了及时发现问题，一般要求各队部每周总结一次，将工作进度、质量、优缺

---

① 竺可桢：《加强普查与科学研究 继续进行重点规划 为完成巨大的水土保持任务而奋斗》，《竺可桢全集》第3卷，上海科技教育出版社，2004年，第235～239页。

② 中国科学院办公厅档案处档案：1955-03-03。

③ 中国科学院地理研究所编辑部：《大跃进中的中国地理学》，商务印书馆，1959年，第21页。

点、存在的问题、经费、生活情形等，向总队部汇报。如距离较远的分队可用通信报告，但总队部须每隔一月或两月召集各工作队的领队或代表进行汇报一次。汇报内容应包括前一阶段工作小结、优缺点和存在的问题。总队部会根据各队的汇报，分析工作中存在的重要问题，然后再修正工作计划和布置下一阶段的工作。

总队部也经常派遣专家或行政人员至各队检查工作。检查中尤其注意各队总结的新的方法，并及时通告其他考察队酌量采用。此外，中科院也会成立由院、所领导和著名科学家组成的临时工作检查组，到考察队中检查工作。

4. 室内总结

总结成果是综合考察的最后一步工作，也是出成果的时期。考察总结一般由两个部分组成。首先，每年野外工作结束后要撰写年度考察报告，这个报告应在下一年野外工作开始前完成。其次，全部考察结束后，考察队要提出全面性的成果总结。这些工作主要在室内工作阶段完成。考察总结是一项深入而细致的工作，需要充足的时间和人员上的保证。一般情况下，野外工作和室内总结的时间比例应该是：每两年的野外考察，会安排一年的室内工作，而且“应该从组织上保证人员的稳定，要有若干基本骨干力量”。但是由于20世纪50年代考察范围广、工作时间紧、考察任务重，各考察队的室内总结一般不够精细①。

考察成果的内容应包括两个方面，一方面是科学资料的整理与理论研究，另一方面是总结生产力发展远景设想或开发方案。对于两者之间的比例关系，中科院曾经要求，基本理论研究和为生产实践服务的研究的比例大致是3∶7②。但是在实际工作中，往往很难严格按照这个比例执行。

三、协作关系

综合考察涉及学科和部门众多，需要共同合作才能完成任务。这也符合当时提倡的社会主义大协作精神。而且考察队本身就是个协作体：考察成员来自不同的部门，互相之间需要合作；同时，野外工作还需要地方有关机构的配合。正如综考会副主任漆克昌所说：“现在好多科学研究成果都是靠大协作搞出来的。多快好省就是靠大协作来实现，它是社会主义制度优越性之一。”③

---

① 林镕等：《黄河中游水土保持综合考察》，见中国科学院编译出版委员会主编：《十年来的中国科学·综合考察》，科学出版社，1959年。

② 竺可桢：《中国地理学会第三次全国代表大会及1963年综合性学术年会开幕词》，《竺可桢全集》第4卷，上海科技教育出版社，2004年，第232~234页。

③《漆克昌副主任在综考会成果汇报和经验交流会上的总结报告》，中国科学院档案馆档案：Z374-190。

大协作的工作方式，成为完成综合性任务的有效途径。为了克服任务重、综合性强、工作要求高，而人力、时间却不充裕的问题，也为了在短期内完成综合考察的组织任务，考察队多要争取地方政府的支持，开展社会主义大协作。正如竺可桢所指出的："要使工作做好，必须学校、事业机关、研究机关加强协作，任何一项重要工作都需要群策群力共同努力，才能完成。"① 在这个问题上，学者们是有共识的："一项生产任务，常常是多方面的，一门科学就不能单独地解决各方面的问题，只有通过协作才能更好地认识事物发展的规律，才能避免科学上的错误，才能把任务完成得很好。同时一个单位的力量常常是薄弱的，只有互相协作，才能在人力、物力上加强，也只有通过协作才能多快好省地进行工作。"②

因此，处理好各种协作关系的问题成为顺利推进考察工作的保障。在考察队中，不同单位之间在协作过程中存在着很多问题，如生活安排问题、思想不一致问题、工作不协调问题、资料分配不合理问题、成果归属意见不统一问题等。为此，综考会在《条例》中特别对协作关系作了规定。除了要求考察队在任务、项目及其工作要与协作单位共同商定，在完成国家交与的考察任务的前提下，尽可能为学科发展积累资料外，该《条例》特别提出了慎重处理科学资料与研究成果的问题。

该《条例》指出，在合理分配野外搜集的资料和标本方面，要尽量协商解决，并指出：原则上应先保证考察队留有一套完整的科学资料，以备考察成果的进一步研究和协作单位的交替查阅之用。对于成果的署名问题，该《条例》也做出了明确的规定："凡以考察队名义出版的考察研究成果，应列出协作单位和执笔人姓名；参加考察队人员的研究成果的贡献亦应予以注明。为确保国家机密和便于成果的统一登记、管理，协作单位或个人如需单独发表与考察有关的研究成果，或者为教学需要而引用考察队非正式公开的资料成果，亦须事前与考察队联系，并征得考察队同意后方可发表或引用。"③

除了考察队内部来自不同机构的人员之间需要协作外，加强考察队与地方政府的联系、取得地方的支持，也是顺利完成考察任务的重要环节。在野外工作期间，考察队远离中科院本部和相关的研究机构。这个时期，综考会还没有能力建立野外定位观测站。野外考察多以路线调查为主，至多只能进行必要的短期定位

① 竺可桢：《摆在地理工作者面前的任务》，见中国科学院地理研究所编辑部：《大跃进中的中国地理学》，商务印书馆，1959年。

② 中国科学院吉林分院地理研究所、吉林师范大学地理系：《人民公社规划工作》，见中国科学院地理研究所编辑部：《大跃进中的中国地理学》，商务印书馆，1959年。

③ 《1964年规章制度》，中国科学院档案馆档案：Z374-152。

观察或试验。长期的定位试验只能够依靠地方的科研机构。

20 世纪 50 年代初期，考察地区资料基础薄弱、情况不清，难于事先明确考察重点，因此当时开展的考察工作，多是“先考察后定点”，即在路线考察、掌握了考察区域的基本情况后，再选择重点地区做进一步的考察计划。任务完成后，把规划方案留交地方执行，考察队人员另转其他地区工作。当时就有考察队的组织者反对考察工作偏重于线路式的旅行考察，指出这种考察无法与生产实践密切结合，考察队应选择适当的地点建立试验站。但是院领导认为，建立定位试验站需要配备更多的业务人员，这对于综合考察队的形式是难于担负的，认为这些工作只能依靠当地政府或当地科研单位的力量。

为了加强与地方的联系，考察队在出发之前，要向地方政府通报考察计划；考察结束以后，也要向地方政府汇报考察成果并提出生产建设的意见。地方政府的支持是考察工作的重要保障。上百人的科学考察队伍，在交通、生活十分落后的情况下，只有得到地方政府的支持，才能够解决考察队的基本保障。为了得到地方政府的支持，综合考察的重点区域多由考察队和地方共同选定，而地方的意见往往更为重要。这也造成了地方政府多根据交通条件、农业合作化情况等社会因素决定考察的重点区域，科学家则认为所选区域自然情况不具有代表性①。

在实际工作中，考察队努力通过多种方式支持地方的建设，加强与地方的协作关系。考察队中经常吸纳地方科技人员参与，并组织高级研究人员对地方机构的发展方向和任务提出建议，帮助培养青年科研工作人员。有的考察队还通过出版简报等临时性刊物和及时公布考察成果等方式，为地方的经济建设提供科学依据。考察期间建立起来的临时定点试验站或观测站，在考察结束后，考察队不但把一些文字报告、翻印的资料、收集的标本，甚至房子、汽车、仪器设备等送给地方有关机构，而且也有一些科研人员在考察结束后留在当地工作，支援地方的科技事业。

第三节　围绕“十二年远景规划”开展社会主义大协作

国家经济建设需要了解全国的自然条件和自然资源的分布情况。但是综考会成立时，全国范围内，尤其是占国土面积 40% 以上的边远地区缺乏必要的科学资料。因此，在 1956 年制定的“十二年远景规划”中，综合考察的任务也多集中于边远和开发程度较低的地区。综考会成立后首先面临的任务，就是负责组织实施“十二年远景规划”制定的各项任务。

① 中国科学院办公厅档案处档案：1955-03-03。

在辽阔的国土上从事既满足国家需要，又有利于学科发展的综合考察，需要做的事情很多，因此“十二年远景规划”多是从考察区域的选择入手。规划中考察的区域选择几易其稿。学者最初的兴趣，主要在新疆和西藏地区。所以早期只计划1956年在新疆设站；1957年在西藏设站①。1956年2月，在讨论“十二年远景规划”考察区域时，学者提出了五个重点区域：①柴达木、祁连山、河西走廊；②新疆；③西藏；④内蒙古、东北；⑤华南地区。后经反复讨论，又将五大区域逐步具体为黄河、长江、热带资源、西藏、黑龙江、新疆、内蒙古、柴达木等8个区域。②

1956年3月，中科院在各学部提出的319个重点研究项目的基础上，组建了综合小组，由竺可桢副院长领导。综合小组经过反复的讨论，最后提出了53个重大科学项目及第一阶段工作的简要报告。3月16日，中科院第9次院务常务会议讨论通过了这个报告。在53个项目中，关于综合考察的内容主要有5项：青海、甘肃、新疆、内蒙古经济区综合开发的调查与研究；中国热带地区自然条件及生物资源的调查与研究；长江、黄河、黑龙江、珠江流域综合开发的调查与研究；西藏高原区的综合调查与研究；海洋的综合调查与研究③。

在远景规划最后确定的57项重要科学技术任务中，由综考会负责的综合考察项目主要有4项：第3项，西藏高原和康滇横断山区的综合考察及其开发方案的研究；第4项，新疆、青海、甘肃、内蒙古地区的综合考察及其开发方案的研究；第5项，我国热带地区特种生物资源的综合研究和开发；第6项，我国重要河流水利资源的综合考察和综合利用的研究④。而第7项，中国海洋的综合调查及其开发方案，本是综合考察的组成部分。但是这项工作在很大程度上依靠国家科委的组织领导，综考会不负责海洋考察的领导任务。海洋考察规划中的四个中心任务，只有一项是海洋生物资源的调查。所以，这项任务没有与其他考察工作列在一起。因此，在当时的有关综合考察的工作报告（如由竺可桢、漆克昌等起草的《1963—1972年科学技术发展规划（草案）》综合考察部分）和现代的有关自然资源的工具书（如孙鸿烈主编，《中国资源科学百科全书》，中国大百科全书出版社，2000年，第34页）中，一般不包括海洋考察的内容。但是在《十年

① 竺可桢1955年2月7日日记，见竺可桢：《竺可桢全集》第14卷，上海科技教育出版社，2008年，第24页。

② 竺可桢1956年2月7日日记，见竺可桢：《竺可桢全集》第14卷，上海科技教育出版社，2008年，第287页。

③ 中国科学院办公厅档案处档案：1956-02-20。

④ 综考会还曾一度负责组织“十二年远景规划”中的第9项和第27项中的盐湖矿床利用的考察工作。

来的中国科学》（科学出版社，1959 年）综合考察部分，则列入了海洋考察的内容。

20 世纪 50 年代，综考会负责组织的综合考察工作，以在边远、未开发地区的全面综合考察为主。这个时期考察队多、涉及地区广、参加学科多、考察周期长、工作连续性强，每年都有 6 个以上的考察队、四五十个学科专业、上千人同时工作①，综合考察任务十分繁重。以 50 年代综考会组织的 11 个大型综合考察队为例，每个队涉及的学科一般在十几个甚至几十个；参加的人次在 500 ~ 1000 人；涉及的单位多达几十个，其中，有的考察队有 100 多个单位参加，工作周期多在 5 ~ 10 年。从综考会成立开始，中科院 60% 以上、较大规模的考察归综考会主持②。随着考察规模的扩大，综考会担负的组织工作越来越多、规模也越来越大。

一、服务区域开发：以西北地区综合考察为例

1955 年 7 月，苏联科学院副院长巴尔金（Бардин，И. П.）院士率领苏联科学院代表团访华。代表团成员格拉西莫夫“很强调地指出组织西北综合调查队的重要意义”③。他指出，西北各省在不久的将来是中国新的经济开拓对象。当时那里正在建造新的铁路线，勘察新的矿物产地和筹划建设巨大的工业基地，迅速地开拓这一地区具有很大的经济和政治意义。然而在 20 世纪 50 年代中期，对于这一地区在自然资源方面的研究很少，关于这些地区的主要报道只有零星的著作。因此组织一个大型的西北综合调查队，对这一地区的自然条件，如地貌、地质结构和矿产、土壤、水文、植物、经济等进行全面研究，并为中央各部门拟制综合发展这一地区生产力的总计划，提供科学基础是必要的。

根据“十二年远景规划”的要求，中科院分别于 1956 ~ 1960 年组建了新疆综合考察队；1958 ~ 1960 年组建了青海甘肃综合考察队；1961 ~ 1966 年组建了内蒙古宁夏综合考察队。远景规划将西北地区综合考察的目的规定为“综合地研究本区的自然条件和自然资源，结合社会经济情况的考察，为确定重要的国民经济建设措施和国民经济发展的远景，提供科学的论据，并提出生产力的全面配置

① 孙鸿烈：《回顾过去展望未来》，见中国科学院、国家计划委员会自然资源综合考察委员会编印：《纪念自然资源综合考察委员会成立三十周年文集》，1986 年。

② 根据中国科学院 1957 年主要调查考察工作统计表（中国科学院办公厅编：《中国科学院年报 · 1957》，1958 年）统计得出。

③ 竺可桢：《苏联科学家的宝贵建议》，《竺可桢全集》第 3 卷，上海科技教育出版社，2004 年，第 225 ~ 229 页。

方案，使自然资源得到最好的利用”①。

1. 兼顾任务与学科的远景规划

综合考察的主要目的是为国家经济建设服务，远景规划中对西北地区的考察规划也是如此。但是在制定“十二年远景规划”时，国家还没有开发西北的具体规划，因此当时的综合考察也没有配合国家建设的具体任务。所以规划中的内容都是着眼于长远目标，这就为科学研究提供了发展的空间和时间，也使规划有机会考虑“本区的调查研究工作对许多学科都具有特殊的意义”的问题。

西北地区是世界上面积广大的干旱和半干旱地区之一。对这个地区的考察研究，具有重要的学术价值。如陆相地层生油问题、干旱区地貌发育、地表水与地下水的补给关系、盐碱土的改良、干旱气候下植被的历史演变过程、沙荒草原的成因等问题。规划认为：“综合考察的方式及其成果，对各有关学科的相互联系与发展，都具有重要的推动作用。”② 正因为如此，西北地区的考察涉及学科众多。仅新疆队中就包括了地貌、气候、水文、地质、土壤、植物、动物、昆虫、农业、畜牧与经济地理等学科。

远景规划中曾经构想，在综合考察的基础上建些新的研究机构（表3-3）。从建立机构的设想中也可以看到，尽管这种理想的状态没有考虑实际操作的可能性，但规划多从学科发展和学术研究的地域布局出发。

表3-3 “十二年远景规划”中拟在西北地区建立的研究机构③

机构名称	建立时间	建立地点	建立基础	学科	人员/人
新疆地质研究所	1962	乌鲁木齐	考察队地质矿产组	地质	60
内蒙古地质研究所	1965	呼和浩特	考察队地质矿产组	地质	38
新疆地理研究所	1962	乌鲁木齐	考察队自然条件组	自然地理	22
内蒙古地理研究所	1965	呼和浩特	考察队自然条件组	自然地理	33
新疆土壤研究所	1962	乌鲁木齐	考察队自然条件组	土壤	45
内蒙古土壤研究所	1965	呼和浩特	考察队自然条件组	土壤	47

① 科学规划委员会编：《1956—1967国家重要科学技术任务说明书·第4项·新疆、青海、甘肃、内蒙古地区的综合考察及其开发方案的研究》，地理科学与资源研究所资料室，1956年。

② 科学规划委员会编：《1956—1967国家重要科学技术任务说明书·第4项·新疆、青海、甘肃、内蒙古地区的综合考察及其开发方案的研究》，地理科学与资源研究所资料室，1956年。

③ 根据科学规划委员会编：《1956—1967国家重要科学技术任务说明书·第4项·新疆、青海、甘肃、内蒙古地区的综合考察及其开发方案的研究》，地理科学与资源研究所资料室，1956年。

续表

机构名称	建立时间	建立地点	建立基础	学科	人员/人
新疆植物研究所	1962	乌鲁木齐	考察队自然条件组	植物	60
内蒙古植物研究所	1965	呼和浩特	考察队自然条件组	植物	65
新疆经济研究所	1962	乌鲁木齐	考察队社会经济组	经济	27
内蒙古经济研究所	1965	呼和浩特	考察队社会经济组	经济	31
新疆动物研究所	1963	乌鲁木齐	考察队自然条件组	动物	60
内蒙古动物研究所	1965	呼和浩特	考察队自然条件组	动物	42
新疆历史语言研究所	1963	乌鲁木齐	考察队社会经济组	历史	37
内蒙古历史语言研究所	1965	呼和浩特	考察队社会经济组	历史	30

2. 调整工作方向

1956～1957年是新疆考察队开展工作的头两年。考察队按照学科划分为多个专业小组，对各小组考察的地区范围和野外工作时间只是作了大致的规定，具体的工作计划，则由各专业小组根据远景规划的任务制定年度计划。所以，头两年的考察工作是以学科资料的积累和学术研究为主，围绕生产建设不够紧密。

新疆队的工作方式，首先遭到了苏联专家的批评。1957年10月，郭沫若院长率领120多人的代表团访问苏联，听取苏联专家对“十二年远景规划”的意见。苏联科学技术委员会指定16位专家组成小组委员会，专门讨论新疆、青海、甘肃等地的考察规划。小组委员会认为新疆考察目标不够明确，无突出的关键性目的。

也有中国学者指出，考察队在实际工作中“存在单纯进行学科考察，有合而不综的倾向”。为了改变这种状况，考察队把各学科组织在一起，共同完成中心任务。这种办法“目标明确，利于统一领导。但有些任务并非所有的学科所能配合，即使能够协作的专业，工作量、工作方法（包括研究重点和考察路线的范围也不完全相同）”①。这种做法又相对忽视了专业学科的研究特点，并造成一些学科因为与中心工作稍远，没有被列入计划。

在四年的考察中，考察队成员一边工作一边探索如何协调科学研究与经济建设之间的关系。经过多年的努力，考察队调查了农垦区的水文地质条件及地下水

① 中国科学院新疆综合考察队：《新疆综合考察的方法与经验》，科学出版社，1964年，第4页。

储量，研究了相关地区的经济条件。最初，考察队集中在新疆北部的河流流域，后来又将考察范围扩大到南部地区（图 3-1）。这种长距离的路线考察对于查明由山地到山前平原，到荒漠中心的自然条件的变化规律，为从理论上总结和比较奠定了资料基础。同时这种理论研究的结论，也可以应用到实践当中，以提出开发、利用、治理和保护的建议。

图 3-1　新疆综合考察

3. 以服务农业为主的新疆考察

在“十二年远景规划”中，要求新疆等地区的综合考察要“工矿企业和农林牧业并重。考察研究的结果，要求在工矿方面，对矿产资源有全面的了解；对石油工业、黑色及有色金属工业和煤炭工业的发展提出方案。在农、林、牧方面，要求提出粮棉增产、森林营建和畜牧发展的方案”①。但是新疆队的工作重点从一开始就放在了农牧业方面。考察队成立以后的主要任务，也是查明有关农、林、牧的自然条件和自然资源及其分布规律，并结合国民经济的现状和生产配置特征，综合研究其开发利用的途径与方向，对新疆农业发展远景及合理布局提出科学论证与轮廓性方案。

新疆队没有工农业并重地开展考察，有着多方面的原因。竺可桢的影响是原因之一。竺可桢从青年时期就十分重视中国的农业问题。他留美期间，曾在伊利

① 科学规划委员会编：《1956—1967 国家重要科学技术任务说明书 · 第 4 项 · 新疆、青海、甘肃、内蒙古地区的综合考察及其开发方案的研究》，地理科学与资源研究所资料室，1956 年。

诺伊大学（University of Illinois）农学院学习农科①。他在主持中国科学院工作期间，更加重视科学研究为农业生产服务的方向②。在他的影响下，中国科学院生物学地学领域，从一开始就十分注重科学研究为农业服务。

这种倾向早在1952年就受到了批评。在中科院召开的第一次院务常务会议上，有学者指出，中科院的计划偏重主观，比较注意农林方面的问题，而对工业建设方面的问题注意得少③。1957年，中科院顾问拉扎连柯也曾经指出："综合调查一般局限于农林牧资源的调查是不够的。"④ 但是在竺可桢的领导下，综考会组织的综合考察主要是"为发展农业而调查各地自然条件和自然资源"⑤。

当然，侧重于农业也有客观条件的限制。竺可桢本人对这个问题的解释是："地质矿产资源调查……因地质调查人材相对地集中在地质部，本院地质研究所成立未及两年，所以此项调查工作……尚未展开。"⑥ 中国科学院组织西北地区考察的同时，地质部、煤炭工业部、石油工业部也在这一地区从事地质矿产资源的勘察工作。中科院的考察队中缺乏地质人才、避免与其他机构工作上的重复等多种原因，影响了考察队开展与工业相关的工作。对于以农为主，新疆考察队副队长周立三也曾经解释说："考察队因鉴于新疆面积广大，研究对象也很复杂，所以根据组成的专业组，着重以农、林、牧为中心的自然条件和资源合理利用及生产力配置作为考察的主要任务。"⑦ 考察任务繁重，以及考察队专业结构的限制，决定了当时只能够开展为农、林、牧业服务的工作。

侧重于农业还有来自中科院和地方政府的要求。中科院十分重视农业问题，《1956—1967年全国农业发展纲要》提出以后，中科院更加明确了为农业生产服务是综合考察的一个主要方向；地方上的要求，也是原因之一。在中科院制定科学发展远景规划时，新疆曾派省农业厅副厅长到中科院"介绍情况和提出要

---

① 他在伊利诺大学主要学习了农业地质、农业化学、农艺学、植物学、昆虫学、动物学、解剖学、基础制图学等专业课程（参见 *Transcript of the Record of Co- Ching Chu in the University of Illinois*. Harvard Archives：VAV 161. 201. 10Box 18 HA13TD）。

② 陈国达等主编：《中国地学大事典》，山东科学技术出版社，1992年，第99页。

③ 中国科学院办公厅档案处档案：1953-02-02。

④ 竺可桢：《中国科学院综合考察工作的现状及亟待解决的问题》，《竺可桢全集》第3卷，上海科技教育出版社，2004年，第360～363页。

⑤ 黄秉维：《竺可桢同志与农业地理研究》，《地理学报》，1984年，第39卷第1期，第1～10页。

⑥ 竺可桢：《中国科学院综合考察工作的现状及亟待解决的问题》，《竺可桢全集》第3卷，上海科技教育出版社，2004年，第360～363页。

⑦ 周立三：《新疆综合考察》，见中国科学院编译出版委员会主编：《十年来的中国科学·综合考察》，科学出版社，1959年。

求"[1]，希望1956年中科院能够派考察队去新疆。

西北地区自然条件的特点，也是导致有关考察工作重视农业的原因。新疆是中国经济发展的落后区域。这里虽然幅员辽阔，但工业落后，自然环境复杂，气候干旱，生态环境脆弱。1954年10月成立了新疆生产建设兵团，开展了大规模的成边垦殖运动，从而促进了这一地区农牧业的快速发展。地方农牧业的快速发展与恶劣自然条件之间的矛盾，也需要考察队重点从事与农牧业相关的综合考察。

在上述的诸多因素中，领导者的取向和考察队的专业结构，是考察内容偏重于农牧业问题的主要原因，这种倾向不仅仅表现在新疆考察队中，在20世纪50年代综考会组织的大型综合性考察队中，大多以为农业服务的考察为主。

4. 临时加入、涉及工矿资源的盐湖考察

在西北地区的综合考察中，也有部分考察工作涉及工矿资源考察，这些工作与当地的资源特点密切相关。1957年2月，中科院化学研究所筹备委员会致函综考会，指出根据"十二年远景规划"第27项（矿物肥料、农业药剂和重无机化学产品的生产过程的研究）和第9项（我国矿产分布规律和矿产的预测），提出组建中苏合作盐湖调查计划。按照规定，院内凡有苏联学者参加的考察队均需由综考会负责。但是同年9月，综考会决定暂不邀请苏联学者参加工作，所以盐湖考察主要由中科院化学研究所负责组建盐湖科学调查队，组队期间综考会介入化学研究所组建的盐湖队的工作并不多。

参加盐湖科学调查队的单位有地质部、化学工业部上海化工研究院、食品工业部盐务总局，地质部632石油地质普查大队等。初期的调查对象为柴达木盆地的大柴旦、察尔汗、达布逊、尕斯库勒、昆特依和一里坪等盐湖及芒崖矿区。与此同时，综考会直接领导的青海甘肃综合考察队（简称青甘队）也组建了盐湖分队。青甘队队长侯德封以地质学家的专业眼光，组织考察队员对柴达木盆地西部盐湖沉积、天青石沉积和东、西台吉乃尔湖以及一里坪盐湖进行综合考察。1957年和1958年先后建立起大柴旦化工厂和察尔汗钾肥厂，分别利用大、小柴旦湖的钠硼解石矿生产硼砂，利用察尔汗盐湖光卤石矿生产钾肥产品。1958～1960年，中苏两国科学院合作开展了"柴达木盆地盐湖资源勘探与利用"研究项目，这项工作也由盐湖队队长柳大纲负责[2]。由于有苏联专家参与工作，盐湖队的组织管理工作纳入综考会的工作当中。

---

① 周立三：《竺可桢与新疆综合考察》，《地理学报》，1984年，第39卷第1期，第11～16页。

② 王扬宗、曹效业主编：《中国科学院院属单位简史》第二卷下册，科学出版社，2010年，第978页。

1962 年 10 月，中国共产党召开的八届十中全会确定以农业为基础的方针。由于农业急需化肥，盐湖科研工作开始侧重为农业服务。在多年考察的基础上，中科院开始筹建盐湖研究所。1964 年 5 月，中科院党组决定以院属西北化学研究所为基础，抽调兰州地质研究所、北京化学研究所和西北高原生物研究所的有关研究人员组建盐湖研究所，由西北化学研究所负责筹建。中国科学院盐湖研究所于 1965 年 3 月 6 日在西宁正式成立。盐湖研究所成立后，系统开展了中国盐湖资源的调查与研究，并奠定了我国盐湖钾肥工业的工艺基础。这项工作也随着新机构的成立，彻底脱离了综考会的领导。

5. 侧重于为生产服务的新疆考察成果

1960 ~ 1961 年，新疆队在四年野外考察的工作基础上进行了总结。考察的任务特点决定了最终成果必然要包括两个方面的内容：生产性成果和科学性成果。新疆考察的生产性成果主要是围绕着资源的合理利用与开发。此外，在考察基础上提出的新疆自然区划，对划分农业区和经济区提供了科学依据。为了推广考察成果，新疆队撰写了大量考察报告（表 3-4）。这些成果既有大区域范围的综合论述，如《我国西部和北部部分考察地区天然草场资源概述》（1964 年出版）、《南疆畜牧业问题》（1964 年出版）；也有局部区域，甚至农场的考察报告，像《玛纳斯流域军垦农场畜牧业考察报告》（1959 年出版）等。科学性成果主要是新疆地貌、气候、土壤、水文、水文地质、植物、动物、农业、畜牧、经济地理、土壤改良及昆虫等十几部学科专著及多种专业地图。这些成果填补了干旱地区研究的空白。

表 3-4　新疆队历年成果统计（从 1956 年开始）　　单位：篇

年次	1	2	3	4	5	6	7	8	9	10	11	12	17	23
报告总数	2	10	44	51	38	11	7	32	12	6	5	1	3	1
工作报告		1	2	4		1		3	2					
生产性成果		3	27	25	17	5	1	2	3	1	4			
学术性成果	1	6[①]	8	15	11	4	3	21	5	3	1	1	3	1
生产及学术成果	1		7	7	8	1	3	6	2	2				
公开出版物		3	7	9	7	1	3		6	5	1		2	1

① 本项成果中有 4 项是苏联专家撰写的成果。

根据“十二年远景规划”的要求，1958 年成立的青甘队，主要任务是考察柴达木、祁连山以及河西走廊地区的自然资源和经济情况，提出青海、甘肃地区的初步综合开发方案。与新疆考察一样，规划中对这个区域的考察要求也是以“远”为主。但是，青甘队成立时，正值“大跃进”时期。“大干快上”的工作方针，使考察工作从一开始就以解决生产实际问题为目标，而且考察队成立时，新疆队已经工作了两年，过去两年的工作方式被认为存在着脱离生产实际的问题而遭到了批评。这也影响了青甘队的工作方向。

经过三年的野外工作，青甘队于 1960 年结束了考察任务。任务结束后，考察队的大部分人员又转到内蒙古、宁夏地区，参加了综考会新组建的“内蒙古宁夏综合考察队”。由于缺乏足够的时间整理考察资料、发表研究成果，所以像《青甘地区生产力发展远景设想》等许多生产性成果没有能够出版发行。考察队只公开出版了四册考察研究报告①。青甘队历年成果统计见表 3-5。

表 3-5　青甘队历年成果统计②（从 1958 年开始）　　单位：篇

年次	1	2	3	4	5	6	7	8	9	10
报告总数	19	49	61	7	2	5	1	4	1	3
工作报告	1					1				1
生产性成果	14	28	43	7	2	1		1		
学术性成果	1	5	10				1	2		1
生产及学术成果	3	14	8			3		1	1	1
公开出版物		1		1	1	4	1			

工作重点的转移，直接体现在考察成果当中。从表 3-4 和表 3-5 的对比中不难发现，新疆队早期的学术性研究成果较多，尤其是在前两年，更是以学术成果为主。1958 年工作方向改变后，生产性成果显著增加；青甘队成立时正赶上“大跃进”期间“大干快上”的时期，一时顾不上学科的需求，而且 1960 年该队成员又大多转到新成立的蒙宁队，所以青甘队的成果是以生产性成果为主。

与新疆队考察报告偏重于农业开发方案不同，青甘队的考察报告包括了工、

① 四册考察报告均由科学出版社出版，分别是：《青海甘肃兽类调查报告》（1964 年）、《青甘地区资源植物及其评价》（1963 年）、《引洮上山的工程地质问题》第一辑（1959 年）和《引洮上山的工程地质问题》第二辑（1962 年）。

② 本表根据自然资源综合考察委员会编：《各综合考察队历年主要科技成果目录汇编（初稿）》（1956—1983 年），上下册，中国科学院地理科学与资源研究所资料室，1984 年。

农、交通等方面的开发方案。青甘队根据考察地区宜农荒地面积广大，同时考虑水土资源的分布特点，认为垦荒与提高农作物单产的潜力巨大，并提出河西走廊有条件建成农业基地。另外，考察报告还通过对柴达木、祁连山与河西地区资源条件的分析，认为这些地区的镍、铅、锌、硼、钾、镁、锂、铁矿资源，以及石油、盐类矿产等资源，储量大而且相对集中，在全国或西北占有重要的地位。因而提出了可以建成以石油、化工、冶金为重点的西北原料基地。

西北地区的综合考察，成果丰富。据曾经参与考察的学者回忆：直到20世纪八九十年代，一些考察成果还是研究相关地区的重要参考资料①。但是偏重于为生产服务的工作方针，自然会使考察工作缺乏总体性的考虑。在制定“十年规划”时，学者们意识到过去的工作“各个专业和各个地区的工作程度很不平衡……对西北全区生产力发展布局尚未进行系统的综合性的研究……因而进行长远经济发展规划的科学依据不足，生产、建设上许多重大问题有待研究解决”。为了弥补过去考察中存在的问题，“十年规划”再一次把“西北地区综合考察研究”列为综合考察的重点内容，并认为，“在已有工作基础上继续进行本区的综合考察研究是十分必要的”。对于未来十年考察的主要任务，规划中强调：“在已有各方面工作的基础上，加强对自然资源、自然条件分布规律的研究，对自然资源进行进一步的核实和综合评价；对资源开发与生产布局中的若干带有关键性的综合性的重大问题进行考察研究。”②

“十年规划”开始以后，综考会组织的“内蒙古宁夏综合考察队”成为在西北地区开展工作的主要大型综合考察队。这个队伍的人员主要来自刚刚结束野外任务的青甘队，所以队员们熟悉大型考察队的工作方法和任务，具有丰富的野外工作经验。考察队根据十年规划的要求，用了四年多的时间，对考察地区的自然资源及其开发利用和经济发展，进行了较为全面的考察研究。除了提出该地区开发的总体报告外，还完成了草场、水资源、畜牧等几十种专题报告。除了农业方面的问题外，考察报告中对工业发展远景方向和交通方面的内容也有所涉及。

二、领导中苏合作：以黑龙江流域综合考察为例

20世纪50年代综考会领导的大型考察队，多有苏联专家参与。其中，黑龙江流域综合考察任务首先是由苏联专家提出来的，因此考察队成为综考会领导

---

① 根据周立三等考察队成员的回忆，至少到20世纪80年代，新疆队的考察成果还“一直在为新疆制定发展规划发挥作用”（周立三、石玉林：《新疆综合考察》，中国科学院、国家计划委员会自然资源综合考察委员会编印：《纪念自然资源综合考察委员会成立三十周年文集》，1986年）。

② 中华人民共和国科学技术委员会、中国科学院：《1963—1972年科学技术发展规划（草案）·综合考察》，地理科学与资源研究所资料室，1962年。

的，也是中科院规模最大的中苏合作项目。

1. 纳入“十二年远景规划”

1956年初，正当中国学者讨论制定综合考察的“十二年远景规划”时，苏联科学院提出了中苏两国科学院联合考察黑龙江流域的建议。苏联对于黑龙江流域的考察，始于20世纪40年代末期。随着苏联各地经济的发展，到了50年代，苏联的考察重点已由欧洲部分转移向东方①，并开始对苏联境内的黑龙江流域进行规模较大的考察。此时苏联境内黑龙江的支流曾经发生过较大的洪水，造成了严重损失。为了减轻洪涝灾害，苏联计划在黑龙江上游及苏联境内较大的支流上兴建水库。为此，苏联科学院专门成立了考察队，开展黑龙江流域的考察工作。

黑龙江流域的考察，如果没有中国方面的参加就无法顺利进行。1955年8月，黑龙江省有关部门应苏联方面的要求，派出17名工作人员与苏联科学考察队合作考察。1956年初，苏联科学院又致函中科院，提出由中苏两国科学院共同组织综合考察队，对黑龙江流域作进一步的调查研究。苏联科学院给中科院寄送了《1956年黑龙江上中游水力调查工作初步结论》和《黑龙江及黑龙江流域泾流的调节利用问题以及与此有关的问题的综合研究的初步计划（草案)》。

中科院对于苏联方面的建议反响积极。1956年2月，中科院第七次院务常务会议讨论了关于中苏科学院共同组织黑龙江综合考察队的问题。会议认为黑龙江流域资源的开发对中国经济建设有重大意义，还认为中国学者对于大河流域的综合调查研究尚缺乏经验，应积极参加，并很好地向苏联科学家学习。经过讨论后，会议决定中科院与苏联科学院进行合作，并派东北林业土壤研究所所长朱济凡为队长。会后，中科院就会议讨论的结果向国务院做了汇报，并建议国务院提前成立黑龙江流域规划委员会。同月，中科院又邀请国务院和国家计委、黑龙江省人民委员会、水利部、农业部、交通部、电力工业部、水产管理总局、东北地质学院及中国科学院所属有关各所的人员开会，商讨中苏合作考察黑龙江的办法。中科院还为此专门成立了黑龙江调查小组，小组成员有中科院朱济凡、简焯坡，水利部谢家泽，电力部田忠，地质部燕登甲等②。

中国政府也十分重视中苏黑龙江流域的考察合作，但是在如何合作的问题上，则一直保持着审慎的态度。因为黑龙江流域正是中苏边界存在争议的地区。1858年的《中俄瑷珲条约》、1860年的《中俄北京条约》等一系列不平等条约，

---

① 吴传钧：《苏联科学院生产力研究委员会的综合考察工作》，《科学通报》，1958年，第12期，第375～376页。

② 竺可桢1956年5月26日日记，见竺可桢：《竺可桢全集》第14卷，上海科技教育出版社，2008年，第344页。

将中俄边界线不断向中国一侧推进。新中国成立后，这个地区的边界问题并没有得到解决。但是苏联提出联合进行黑龙江流域考察时，正值中苏关系友好发展的时期。苏联开始了对华援助，并在1955年5月之前将其在中国东北的财产全部移交给中国政府。此时中苏两国共同的政治立场和一致的意识形态，使双方在较长的一段时间里，没有再提起边界问题。

针对苏联科学院合作考察黑龙江的提议，李富春副总理亲自召集会议，讨论这项合作计划。他指示中方小组：黑龙江流域“在第一个五年计划期间只是勘察，要到第三、四个五年计划才能开发”①；黑龙江合作的目的是“……学习，在统一计划下面主要是共同性的分工，因为我们水准低，工作要他们检定。门户可以畅开，不要顾到国家秘密，只有这样才能得到帮助”②。周恩来总理也亲自指示：我国对黑龙江考察的核心内容是做到查清资源，学习经验，培养干部……资源共同开发项目在科学考察期间暂时不谈，国家什么时候需要什么时候再谈，而且第三个五年计划期间也不会开发黑龙江领域。周恩来在黑龙江中苏合作调查计划上，批示要量力而行，不必扩大规模，不要多请顾问③。1956年5~6月，中苏双方就考察的日程、内容、合作方式等问题进行了全面的磋商。在最初的规定中，双方只能调查各自的领土情况，如果需要调查对岸的情况，需要得到对方的允许，但以20公里为限④。当时在友好的氛围下，这项规定并没发生作用。但是在中苏关系破裂以后，尤其是“文化大革命”期间，中方主要当事人却因此受到了冲击。

在中苏商讨黑龙江合作考察问题的同时，“十二年远景规划”也在热烈地讨论之中。在1956年3月份的远景规划初稿中，包含黄河、长江、黑龙江和珠江四大流域。“十二年远景规划”中确有大河流域综合考察的项目。其中第36项“长江、黄河、黑龙江、珠江流域综合开发的调查和研究”，学者们“花了很大时间”讨论。但在后来的讨论中，“大家对四大流域名称不赞同，认为应以长

---

① 竺可桢1956年6月1日日记，见竺可桢：《竺可桢全集》第14卷，上海科技教育出版社，2008年，第348页。

② 竺可桢1967年4月28日日记，见竺可桢：《竺可桢全集》第18卷，上海科技教育出版社，2010年，第461页。

③ 竺可桢1957年3月28日，见竺可桢：《竺可桢全集》第14卷，上海科技教育出版社，2008年，第456页；1968年12月11日日记，见竺可桢《竺可桢全集》第19卷，上海科技教育出版社，2010年，284页。

④ 竺可桢1967年5月1日日记，见竺可桢：《竺可桢全集》第18卷，上海科技教育出版社，2010年，第464页。

江、黄河为主”。最后，决定将四大流域的考察改为黄河、长江的开发考察[①]。

1956 年 8 月，中苏两国政府签订了《关于中华人民共和国和苏维埃社会主义共和国联盟共同进行调查黑龙江流域自然资源和生产力发展远景的科学研究工作及编制额尔古纳河和黑龙江上游综合利用规划的勘测设计工作的协定》（简称《协定》）。而与《协定》同月公布的“十二年远景规划”的第 6 项，“我国重要河流水利资源的综合考察和综合利用的研究”中，又将黑龙江流域的考察内容列入规划，考察地域也变成黄河、长江和黑龙江三大流域。

“十二年远景规划”制定实施以后，由于水利部计划在黄河和长江流域开展工作，中国科学院并没有开展针对上述两大流域的综合性考察。只是“农业部对于土壤调查放弃不做”，竺可桢认为“实在应该引起注意”[②]。中科院才在远景规划制定后，派出了土壤调查队，专门在黄河、长江两大流域从事土壤调查。上述的多种原因，使中科院只在黑龙江流域开展了“重要河流水利资源的综合考察和综合利用的研究”。

2. 改由综考会领导

为了开展中苏合作的黑龙江流域综合考察，中科院专门成立了“黑龙江流域综合考察队”。但是在考察队成立的初期，它与综考会的关系并不明确。考察队的队长冯仲云是水电部副部长，他兼任这项工作是由国务院指定的。但考察队成员主要来自中科院，考察队的办公室也设在中科院院部内，竺可桢也经常过问考察队的工作。据时任综考会副主任顾准的回忆：“我到综考会以后，原不想插手管这件事，该队办公室主任赵峰几次找我，说他的工作水电部、科学院双方都不管，不好搞，要求把他的办公室和综考会的办公室合起来，由我把该队的日常工作管起来。”[③] 在竺可桢的支持下，从 1957 年开始黑龙江考察队归属综考会领导。

根据《协定》，黑龙江考察队的主要任务是研究黑龙江流域的自然条件，以及与矿产资源密切相关的地质构造，为建立粮食基地和工业原料基地提供科学依据；研究流域内主要河流的水能资源，调查河流的运输状况和流域的国民经济状况，为制定利用和开发规划提出初步意见。考察队最初成立时，分为经济、水

---

① 竺可桢 1956 年 3 月 22 日日记，见竺可桢：《竺可桢全集》第 14 卷，上海科技教育出版社，2008 年，第 307～308 页。

② 竺可桢 1955 年 11 月 14 日日记，见竺可桢：《竺可桢全集》第 14 卷，上海科技教育出版社，2008 年，第 215 页。

③ 顾准：《顾准自述》，中国青年出版社，2002 年，第 236 页。

能、运输、地质地理、农业等五个组①，每组下又分若干小队。考察队及每一组由中苏双方各指定一人担任组长。苏联方面有科学院等十几个单位、100多名工作人员参加工作。苏方考察队员的阵容强大，其中有4名通讯院士和若干名高级专家；而中国方面参加工作的人员，除少数高级科学家外，以中级、初级科研人员为主。因为中国方面的主要目的，是希望中初级科研人员通过工作，加强学习和锻炼，为今后进行其他大河流域的调查研究培养更多的干部。

由于中国方面暂时没有开发计划，1957年初，中方一度取消了经济和水能组。取消两个小组是周恩来总理的指示。参与黑龙江考察的中国学者“对于中央关于调查突然缩小，经济组取消，觉得突然”。对于中央政府在黑龙江考察问题上缩减规模的做法，竺可桢的“体会是今年增产节约，黑龙江开发尚要在第四个五年计划时代或以后，所以目前不必急于着手”②。从其后中苏关系的发展来看，中央的审慎态度恐怕另有原因。边界问题、双方在水利设施上的投资比例问题、所发电力的分配问题、水库淹没损失的处理问题……如何平衡两国的利益，是中央关注的中心。由于苏方非常重视经济工作，考察过程中苏联专家一再强调“计划一个流域资源的合理开发，经济学家应起主导的作用，因此经济组不应取消”③，而且苏方已经派出了5~6名经济学者参与工作。于是在中苏友好的氛围下，经济、水能小组又于1958年恢复。

根据《协定》，中苏双方联合成立了“中苏研究黑龙江流域生产力问题联合学术委员会”。委员会由双方人员共同组成，负责双方考察的组织和考察方法的统一协调，检查年度工作计划的执行情况，审核考察成果。委员会还负责组织召开联合学术会议。在从1957年到1959年的3年中，双方每年在莫斯科或北京举行一次学术会议，讨论并交流考察和研究成果。三次会议都有双方签署的协议，并出版会议文集④。

黑龙江考察队取得了丰硕的成果。1956~1960年，中国学者共编写了160多份考察报告。1959年结束野外考察工作后，考察队编制完成了约100万字的《黑龙江流域及其毗邻地区生产力发展远景设想》等9卷总结报告和《黑龙江流

① 对于5个学科组的名称，不同的文献记载略有出入。袁子恭《黑龙江流域综合考察往事录》[《院史资料与研究》，2001年，第6期（总第66期）] 中列举的5个学科组的名称为自然条件组、地质矿产组、水利水能组、交通运输组和经济组。

② 竺可桢1957年3月28日和4月16日日记，见竺可桢：《竺可桢全集》第14卷，上海科技教育出版社，2008年，第456、557页。

③ 竺可桢：《参加1957年中国科学技术访苏代表团的报告》，《竺可桢全集》第3卷，上海科技教育出版社，2004年，第444~449页。

④ 中科院黑龙江综考队：《黑龙江流域综合考察学术报告》，科学出版社，第1集（1958年）；第2集（1959年）；第3集（1960年）。

域自然条件与自然资源地图集》等生产性成果。在学术研究上，也有地质、地貌、土壤等专题论著发表（图3-2）。

图3-2 黑龙江流域综合考察

3. 两国关系破裂后的合作

根据《协定》，1960年中苏合作考察结束。1960年4月，双方商定同年10月在北京召开第4次学术会议，但是此时中苏关系已经开始恶化。1960年7月苏联政府突然宣布在1个月内撤走全部在华的苏联专家，撕毁专家合同，废除科学技术合作项目，停止供应中国建设急需的重要设备，并大量减少成套设备中关键部件的供应。虽然此时黑龙江的考察全部结束，苏联专家已经返回国内，这个事件还是为第4次学术会议的召开蒙上了阴影。苏联科学院院长以来不及准备有关报告为由，建议将第4次会议推迟举行。中科院副院长竺可桢复函表示，中国方面同意会议推迟举行，并希望苏联方面能够确定并告知会议举行的时间。

经过双方科学家的努力，第4次会议于1962年4月在北京举行。这是在1960年之后，中国第一次举办的有两国科学家参加的联合学术会议，双方政府都非常重视。苏联派出以华西列夫副博士为首的7人代表团，并向中科院寄送了五项文件。尽管其中不免有夸大之词，如实际每队训练青年地质人员实际仅有

15 人，而报告中却写 30 人，但“一般说报告可以接受”[①]。会议期间，苏联驻华大使还亲自参加了活动。中国方面，聂荣臻副总理亲自召集中科院人员商讨招待苏联代表团成员的问题[②]；他还在会前指示，要根据坚持原则，坚持团结、多做工作的精神把会议办好。会后，周恩来总理在人民大会堂亲自接见了中苏代表团的成员，苏联大使和中科院院长都设宴招待了两国代表团的成员。

第 4 次学术会议本是根据协议，双方合作考察的最后一次学术会议。但是由于特殊的政治原因，苏联代表认为“此次会议的主要任务是表示中苏科学家友好团结，把共同合作考察的成果给世界看一看”。中国代表也根据中央的精神，“主动对苏联代表团做了团结友好的工作”[③]。

在政治上，这是一次圆满的会议。会议期间双方代表都“多讲友谊，避开谈双方不愉快的事和容易引起争论的问题”。会议结束后，苏联代表还到上海、杭州和南京等地旅行。他们“到处受到了异乎寻常的、真诚的、兄弟般的接待”。苏方团长感慨地说，他访问过许多国家，都没有这样热情。周恩来总理的接见，更使苏联代表团成员“感到最大的光荣和格外高兴”[④]。

但是，这次会议本应解决的学术问题却悬而未决。会议期间，中苏双方互相交换了考察总结资料、附图及地图集，汇报了考察成果[⑤]。但是会议主要商议的共同编写出版考察成果报告和地图集的问题，却因双方国界画法不一而没有解决。为此，1962 年 4 月 14 日竺可桢等在给中央的请示报告中提出两种解决办法：一是报告附图中一律不画国界；二是不讨论具体的出版问题，将此问题暂时拖下来。报告认为“从政治上考虑现在不宜向对方正式提出不划国界的问题，同时在此次较友好的会议气氛中也不好提及”，中国方面准备以“短期间来不及审阅对方所带来的论文等技术性的理由暂时拖过去”。但事后，苏联方面主动提出在国界画法不一致的地方不画国界。为此竺可桢等在 5 月 16 日给中央的报告中，提出在两国科学院未来的合作计划中，可将共同编写和出版考察报告列入。

尽管中苏双方的科学家都表示了进一步合作的愿望，双方也为此做出了努

---

① 竺可桢 1962 年 3 月 29 日日记，见竺可桢：《竺可桢全集》第 16 卷，上海科技教育出版社，2009 年，第 231 页。

② 竺可桢 1962 年 4 月 3 日日记，见竺可桢：《竺可桢全集》第 16 卷，上海科技教育出版社，2009 年，第 234 页。

③ 竺可桢：《关于中苏研究黑龙江流域生产力问题联合学术委员会第四次学术会议情况的报告》，《竺可桢全集》第 4 卷，上海科技教育出版社，2004 年，第 125 ~ 127 页。

④ 竺可桢：《关于中苏研究黑龙江流域生产力问题联合学术委员会第四次学术会议情况的报告》，《竺可桢全集》第 4 卷，上海科技教育出版社，2004 年，第 125 ~ 127 页。

⑤ 具体内容见竺可桢 1962 年 4 月 5 ~ 6 日日记，见竺可桢：《竺可桢全集》第 16 卷，上海科技教育出版社，2009 年，第 235 ~ 236 页。

力。但由于中苏两国政治关系的进一步恶化，使原计划双方共同编写的考察报告并没有完成，这次也没有能够按照前几次的会议惯例出版论文集。随着中苏两党关系的全面恶化和公开分裂，中苏黑龙江考察的最后联合总结工作被迫停止。

黑龙江流域的综合考察工作是特殊的政治原因带动起来的，也因为政治原因而停止。“十二年远景规划”中规定的四项综合考察任务，在“十年规划”中保留了三项，只有“重要河流水利资源的综合考察和综合利用的研究”一项没有再列入规划之中。

三、调整考察方向：从云南到华南的热带生物资源综合考察

早在综考会成立之前的 1952 年，中科院就组织了南方热带生物资源综合考察队。这项工作的起因，是为了满足社会主义阵营，尤其是苏联的需要。20 世纪 50 年代初期，中国南方地区是社会主义阵营中唯一的大面积热带地区。因此，这一地区生物资源的考察和开发，不但具有经济意义，更具有国际政治意义。在 1957 年召开的华南热带资源开发讨论会上，中国科学院广州分院筹委会副主任杜国庠曾经总结道：“热带资源的开发，不仅是对中国的建设有很大的关系，就是兄弟国家，对保证社会主义阵营的胜利也有莫大的关系。因为热带资源中有许多国防物资等，对我们有很大作用的。大家知道，美帝国主义对我们实行禁运政策，就是他们掌握这些东西。而我们能够自己研究和制造，这对保卫世界和平有很大关系。”[①] 然而，这种由国际政治需要带动的考察，也因社会主义阵营的需求和国际环境的改变，不得不一再调整考察重点。

1952 年夏季，周恩来总理率领中国政府代表团访问莫斯科，双方签订了一系列的合作协定，苏联政府决定给予中国长期建设计划以援助。在合作协议中，就有在中国华南种植橡胶的技术合作协定。作为对苏联援华的回报，这项协定，更多地考虑了苏联的利益[②]。对热带生物资源的开发与考察，也是为了满足国内经济建设的需求。抗美援朝战争胜利后，西方开始对中国禁运橡胶等物资。在国外封锁的情况下，中国只能独立自主地解决国防和经济建设中所需要的橡胶等热带生物资源。

为了满足国内外的需要，1952 年中国政府发出了研究橡胶树北移的号召，并为此投入了大量的人力和物力。政府的重视，使华南橡胶的种植成为“一五”

---

① 《中国科学院广州分院筹委会副主任杜国庠闭幕词》，见中国科学院、中华人民共和国农垦部：《华南热带资源开发讨论会会刊》（内部资料），华南热带资源开发科学讨论会秘书处印，1957 年。

② 谢益显主编：《中国当代外交史（1949～1995）》，中国青年出版社，1997 年，第 194 页。

计划期间，投资数额仅次于鞍钢的重点项目。为了响应中央的号召，也为了履行中苏合作协定，1952 年中科院组建了以橡胶资源考察为主要内容的南方热带生物资源综合考察队。中科院内外数十个单位、千余名工作者组成的一支庞大的队伍，用了将近一年的时间，对海南岛、雷州半岛及粤西、广西沿海的橡胶资源进行了考察。从 1953 年起，考察队又开辟了云南南部橡胶树与金鸡纳树和咖啡种植的考察。

中科院开始这项工作时，林业部领导的华南垦殖局已经开始开垦土地，种植橡胶树。由于缺乏深入的调查和科学的开发规划，在开垦土地的过程中大片灌木森林被砍伐。开垦过的土地由于经营不善，在丰沛雨水的冲刷侵蚀下变成荒漠。1954 年，农垦系统注意到不合理的开垦造成的环境破坏问题，开始重视科学工作者的意见。但是在建立垦殖场的地域选择上，仍然过分强调纬度界线，忽视了小气候的问题，在不宜种植橡胶林的地方仍然栽种了橡胶树，以致在 1955 年冬季造成惨重的冻害。在经历众多的失败后，1956 年，种胶工作停滞不前。

中科院组建的考察队，在橡胶垦殖区进行了自然条件和土壤状况的调查，同时也调查了当地防护林和覆盖植被的情况。在考察的过程中，学者们注意到了水土流失问题的严重性，并对当地的水土流失问题进行了初步的考察研究。对于开垦荒地造成的环境破坏和资源浪费，考察过程中学者们就向地方提出了意见。考察队结束野外工作返回北京后，又正式由中科院向林业部提出了书面报告。但是“林业部门没有等调查勘察，已经先制订计划，还没有妥善计划，已经早就开始垦殖”。1957 年 3 月，综考会接手负责这项工作以后，竺可桢又向全国人大常委会提交了报告，指出：“雷州半岛的森林，有许多是 1952 年开始垦殖以后破坏的”，并强调要“保护自然”①。

紫胶资源也是热带生物资源考察的重要内容之一。中国和苏联的紫胶资源都需要依靠国外进口。1952 年印度停止向中国出口紫胶后，中国政府开始考虑在国内开发紫胶资源。1953 年 3 月，苏联科学院派遣紫胶调查团来华，与中国学者共同进行了为期半年的考察工作。这是两国科学院第一次联合从事野外考察。

1955 年，苏联向中国提出进口 3000～5000 吨紫胶加工品（片胶）的要求②。同年，中苏两国科学院又共同制定了组织紫胶虫和紫胶寄主植物以及适应范围的合作研究计划。为了扩大紫胶产区，并向苏联引进紫胶虫及其寄主植物，中苏科学院联合组织了“紫胶工作队”，开展紫胶虫及其寄主植物的调查研究。1955

---

① 竺可桢：《就广东视察所见向全国人大常委会的报告》，《竺可桢全集》第 3 卷，上海科技教育出版社，2004 年，第 335～338 页。

② 《中国、苏联科学院紫胶工作队工作报告》，见中国科学院学术秘书处编：《中国科学院年报·1955》，1956 年。

年，紫胶考察成为热带生物资源考察的主要内容。

对于热带生物资源考察过于重视紫胶的问题，竺可桢有着不同的看法："我个人的意见以为热带生物资源调查，应全面中苏合作，不应专注意紫胶虫。如动植物区系问题以及橡胶、咖啡（的）重要性尤甚于紫胶。"① 竺可桢的看法，也体现在"十二年远景规划"之中。制定"十二年远景规划"时，中科院对热带生物资源的考察已经进行多年。考察中积累了丰富的资料，也暴露出了许多问题。过去为了完成具体的任务，考察内容狭窄，涉及的学科不多②，而且考察地域也集中在海南和广东西部的沿海地区。在制定远景规划时，学者们意识到："开发我国热带地区的特种生物资源，必须先对自然条件和生物资源进行全面的调查。"③

"十二年远景规划"中把"自然条件和生物资源的调查研究"作为"我国热带地区特种生物资源的综合研究和开发"的三大中心任务的第一项，并希望这项工作能够"为制定开发规划提供科学的依据"。规划更是希望通过这项工作"丰富自然地理学、农业气象学、土壤发生学、土壤生物学、植物生态学和地植物学等内容，并在理论上和方法上开辟若干新的方向，以逐步达到国际先进水平"④。规划中还考虑在南方广大地区建立研究站，以深入开展研究。

由于热带生物资源考察已经开展多年，并且有着明确的任务，所以规划中的后两项中心任务仍然以橡胶和紫胶的考察为主，就连计划设立的研究所，都是针对具体任务而定的（表3-6）。

表3-6　"十二年远景规划"中热带地区特种生物资源考察计划建立的研究机构⑤

机构名称	建立时间	建立地点	所属系统	涉及学科/个	人员数量/个
橡胶研究所	1959～1961	广州	农业部	16	343
热带特种技术作物研究所	1959～1961	广州	农业部	11	155

① 竺可桢1956年8月19日日记，见竺可桢：《竺可桢全集》第14卷，上海科技教育出版社，2008年，第390页。

② 当时涉及的专业主要有土壤、植物和地理。

③ 科学规划委员会编：《1956—1967国家重要科学技术任务说明书·第5项·我国热带地区特种生物资源的综合研究和开发》，地理科学与资源研究所资料室，1956年。

④ 科学规划委员会编：《1956—1967国家重要科学技术任务说明书·第5项·我国热带地区特种生物资源的综合研究和开发》，地理科学与资源研究所资料室，1956年。

⑤ 科学规划委员会编：《1956—1967国家重要科学技术任务说明书·第5项·我国热带地区特种生物资源的综合研究和开发》，地理科学与资源研究所资料室，1956年。

续表

机构名称	建立时间	建立地点	所属系统	涉及学科/个	人员数量/个
热带区生物地理研究站	1957	海南	中国科学院植物研究所	8	22
	1959～1967	云南 福建 台湾 广东 广西			

"十二年远景规划"南方热带生物资源考察一项，扩充了内容、调整了方向。与此同时，国际形势的变化进一步推动了这种转变。随着国际关系的缓和，苏联已经可以从国际市场上采购到橡胶等热带生物资源。于是，苏联方面不再履行与中国的热带生物资源开发协议，热带资源的开发更加困难。

从综考会负责这项工作开始，热带生物资源的考察内容及范围逐渐发生了改变。这一年，野外工作队改名为"云南热带生物资源综合考察队"。考察内容除紫胶、橡胶资源外，增加了动植物区系的调查研究，并在此基础上，扩展到热带自然环境与生物资源的研究。1957 年，综考会又扩大了热带生物资源考察的地域范围。原考察队更名为"云南热带、亚热带生物资源综合考察队"，在云南、贵州和四川地区考察；与此同时，又组建了"华南热带生物资源综合考察队"，在广东、广西和福建等地考察。两个队由综考会负责，统一规划、互相配合；考察内容以橡胶、其他热带作物和紫胶三部分的调查为主。

1962 年，随着"十二年远景规划"任务的结束，对橡胶、紫胶的大规模考察也基本结束。仅在 1963 年成立西南地区综合考察队中，保留了一个紫胶分队，以弥补大规模考察时遗留的问题。考察队编写了《从自然资源条件到生产建设开发方案》等一系列的科学考察报告。

"十二年远景规划"调整了南方热带生物资源的考察重点，扩大了考察的地域和内容。但是经过几年的野外工作，在 1962 年制定"十年规划"时，学者们仍然感到过去的工作，"对全区资源开发利用的综合研究还不够系统，对生产力布局的重大问题的研究也不够深入，国民经济综合发展和生产力布局的许多重大科学问题尚未解决"①。

"十年规划"再一次将西南地区综合考察研究列为工作重点。根据规划的要求，综考会也于 1963 年在热带生物资源考察队和南水北调综合考察队的基础上，

① 中华人民共和国科学技术委员会、中国科学院：《1963—1972 年科学技术发展规划（草案）·综合考察》，地理科学与资源研究所资料室，1962 年。

成立了“西南地区综合考察队”。与此同时，综考会还将考察范围扩展到赣南、闽南地区，成立了“南方山地利用、水土保持考察队”。调查亚热带地区水土流失情况并进行水土保持以及山地合理利用的考察与试点。至此，南方地区的考察由热带、亚热带生物资源的专题考察，转为资源开发和治理水土流失的综合性的考察研究。

四、论证重大工程项目：以南水北调综合考察为例

南水北调综合考察，是“十二年远景规划”执行以后新增加的任务。中国的川西、滇西北及甘肃、青海南部和东部，不但是经济落后的地区，也是地质构造复杂、地壳活动频繁、自然景观的水平分布和垂直差异都十分显著的地区，在学术上值得深入研究。但是由于交通不便，综考会成立后并没有在这个区域组织大规模考察的任务。“大跃进”期间，改造自然成为综合考察的重要内容之一，南水北调也成为改变西北地区干旱面貌的重要工程。

中国水资源丰富，河川年径流量居世界第三位，但是水资源的分布极不均匀。长江流域年径流量占全国径流量的40%，而黄河流域径流量却不及全国总径流量的2%。南北水资源分布不均的情况严重影响了经济的发展。1958年8月，中共中央在北戴河召开了政治局扩大会议，会议通过并发出了《关于水利工作的指示》。《指示》明确提出了南水北调的问题，希望通过这项工程改造西北部干旱与半干旱地区的自然面貌，使全国地表水的分布趋向平衡，从而提高中国北部及西北部地区的生产力。1959年2月，中科院和水利电力部在北京联合召开了有关部委及高等院校60多个单位参加的“西部地区南水北调工作会议”。竺可桢在会上作了报告，提出中科院的各个考察队应该在自己考察地区的工作计划中，把南水北调问题充分考虑进去①。会议决定，由黄河水利委员会组织勘测队，承担引水河线的勘测规划任务；由中科院组织科研队伍，承担了引水地区的资源综合考察，以及引水河线地基稳定性和工程地质勘测的研究任务②。

1959年，“中国西部地区南水北调引水地区综合考察队”组建成立，并一直在野外工作到1962年。考察队在综考会的直接领导下，联合水利电力部、交通部、农业部、林业部、气象局和高等院校及有关的地方机构，联合开展野外工作。这项考察先后有114个单位、38个专业、800余人参加工作。考察队在引水地区（包括四川西部、云南西北部、甘肃南部和青海东南部）大约50万平方公

---

① 竺可桢：《论南水北调》，《竺可桢全集》第3卷，上海科技教育出版社，2004年，第507～510页。

② 水利部黄河水利委员会勘测规划设计研究院：《南水北调西线工程二十世纪大事记（1952—2000）》，黄河水利出版社，2002年，第3～4页。

里的范围内，进行了引水河道水文工程地质、地貌的勘测，并进行了全区的自然条件、自然资源和社会经济情况的综合性考察。探讨了从长江上游引水到黄河上游的可能性，提出了西部地区南水北调的可能引水路线。

考察队最初按照专业分为经济、地质矿产、地貌、气象水文水利和生物资源五个组开展工作，每个组由一个或两个单位负责，邀请有关部门参加。20 世纪 60 年代以后，为了更好地完成引水河线方面提出的任务，考察队采取了分队和专业组并行的方式开展野外工作，即把考察队分为阿坝分队、康北分队、金沙江分队、康南分队、地质矿产分队、工程地质及地震分队和水利分队，同时各专业组仍然独立从事野外工作。随着考察工作的展开，分队及专业组的划分又有调整，专业组增加到 11 个：工程地质组、区域地质组、地貌组、地震组、水文水能组、气候组、植物组、土壤组、动物及水生物组、森林组、经济组[①]。考察分队及各组负责人以及高级研究人员共同组成学术委员会，制定全队的具体考察工作计划，并审查研究成果。为了提高工作效率，考察队要求各组“以经济为纲”并力求实效，紧抓重点或当地远景经济发展中关键的问题，避免一般化的考察。

南水北调考察的区域，是交通不便、野外环境十分艰苦的地区。所以，除了强调野外工作中要加强组织纪律性、加强社会主义大协作之外，南水北调队尤其强调要做好安全保密工作。要求各分队和专业组加强日常政治思想工作的领导，要求各协作单位派政治工作干部参加队的领导，加强行政管理，特别是加强司机的安全教育。考察队对保密工作的重视，不仅因为当时考虑到考察队的许多工作接触到国家重大机密，而且还由于考察区域社会治安情况复杂。所以考察队要求各分队和专业组在社会治安有问题的地区，必须在当地党委或公安部门的要求下选择考察路线，注意行动时间的保密，并携带必要的武器。考察队的考察路线图也属于绝密资料。尽管考察队一再强调安全、保密等问题，但是由于考察区域环境险恶，考察过程中还是出现了翻车和人员伤亡的交通事故。

与其他考察队中有大量的高校学生和新毕业生参与工作不同，南水北调队特别强调：“考虑到这个地区的交通供应等具体情况，考察队的组成应以‘精干’为原则，要将通过考察工作进行学习的人员减少到最小限度。”[②] 所以考察队基本不吸收学生参加，辅助性工作人员也减少到最低限度，而且要求尽量保持考察队成员的稳定性。

考察队经过的地区，是少数民族聚居区。考察队特别要求所有考察人员必须密切依靠当地党委，各分队必须配备政治领导干部；工作中要注意搞好民族关

---

① 孙鸿烈主编：《中国自然资源综合科学考察与研究》，商务印书馆，2007 年，第 627 页。

② 《工作计划十年规划》，中国科学院档案馆档案：Z374-50。

系，严格遵守国家的民族政策，尊重少数民族的风俗习惯，并要求在工作中培养少数民族的科学技术干部。

南水北调是一项繁重复杂的工程，它涉及地震、地质、地貌、水文、气候、土壤、生物、交通、经济等多个领域。不但工程浩大，维持尤其艰难。对于这个工程实施后的负面影响，当时也缺乏足够的思想准备和研究能力。从中国的国力和科学技术水平来看，在当时实施这项工程十分困难。但是在“大跃进”的氛围中，中国人不但希望这项工程能够改变自然环境，而且也认为它可以体现“我国的社会主义国家制度无比的优越性。因为像这样伟大的工程措施，是资本主义国家所不敢想象的……这项任务的实现，将有力地加速我国从社会主义过渡到共产主义的进程，同时也将震撼整个资本主义世界”①。

以当时中国的国力，还无法实施南水北调等工程。但是，在特殊的社会环境下带动起来的综合考察，为积累相关地区的科学资料创造了条件，并且带动了一些新的研究领域。考察队除了按计划，与水利部门联合完成引水线路工程地质的勘测外，还集中大部分力量考察了川西、滇西北地区的自然资源情况，并提出了该地区经济开发的远景方案。此外，考察队还完成了十几篇专题研究报告和区域科学研究专著。

1963 年“十年规划”制定以后，综合考察开始由未开发地区向开发地区的重点转移。为了适应这种转移，也为了配合国家的三线建设，同年，综考会把“南水北调综合考察队”与“云南热带生物资源综合考察队”合并，组建了“西南地区综合考察队”。与“十二年远景规划”时期的考察队不同，西南地区综合考察是在收集整理各方面已有资料的基础上，进行重点考察、综合研究。

考察队在四川、云南和贵州等地开展自然条件的综合评价、农林牧资源的开发利用、水利水能资源的开发利用和西南地区经济发展与生产力布局的考察研究。这项工作为西南地区的农业资源开发和工农业发展，提供了科学依据。

除了新的考察任务外，综考会希望在西南地区的考察工作中继续原来南水北调的任务。考察队计划“在以往几年工作基础上，本着细水长流的原则，与黄河水利委员会配合，继续进行以第三引水河线及通柴线为中心的工程地质勘测和地震调查，以便在一定时期内提出南水北调引水河线的规划要点。在未成立南水北调专门研究机构以前，此项工作暂由西南地区综合考察队统一领导”②。但是由于国家的经济战略结构的调整，南水北调西线勘察工作已告一段落。相关的工作

---

① 竺可桢：《论南水北调》，《竺可桢全集》第 3 卷，上海科技教育出版社，2004 年，第 507～510 页。

② 张久春编：《中国科学院史料汇编·1961》，中国科学院院史办公室，2008 年。

自1962年停顿后，直到1978年才重新启动。综考会组建的西南地区综合考察队，也在1966年进行全面总结时受到“文化大革命”的冲击，室内工作被迫中断。

五、带动新兴学科：以冰川与沙漠考察为例

1958年，开始了以农业的高指标和工业的大炼钢铁为主要内容的“大跃进”。由于急于求成、片面夸大人的主观能动性，这场运动给国家带来了深重的灾难。在学术界，频繁的献礼活动、名目繁多的会议、群众运动的工作方式，以及科研计划的高指标和科研方向的急功近利，使许多科研领域受到了破坏性的影响。然而，“大跃进”中形成的冲天的干劲，似乎也给予人们前所未有的勇气和豪情。一些过去不曾设想或认为尚无基础的新任务，在“大跃进”中被提上日程。

此时，国务院决定提前完成“十二年远景规划”中的任务。规划中综合考察原定的目标，只是“为确定重要的国民经济建设措施和国民经济发展的远景，提供科学的论据，并提出生产力的全面配置方案，使自然资源得到最好的利用”①。在全面“跃进”的社会氛围中，这种以“远”为主的考察规划已经无法满足社会的要求。“大跃进”中，改造自然的任务被明确提出来。减轻自然灾害、改造自然、发展农业，成为综合考察的历史使命。

中国社会的快速变革，也推动了以改造自然为目的的综合考察。新中国成立初期，全国人口急剧增长，人口年均增长率达20‰，这在中外历史上都是少有的。人口的快速增长，加大了对土地的压力。发展农业成为缓解人口压力的重要措施之一。同时，人口的增长也为社会提供了更多的劳动力，尤其是女性的解放，使新中国的劳动力人口明显增加。人口的增长为集体化的农业生产提供了劳动力。20世纪50年代，分散的个体小生产者被各种类型的合作社组织起来，为改造自然创造了条件。当时的学者曾经这样描述它的影响：

> 农业生产的集体化，为大规模地改造自然创造了极为有利的条件。1955年农业合作化以运动的形式蓬勃开展起来，1956年基本完成，1958年农业合作化又发展为人民公社。集体化了的农民，对于自然再不像过去那样消极地等待着它的恩赐，而且（是）积极地行动起来向大自然争取了。他们在党和政府的领导下，总结已经取得的成功经验，

① 科学规划委员会：《1956—1967国家重要科学技术任务说明书·第4项·新疆、青海、甘肃、内蒙古地区的综合考察及其开发方案的研究》，地理科学与资源研究所资料室，1956年。

由点到面地开展了大规模的、有计划的改造自然的英雄事业。①

三年“大跃进”期间，改造自然很快发展成为一种群众性的运动。与“大跃进”同时兴起的人民公社化运动，使中国的农村组织军事化、行动战斗化、生活集体化。公社的劳动力按照军事编制组织起来，由公社统一指挥领导。在统一领导之下，各地农村广泛掀起了以兴修水利、养猪积肥、改良土壤为中心的农业生产高潮，农村群众运动式的大建设高潮。社会上普遍认为，中国农业正在迅速地实现农业水利化，而且会在不久的将来逐步实现耕作的机械化。火热的战天斗地的豪情，推动了战胜自然、改造自然的运动。

在盲目的“超英赶美”、急于改变中国贫穷落后的面貌、建设繁荣富强的新中国的良好愿望和潜在的急躁情绪影响下，主观意志的作用被无限夸大，客观规律被忽视了。一些人以为，依靠群众、依靠革命的冲天干劲，就可以战胜自然、解决生产实际问题。“大跃进”期间，农业上高指标和虚报浮夸泛滥，粮食产量越报越高，造成粮食已经多得吃不完的假象。一些学者认为，中国的农业和粮食问题已基本上解决。粮食供应问题的后顾之忧解除后，人们认为人类改造自然、战胜自然的时机到了。

“大跃进”期间的综合考察，多围绕着改造自然开展工作。影响西北地区农业发展的关键问题是水源。从根本上解决西北的缺水问题，是改造自然的重要一步。寻找水源、减轻农业灾害、解决干旱问题，成为综合考察的首要任务。在这种背景下，成立了以改造自然、改变西北地区干旱面貌为目的的沙漠治理和高山冰雪利用等考察队。

1. 冰川考察与冰川学

中国是个农业大国。严重影响中国农业的自然灾害，主要是洪涝、干旱、水土流失和风沙灾害。除洪涝灾害外，其他三大灾害都集中于西北地区。“十二年远景规划”的第 4 项任务（新疆、青海、甘肃、内蒙古地区的综合考察及其开发方案的研究），也注意到了西北地区的自然灾害问题。在任务说明书中规定的 15 个中心问题中，第 5 个问题就包含有“研究高山冰川，测定水流冰量及体积消长”；第 11 个问题包含了“研究流沙流动的规律及防风固沙”的研究。但是这项考察任务在“大跃进”之前，还没有大规模开展起来。

中国的西北地区山岳冰川丰富。1956 年在讨论“十二年远景规划”时，水利部苏联专家苏科洛夫就曾经提出，应该注意冰川问题。他还强调，这是科学研

① 侯仁之主编：《中国地理学简史》下册，北京大学印制，1960 年，第 265～266 页。

究中的一个空白点①。但是由于条件的限制，冰川研究并没有被作为重点研究领域。冰川学是介于地理学、地质学、地球物理学和工程科学之间的交叉学科。20世纪50年代，在科学研究基础十分薄弱的中国，冰川学还是一个空白领域，缺乏研究的基础。

为了了解西部冰川的基本情况、积累科学资料、解决西北地区的干旱问题，1958年6月初，由地球物理所、地理所派出学者赴兰州，计划在综考会组织的青甘队中，建立一支冰川分队，计划用三年的时间进行祁连山冰川考察，了解开发高山冰川水源的可能性。此时，农业生产的“大跃进”使农田灌溉面积大大增加，解决西北地区的农业用水问题迫在眉睫。在与地方政府的接洽中，地方领导提出希望考察队能用半年的时间查清祁连山冰川资源的分布和数量，为以后大规模开展融化冰雪，增加河西灌溉水源创造条件。为了保证顺利完成任务，中科院决定成立高山冰雪利用研究队，并从青甘队中独立出来，由中科院兰州分院副院长亲自兼任考察队长。考察队也不再归综考会领导。

考察队的任务是基本摸清祁连山冰川资源的分布，积累科学资料，并试验人工加强冰川融化，以增加农田灌溉水量的可能性。重视地方的意见，为考察队赢得了地方政府的有力支持。甘肃省省委书记保证：“假如你们能够半年完成任务，你们要什么条件我们提供什么条件！”②地方政府在配合考察队工作上发挥了重要作用。甘肃省政府以省委的名义，向省内各大学、甘肃水利、气象、测绘等部门及河西地区调集科技行政人员100多人，汽车6辆，电台6部。省政府行政处亲自负责组织协调。

在地方政府的大力支持下，考察队迅速购置了全队所需的防寒装备、帐篷和简陋的登山用具③。在很短的时间内，来自当时中国科学院地理研究所、地球物理研究所、兰州大学、西北大学等20多个单位的上百名工作人员组建起了高山冰川融雪利用队，“从订计划到人员、车辆的集中和出队仅用了10天时间，真正是‘大跃进’的速度”④。地方政府还积极配合考察队的工作，多次组织河西六个县上千名群众，参加融冰化雪工作⑤。

---

① 竺可桢1956年2月22日日记，见竺可桢：《竺可桢全集》第14卷，上海科技教育出版社，2008年，第295页。

② 施雅风口述、张九辰访问整理：《施雅风口述自传》，湖南教育出版社，2009年，第159页。

③ 施雅风：《建立冰川冻土研究事业的30年》，见吴传钧、施雅风主编：《中国地理学90年发展回忆录》，学苑出版社，1999年。

④ 施雅风：《裴丽生同志与中国科学院的地学发展》，《院史资料与研究》，1997年，第4期，第20～25页。

⑤ 对参与冰川融雪的群众人数，不同资料的记载各异。从1700人（施雅风：《建立冰川冻土研究事业的30年》，《中国地理学90年发展回忆录》）到3000人不等（裴丽生：《为完成1959年地理工作任务而努力》，见中国科学院地理研究所编辑部：《大跃进中的中国地理学》，商务印书馆，1959年）。

经过短期的准备，“100多个从来没有接触过现代冰川、缺乏登山训练与相应装备的青年，在苏联冰川学家勒特道尔古申同志的帮助下，分成7个队，向祁连山现代冰川展开了坚决的进攻”①。对祁连山冰川的考察，从组队到出成果，仅用了半年的时间。在此期间，科学院的工作人员与地方政府和相关业务部门密切合作，一起制订计划，一起在野外工作，一起总结经验。大兵团作战的工作方式和跃进的速度，使冰川学在毫无基础的条件下，快速地积累了资料、培养起研究队伍、建立了研究机构。

对祁连山冰川的考察，使冰川科学资料在毫无基础的条件下，快速地积累起来。正如冰川学家施雅风（1919～2011）事后的回忆：

> 这是特定条件下的跃进，跃进前国家积累了较充沛的人力、物力、极高的领导威信，一切听从党安排的精神凝聚力，各方面配合的主动积极性，参加同志的齐心协力，在这个临时组织的队伍中，有较强的业务骨干力量，规定的进度和组织措施……这样的条件是不可多得的。②

高山冰雪利用研究队虽然从规模上还不能算做科学院的大型考察队，但是它为中国当代科学研究开辟了一个新的领域。考察队调查了祁连山各大山脉现代冰川的分布、储水量、形成条件和形态类型，观测了冰川积累与消融现象，冰川与河流的补给关系，探讨了人工促进冰雪消融的可能性。野外工作结束后，完成并出版了43万字的考察报告《祁连山现代冰川考察报告》。这个报告是中国学者撰写的第一本冰川学专著，虽然有些粗糙，但毕竟填补了该学术领域的空白。

进入20世纪60年代以后，冰川学的发展遇到了很大的困难。“大跃进”造成的严重浪费，加上国力亏损，使考察队物资供应困难。业务人员没有学习提高的机会，业务骨干分散，使考察质量有所下降。但是通过考察，已经建立起了一支包括地质、地貌、水文、气候和测绘等学科人员组成的冰川研究队伍。1960年冰川冻土研究所成立，所中人员一度达到200人左右，冰川研究已经奠定了基础。以此为契机，中国学者在艰苦的条件下，对西部十多个山区的现代冰川进行了广泛的考察，收集编印了冰川资料，建立起了实验室，促进了冰川学的发展。

2. 沙漠考察与沙漠科学

中国也是世界上沙漠最多的国家之一。20世纪中期，中国的沙漠、戈壁及沙漠化土地面积已达149万平方公里，占国土面积的15.5%，并且仍以每年

---

① 施雅风：《让高山冰川为改造西北干旱气候服务》，见中国科学院地理研究所编辑部：《大跃进中的中国地理学》，商务印书馆，1959年。

② 施雅风：《建立冰川冻土研究事业的30年》，见吴传钧、施雅风主编：《中国地理学90年发展回忆录》，学苑出版社，1999年。

1000余平方公里的面积扩大。中国的西北部地区，沙害对农牧业、交通和水利设施造成了严重的威胁。早在20世纪50年代初，全国人大就曾要求中国科学院协助解决铁路风沙灾害的问题①。查明沙漠情况，探索治理方法在科学上和生产实践上都具有重要的意义。但是在20世纪50年代，沙漠学研究在中国尚未开始，世界各国的沙漠研究也刚刚起步。这项研究在中国还缺乏起码的人员和资料基础。

早在中科院组织水土保持考察时，学者们就已经注意到沙漠对于农业的危害不亚于水土流失。1957年，黄河水土保持考察队就组建了固沙分队。“大跃进”期间，人定胜天的思想鼓舞了治沙工作。人们相信：“沙漠不仅可以被制服，而且可以用来为人类造福。”② 为了配合轰轰烈烈的群众治沙运动，1958年，固沙分队向综考会上报了沙漠考察的具体计划。为了争取地方的支持，综考会有关人员向内蒙古自治区党委汇报了考察计划。地方政府非常重视沙漠考察，不但提议召开西北五省治沙会议，而且提出了几点建议，包括将青甘队改为青甘宁蒙队，在内蒙古成立治沙研究所等。由于从中央到地方都十分重视治沙工作，1959年，中科院专门成立了治沙队。为了集中人力、物力解决治理沙漠的问题，1958年在黄河中游的考察工作基本结束后，固沙分队的成员转到了新建的治沙队中，这个考察队也不再归综考会领导。

在中央政府的支持下，1958年年底在呼和浩特市召开了内蒙古、新疆、甘肃、青海、陕西和宁夏六省区治沙规划会议。会议提出了治沙规划的总要求：“消灭沙害，彻底改造利用沙漠，进一步发展西北的畜牧业基地，建立林业基地，充分发挥西北地区的工业、农业、林业、牧业的生产潜力，争取在10年内全面地改造和利用沙漠，实现全面绿化，变沙漠为牧畜业和林业基地，改良土壤，改变气候。”③

在浮夸、冒进思想影响下，会议期间有人提出了“要求20年内把沙漠治好”，“20万人进沙漠”的目标。会议委托中国科学院与有关单位立即组织起科学考察队伍，协助各地区进行治沙规划；帮助各项工作的具体实施；解决治沙中的重大科学技术问题和理论问题。会议还提出了在一年之内完成全国沙漠普查的任务。这是一项十分艰巨的任务。

治沙队的任务是协助各地区进行治沙规划，并负责解决治沙工作中的重大科学技术问题和理论问题。治理沙漠不但是一项科学和生产任务，还是一项政治任

① 陈隆亨：《对我国沙漠科学研究事业发展的片断回忆》，见吴传钧、施雅风主编：《中国地理学90年发展回忆录》，学苑出版社，1999年。

②《六省区治沙规划会议情况》，见中国科学院办公厅编印：《中国科学院年报·1958》，1960年。

③《六省区治沙规划会议情况》，见中国科学院办公厅编印：《中国科学院年报·1958》，1960年。

务。中国学者希望，通过治沙工作可以证明："要征服沙漠，使其不再为害并为人类造福，只有在社会主义制度下才能实现。""大跃进"期间召开的治沙会议也指出："沙漠也是世界上的大问题，我们的改造山脉和利用沙漠，无疑会对亚洲、非洲、澳洲的人民做出良好的榜样，从而产生极其深远的政治影响。"① 国家和各级地方政府十分重视沙漠的治理，即使是在国家困难时期，仍然投资购买了多架苏制直升机，用于沙漠腹地的考察。

1959年，包括科研、教育、生产部门等54个单位参加的科研队伍，上千名的科研人员开进沙漠②。为了能够按时完成任务，治沙队采取了与过去考察队不同的组织方式（图3-3）。

图3-3　沙漠考察

上千人的队伍在辽阔的沙漠地区考察，组织工作尤其重要。过去的考察队以路线考察为主，在掌握了基本资料之后，再选择重点区域进行定点考察。但是治沙任务时间紧迫。上千人的队伍如果组织不好，不但无法完成任务，还会出现人身事故。为了确保各项工作的有序进行，考察队采取先定点后考察、分片包干、

① 《六省区治沙规划会议情况》，见中国科学院办公厅编印：《中国科学院年报·1958》，1960年。

② 参与沙漠考察工作的学者人数，有的资料记载有1000多人（陈道明：《回忆黄河中游水土保持综合考察队与治沙队的工作》，《院史资料与研究》，1996年，第5期，第1～42页。）；有的资料记载有3000人（黄秉维：《自然区划与沙漠研究》，见中国科学院地理研究所编辑部：《大跃进中的中国地理学》，商务印书馆，1959年）。

现场总结、就地规划、集中汇总的工作方法，以便加快工作进度。

治沙队采取了准军事化的组织方式。全队在西北地区建立了6个综合试验站，20个中心试验站和32个小分队。考察工作开始以前，首先召开由专业组长、小分队长、综合试验站和大专院校等负责人参加的会议，“落实任务到单位、到人、到地方”。考察队出发前，还召集全体队员，“召开誓师动员大会，向沙漠进军”。队员到达各试验站后，还要与各地方科技人员汇合，“学习当地风俗民情，学习队部制定的纪律”。①

准军事化的组织管理方式，保证了治沙队行政后勤工作的有序进行。治沙队负责行政组织工作的副队长陈道明和许多行政后勤人员都是转业军人。他们熟悉并适应军事化的组织管理方式，从而保证了行政后勤工作的有序进行。陈道明事后回忆说：“有些院外来的科技人员对我队的行政管理，或业务管理都表示钦佩。”② 但是，治沙队中的业务人员并不完全适应这种管理方式。一些业务人员本来就“对于调入的转业军人有意见，但不敢提，或提了没落实”③。心理上的抵触和行政负责人生硬的工作方法，使业务人员无法接受准军事化的管理方式。野外考察需要定期总结汇报，遇到上级领导检查工作，还要临时汇报。但是考察队伍分散，地处边缘地区的试验站不愿参加汇报。对于组织者“表示必须参加”汇报工作的命令，“他们也有些犟脾气”，不予理睬，使“事情搞得很僵”。学者们还把这种不满“向综考会漆克昌副主任反映”。综考会副主任漆克昌也不满意治沙队行政负责人的“工作作风和方法”，这种隔阂造成了一些人事上的矛盾。④

人力、物力高投入的“跃进”式考察，准军事化的组织方式，在短期、局部地区的考察中确实显示出了高效率的优势。但是，这种方式却不能维持长期的、大范围的考察工作。经费上的高投入也造成巨大的浪费，滋长了官僚主义作风，甚至出现了贪污现象⑤。但是，轰轰烈烈的考察工作还是推动了沙漠科学的建立，并为这个新的研究领域培养了一批科研人员。沙漠考察的成果是巨大的。

---

① 陈道明：《回忆黄河中游水土保持综合考察队与治沙队的工作》，《院史资料与研究》，1996年，第5期，第1~42页。

② 陈道明：《回忆黄河中游水土保持综合考察队与治沙队的工作》，《院史资料与研究》，1996年，第5期，第1~42页。

③ 竺可桢1961年8月24日日记，见竺可桢：《竺可桢全集》第16卷，上海科技教育出版社，2009年，第123页。

④ 陈道明：《回忆黄河中游水土保持综合考察队与治沙队的工作》，《院史资料与研究》，1996年，第5期。

⑤ 在当时召开的各种考察工作汇报会上，学者们已经多次提到了这些问题。但是因笔者目前无法看到这些工作总结报告，还不能了解这些情况的严重程度。好在《竺可桢日记》中披露了部分情况（参见竺可桢日记中1960年7月的有关记录）。

1958年12月，中国科学院治沙工作队撰写的《沙漠地区的综合调查研究报告》（以下简称《报告》）第一号即正式出版；半年以后，考察报告第二号也正式出版。《报告》介绍了沙漠的自然特征及地貌、土壤和植被等情况，总结了一些地区的畜牧业情况和群众的治沙经验。

在大量考察工作的基础上，治沙队于1960年2月召开了第一次学术会议。为了推广考察成果，治沙队从1962年开始，继续出版了第三号考察报告。鉴于考察工作的深入，从第三号开始，考察报告的名称由《沙漠地区的综合调查研究报告》改为《治沙研究》。3年中，《治沙研究》共出版了7期。《治沙研究》不但及时公布了考察成果，还为高校沙漠科学的教学工作提供了基本科学资料。

考察工作为沙漠学研究提供了基本资料。由地学和生物学共同组成的考察队，也为两门学科的交叉渗透提供了条件，从而为沙漠学研究奠定了学术基础。在考察过程中还培养了人才，带动了一批地方沙漠治理与研究机构的建立。中国科学院也在考察队的基础上，建立了沙漠研究所。

在沙漠考察的基础上成立的沙漠研究所，主要由地貌学、土壤学和生物学等不同学科的学者共同组成。对于新组建的研究所如何开展新的学术研究问题，在学者之间存在着很大的分歧。有些学者认为综合性必须建立在各个学科深入研究的基础之上，而且综合研究存在着困难，联系生产实际也不够直接和紧密。他们希望在沙漠研究所中发展各自的学科；研究所的领导则要求各学科以沙漠形成、发展和治理为中心，各学科相互补充、相互渗透开展工作，而不是以各自的老学科为中心，分散发展各自的学科。认识上的差异，给学术研究的组织与协调带来一定的难度。但是毕竟新的研究方向正在产生，新的机构也已经建立，并且有一批热情的支持者从事相关的研究。

经过多年的努力，中国学者基本上查清了中国沙漠的分布、成因类型、风沙移动的特征，与农牧发展有关的水土植物资源。编制了1∶200万的中国沙漠分布图，提出了沙漠改造和治理技术措施。尽管沙漠化问题至今也没有得到根本的解决，但正是综合考察的推动，使沙漠学成为新中国较少的、已达到世界先进水平的学科之一。到了20世纪七八十年代，中国的沙漠学研究已经走到了世界的前列。中国学者先后为联合国环境规划署、联合国亚洲及太平洋经济社会委员会、联合国开发计划署等举办了八次国际沙漠化讲习班；为联合国教科文组织、联合国科技发展中心、国际沙漠开发委员会、美国科学促进协会、第三世界科学院等举办了五次国际沙漠化科学讨论会，“特别是发展中国家认为中国治理沙漠化的模式很符合第三世界的情况”①。中国学者也多次应邀到国外讲学，或帮助一些国家建立试验站以及进行治沙研究和规划。1988 年联合国环境规划署授予兰州沙漠研究所“全球环境保护先进单位”称号。

与 20 世纪 60 年代以后成立的考察队相比，为执行“十二年远景规划”任务而建立的考察队，虽然多由综考会负责组织管理，但是各考察队仍然具有很强的独立性。其中的治沙队和高山冰雪利用研究队，更是在成立后不久脱离了综考会的领导，自行独立或归地理研究所领导，最终，又都在考察队的基础上独立组建了研究所；早期归属于综考会的土壤队，后来也并入中科院南京土壤所；盐湖队也于 1962 年上交中科院，准备筹建研究所。尽管如此，综考会在围绕“十二年远景规划”组织大型考察队的过程中，不断摸索工作方法、积累组织经验、扩大人才队伍，为综考会的后期发展奠定了基础。

---

① 朱震达：《面向经济建设是沙漠科研发展的必由之路》，见林业部治沙办公室编：《动员起来 向沙漠进军——全国治沙工作会议文集》，中国林业出版社，1992 年。

第四章

具有双重职能的综考会（1960～1965）

20世纪50年代，综考会主要依靠中科院内的有关研究所，以及与产业部门和高等院校等相关机构组织合作，担负“十二年远景规划”中的综合考察任务。这期间，社会主义大协作的工作方式成为有效组织各项考察工作的有力保障。但是，正如漆克昌在1961年综考会工作会议上所说：“大协作这种方式是好的，今后还要搞，但是有个弱点，参加协作单位的有些同志学科水平比我们的同志高些，是专家，但对综合考察工作不一定内行，目的不明确，只善于写学科专著。生产部门善于搞设计方面的东西，计委的同志善于搞计划和规划，多从国家某某年度的需要数字出发，着手搞年鉴和指标方面的设想。他们都不着重从自然条件、自然资源全面地去考虑，因而科学论证就有了问题。”①

综考会组织的考察队，其人员主要来自协作单位。经过几年的实践，一些问题渐渐凸显出来。由于人员的频繁变动，无法保证野外工作持续、有效地进行，影响了工作的质量和进度。尤其是野外考察结束以后，不同专业的学者纷纷写出了各自的专题报告或者学术论文和专著，但是最后的综合性开发方案却没有合适的单位承担，而且一些专题性的研究，综考会自己的力量也承担不了，只能依靠其他单位。“但是求人一二年还可以，总不能老是求人。”② 为了克服上述问题，进入60年代以后，综考会开始筹建研究室。

第一节　综合考察工作会议

早在综考会成立之初，中科院有关领导就指出，综考会的主要任务是负责组织各研究所和大专院校、产业部门的研究人员进行考察；并同时谈到，综考会也可逐渐配备自己的一些科学队伍，但以组织协调单位为主③。当时的组织协调工作，主要通过召开各种工作会议交流、检查、协商、制订工作方案。从20世纪50年代末期开始，围绕综合考察召开的各种工作会议，不但促进了各单位之间的交流，更是有力地推动了综考会的体制建设。

一、第一次综考会委员会会议

“十二年远景规划”实施以后，为了检查工作、交流经验、制订计划，各大型考察队组织的工作会议逐渐增多。但是对于综合考察这项新的工作应该怎么

---

① 《综考会各研究室工作计划及研究方向》，中国科学院档案馆档案：Z374-89。

② 中国科学院办公厅档案处档案，案卷号：1962-03-07。

③ 《综考会副主任漆克昌、石湘君、华海峰关于综考会成立前后的经过情况》，中国科学院档案馆档案：Z374-206。

搞、如何搞，从组织者到工作人员都在探索之中。因此在每次的工作会议上，综合考察的工作方向、任务，以及综考会的体制等问题，都是与会者重点讨论的话题之一。

1959年正值新中国成立10周年，“十二年远景规划”也执行了两年，中科院内各个单位都在统计成果、总结工作。此时的综考会成立已近两年，该会的委员会也于1958年年底正式建立，组织各大型考察队联合召开工作会议的时机已经成熟。1959年1月15日，竺可桢主持召开了第一次综考会委员会会议，商讨综合考察的工作总结、会议安排，以及下一步的计划。

会议尤其重点讨论了综考会存在的问题，主要是学科和任务的矛盾、生产配置和区域调查的矛盾、综考会是否要建设实体等问题。对于机构要不要扩大、综考会要不要有自己的业务干部，甚至是否需要设立有关的研究所等问题，学者之间展开了热烈的讨论，最后的意见并不一致①。

其实，对于综考会是否应该扩大机构、建立研究室，学者之间早有分歧。时任综考会主任的竺可桢、早期副主任顾准，以及院党组负责分工管理综考会的副秘书长谢鑫鹤等，认为综考会没有扩大为研究实体的必要。他们认为，综考会只能够根据国家要求，组织考察队分项担负若干项目的综合考察工作。竺可桢认为：“综考会不必办研究所，只举办考察队，但队中队员要做研究工作，野外归来，至少有相等时间写好报告。”② 顾准认为：“考察报告应该送到委办机构去，学术上利用考察所得资料一事，参加考察的研究人员自己就会抓紧，综考会也就无须有自己的研究机构。”③ 甚至有学者认为，综合考察类似于生产部门的勘测设计或计划部门的规划工作，不是科学研究，所以不适合在中科院内设立研究机构。但是参与综合考察的学者当中，有不少人支持综考会建立研究室。早在1958年，漆克昌在给中科院党组的报告中就提出：“综合考察工作要逐渐建立自己的队伍。”④ 随着综合考察规模的不断扩大和研究的逐步深入，建立研究室的呼声越来越高。这一点在第一次综合考察工作会议上得到了多数人的支持。

二、第一次综合考察工作会议

1959年2月23～27日，综考会在北京主持召开了“中国科学院综合考察工

① 竺可桢1959年1月15日日记，见竺可桢：《竺可桢全集》第15卷，上海科技教育出版社，2008年，第303页。

② 竺可桢1962年4月28日日记，见竺可桢：《竺可桢全集》第16卷，上海科技教育出版社，2009年，第251页。

③ 顾准：《顾准自述》，中国青年出版社，2002年，第237页。

④ 《1958年各科学考察队工作计划及工作总结》，中国科学院档案馆档案：Z374-29。

作会议”。中科院内的大型考察队，如黑龙江队、新疆队、治沙队、南水北调队、云南队、华南队、土壤队、青甘队、盐湖队，以及1958年已经结束工作的黄河中下游水土保持队10个大型考察队，都派人参加了会议。这是综考会第一次组织包括各个方面的、大规模的综合考察工作会议。综考会委员、中科院内外各考察队的代表，以及有关单位、研究所的代表近百人参加了会议。

会议的主题是总结各考察队的工作、交流经验、制订下一年度的工作计划。明确研究方向和工作任务，在当时被认为是科学工作的关键性问题。因此，在汇报成果、交流经验、制订计划之外，讨论综合考察甚至综考会的发展方向、工作方针与方法，不但是为了解决实际工作中的问题，也符合形势发展的需要。竺可桢在题为“综合考察工作总结和今后的任务”的大会报告中提出：综合考察工作的方向和任务，应当体现出科学工作为国家经济建设服务的方针。在国民经济有计划按比例发展的情况下，要求对国民经济发展有全面的远景规划，这就需要综合考察工作能够掌握各个区域的，特别是待开发地区的自然条件……并加以综合调查研究，提出综合开发利用一个地区自然资源的意见，进而对国家制定生产力合理配置方案提供科学依据①。

会议期间除了大会报告，还按照各考察队组织了分组讨论。分组讨论集中的问题，仍然是中心任务问题。各考察队虽然都是按照“十二年远景规划”的要求建立的，但是远景规划中只有总任务的要求，没有各队具体的中心任务，因此无法提出明确的要求，即究竟要解决什么关键问题，以及其进度、指标等。这些问题也为综考会的组织管理造成困难。

在综合考察为国家经济建设服务的大方向上，与会代表的意见比较一致，被简单归纳为“摸清资源，提出方案”八个字。对于综合考察中存在的问题，在当时的历史环境下也多被归因于对“任务带学科”的认识不够正确、综考会的体制不完善。但是会议最后在如何解决综合考察中存在的问题，以及在一些具体问题上没能统一认识。学者们对于综合考察仍然有很多疑问，例如：“①综考是怎样的一种工作，它和业务部门的调查工作及专门学科研究工作的区别和关系？②综考的任务是什么？它怎样为国经建设服务，它和计划、设计资源调查部门的工作的区别与关系？”等等②。

经过讨论，会上也明确了一些问题。与会代表认识到，综合性是综考会的特点：该会的组织体制是综合性的，学科也是综合性的，从调查研究到提出开发方

---

① 竺可桢：《中国科学院综合考察工作的发展》，《竺可桢全集》第3卷，上海科技教育出版社，2004年，第325~330页。

② 《综合考察工作的总结及各考察队工作总结和工作简报》，中国科学院档案馆档案：Z374-49。

案的工作过程都是综合性的。与会代表普遍认为，经济工作在综考会极为重要。但是因为中科院内的学者对工业部门的情况不熟悉，又没有生产配置方面的经验，所以如何开展工作还是个问题①。为此，中科院秘书长裴丽生提出，综考会应当加以扩充，把经济研究所的生产力配置组移至综考会，并成立水力水文、地质、自然条件等组②。扩大组织机构、充实研究力量，成为解决上述问题、尝试有效发挥综考会作用的途径。在这次会议上，很多人提出综考会要有班底，要设立几个研究室（或所）。这些研究室（或所）与中科院中的其他研究所的性质不同，综考会设立的研究室（或所）是按照任务的要求组成的，基本上是为编制开发方案服务。研究室（或所）应该是根据自然资源的考察，结合技术经济的分析，编制综合开发利用方案的专门机构……

第一次工作会议后，综考会向中科院党组提交了《汇报综合考察工作会议的报告》，上述意见也被汇总在报告当中。虽然与会代表“建议每年召开一次综合考察工作会议”，参加会议的裴丽生秘书长等几位领导也表示支持③，但是进入20世纪60年代以后，由于国家经济困难等原因，“文化大革命”之前没有再次召开过囊括各个大型考察队的、大规模的工作会议。

三、第二次综考会委员会会议

1959年7月17日，综考会再次组织召开委员会会议，原定的两天会议因故改为一天。尽管会期缩短、日程很紧（会上除了检查各队的工作，还要制订计划），与会委员还是重点讨论了综考会的机构建设问题。他们认为，为了更好地完成“十二年远景规划”以及其他重点项目、任务，除了依靠中科院有关研究单位、产业部门，以及高等院校等单位的大力协作外，在可能条件下，综考会应该建立必要的研究机构与辅助机构，需要培养和配备骨干力量④。只有这样，才能积极开展综合考察，更好地完成任务。

学者们希望综考会建立属于自己的研究机构有着多种原因。首先，鉴于以往综合考察业务力量完全依靠各协作单位，而各单位由于研究需要，参加考察的人员每年变动很大，无法保证连续工作。而综合考察工作，无论在资料上还是工作

① 竺可桢1959年2月23日日记，见竺可桢：《竺可桢全集》第15卷，上海科技教育出版社，2008年，第326页。

② 竺可桢1959年2月19日日记，见竺可桢：《竺可桢全集》第15卷，上海科技教育出版社，2008年，第324页。

③ 裴丽生：《为国家远景规划提供科学依据——综合考察工作会议上的总结发言》（摘要），中国科学院档案馆档案：Z374-49。

④ 《综考会工作会议记录》，中国科学院档案馆档案：Z374-42。

经验上，都需要连续工作和长期的积累才能最后提出成果。其次，综合考察不仅需要学科专业知识，而且还需要对资源和布局方面的知识才能综合，只有把人员集中在一起，才有可能培养这方面的人才。再次，“十二年远景规划”开始执行以后，为了解决人才短缺的问题，各考察队都直接接纳了大学毕业生。这些刚刚参加工作的年轻人每年野外工作结束后，如何安置并进一步培养提高他们的学术水平是个问题。如果把他们分散到各有关研究所，只能加深他们在学科方面的知识。因此综考会感到需要建立自己的业务力量，培养综合性人才。

建立自身的研究队伍的建议，不但得到了多数综考会委员的支持，也得到了主管综合考察的中科院秘书长裴丽生的支持。1959 年上半年召开的三次会议，有力地推动了综考会的机构建设。

第二节　按照任务建立研究室

综合考察工作会议之后，综考会开始组建研究室，以便从体制上保证在学科研究的基础上，把自然科学各方面的资料和经济研究的结果综合起来，提出区域发展战略、布局等方案。

一、招揽人才

与中科院中多数研究所按照学科设立研究室不同，综考会按照任务设置了研究室。综考会各研究室以完成综合考察的任务为目标，主要从自然资源的分布条件与特点出发，研究不同地区资源开发利用的可能性，积累资料、分析整理，并在此基础上，为国家提供远景开发利用的科学依据或生产力配置的科学方案。

由于一时难以找到各方面的专业人才，最初建立研究室的原则是：在中科院内各研究所力量强的学科，综考会只要具有一定的骨干力量即可；中科院内没有，或者薄弱，而又为综合考察所必需的学科，尤其是与资源有关的综合性的研究方向，综考会必须具备足够的力量。为了保证研究室的工作，综考会还计划逐步建立化验分析、测绘钻探、编译、图书资料等辅助机构和人事、计划、器材、财务、总务等行政机构。

1960 年 9 月，综考会正式向中科院党组提出了建立研究室的报告：

> 我会虽系相当学部，但又与学部不完全相同，我会不仅与考察队是业务指导关系，而且成立有党（团）委，并对各项工作进行督促检查。因此我会除建立相似学部性质的行政领导机构外，还需建立研究机构和业务辅助机构，将考察队的业务人员和业务助理人员在会内统一编制，分配在各室集中使用，业务考察期间派出参加各队工作，考察工作以外

时间在室内进行工作学习。此外为了加强对各考察队的行政工作人员的组织和管理，业务工作结束后集中起来进行学习、工作。因此拟成立考察行政管理处（由编制在队的人员组成），各队不挂队的牌子。①

综考会最后在会内设立了研究室，而没有按照当初一些学者的建议设立研究所，其中有着多种原因。首先，短期内难以召集足够的、涵盖各方面的专业人才；其次，按照当时中科院的规定，成立研究所一级的单位，需要经过院务常务会议讨论通过。而建立研究室，不必经过院务常务会议讨论。综考会只需向院党组提交报告，并经裴丽生秘书长批准即可成立。而且此时正赶上国家经济困难时期，各部门都在压缩、精简，这也制约了综考会的体制建设。

1961 年，综考会的研究室初具规模，设立了综合经济室、水利资源室、矿产资源室、农林牧资源室和自然条件、生物资源室等五个研究室，以及分析室、资料测绘室等业务辅助机构。1962 年 9 月，自然条件、生物资源室被并入农林牧资源室，研究室变成为四个。1964 年，根据国家任务的需要，又增建了综合动能室。这些研究室主要从研究各种资源出发，以经济为纲，以资源评价和生产力布局研究为主要任务，提出考察地区的自然资源利用的方向、经济发展战略、产业布局、开发的程序等。研究室的建立，明确了综考会在担负综合考察任务的组织协调工作的同时，还要进行综合研究。从此，综考会由一个组织协调机构，扩充为兼具组织协调与学术研究双重功能的实体（图 4-1）。

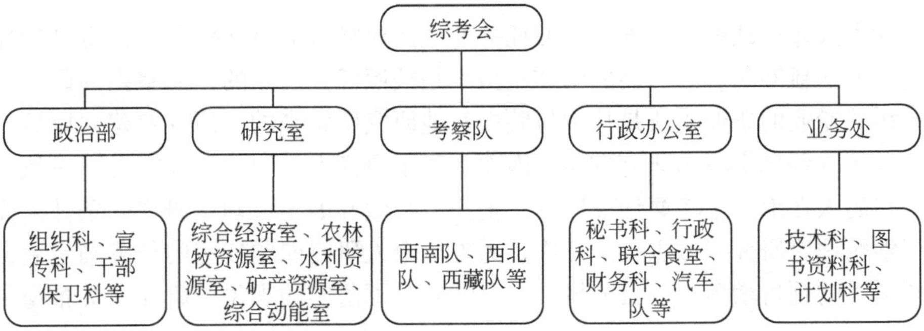

图 4-1 20 世纪 60 年代综考会的机构设置

研究室建立以后，最主要的问题是缺乏专业人才。按照最初的设想，综考会以各考察队中新分配的大学毕业生为主力，并计划从有关单位抽调部分高中级研究人员组建研究室，开展考察与研究。按照最初计划，综合经济室请地理所的吴传钧负责，农林牧资源室请土壤队队长席承藩负责，水利资源室请地理所郭敬辉

① 孙鸿烈主编：《中国自然资源综合科学考察与研究》，商务印书馆，2007 年，第 623～624 页。

负责，矿产资源室请地质所黎彤负责，自然条件生物资源室请一直在综考会负责业务工作的生物学家简焯坡负责。但是建立研究室以后，大多数高级人员并没有到综考会担任各研究室的负责人。包括曾经在综考会工作的简焯坡，也在此时被任命为中科院联络局副局长①。

自20世纪50年代末期到60年代初期，中科院从院内其他单位抽调了少数中级研究人员充实到综考会，并分配给综考会大批大学毕业生。直到“文化大革命”之前，综考会各研究室的研究人员基本上还是以工作不久的年轻人为主，因此有人戏称综考会为“娃娃班”。由于缺乏经验，各研究室在建立初期还“没有一套研究制度，连最起码的卡片制度也没有建立起来”②。这一点在竺可桢的日记中也有反映：“综考会的长处在于搜集了许多材料，这统是第一手材料，所以可贵，缺处在不知做图书馆考查文选工作。”“综考会现已成立研究室四个，但实际上只有一位张有实副研究员，130个大学毕业生。我认为称之为研究组更妥当，因以水平而论，未到成室时期。”③ 到1964年，综考会的规模有所扩大，发展成为具有139名研究人员的学术机构。但是这些人员中，也只有2名副研究员，14名助理研究员，其余的100多人都是研究实习员和见习员④。为了让青年学者早日熟悉业务，综考会采取了被会内人员称为“孵小鸡”的方法，即在实际工作中，安排有经验的研究人员带领青年学者边干边学。

二、确定研究室的方向

除了人才短缺的问题外，按照任务建立的研究室应该如何工作，也是摆在综考会面前的新问题。综考会的研究室虽然是按照任务确定的，而室内的研究人员多是相关专业的毕业生或是从中科院内其他研究所转来的。研究室建立以后，专业人员仍以各自学科为研究方向，因而产生了研究室方向与个人方向不一致的问题。有的人在承担了考察任务以后，把任务当做开展学科理论研究的条件，而把进行学科理论研究当做主要的工作。另外，个人研究课题按室的任务确定后，又出现了小的题目增多、题目分散、综合性题目不落实的现象。研究人员希望尽量

---

① 1965年9月，科学院第4次院务常务会议决定，调简焯坡担任植物所副所长，免去联络局副局长职务。

② 中国科学院办公厅档案处档案，案卷号：1962-03-07。

③ 竺可桢1962年1月26日、6月1日日记，见竺可桢：《竺可桢全集》第16卷，上海科技教育出版社，2009年，第189、275页。

④ 《漆克昌关于综考会方向、任务、体制改革方案》，中国科学院档案馆档案：Z374-149。

选择与个人专业密切而又适于“单独作战”的题目①。

随着研究室规模的扩大，各室内部又划分为若干研究小组。这就出现了新的问题，各研究小组是按大专业，还是按照小任务划分？针对这个问题，漆克昌指出：“假如我们的室是以综合考察任务为方向，而研究组与个人是以专门学科为方向，这就有了矛盾了。组和个人的方向应该符合室的方向，如果在这个问题上认识和安排不一致，就会发生矛盾。”② 由于意见不一、人员结构差异，各研究室只好根据所承担的任务或已有的基础划分小组。有的研究室按照专业划分组，如农林牧室按照地貌、气候、土壤、植物、农业、畜牧与林业等划分专业组，有的研究室则采取研究组和专业组并存的局面。例如，综合经济研究室，就分为两个研究组和五个专业组。

为了解决研究室成立后遇到的诸多新问题，需要明确研究室的方向。经过研究人员的反复讨论和会领导的多次研究，1964 年综考会确定了五个研究室的方向和任务：①农林牧资源研究室，考察研究农业自然条件，自然资源的分布、特点、数量、质量评价，以及合理利用的方向和途径；②水利资源研究室，评价水利资源及其开发条件，并论证水利资源开发利用的合理途径；③矿产资源研究室，考察研究矿产资源的数量、质量与分布特点，评价其地质储量远景与开发利用条件与保护；④综合经济研究室，在以上各室、队自然资源考察研究的基础上，从充分利用资源满足经济发展需要出发，综合研究工、农、运输业的发展方向与生产力布局；⑤综合动能研究室，研究燃料动力方面基本的技术经济问题③。研究室的方向确定了，但是高级研究和管理人员仍然缺乏④，直到半年以后这种状况才开始改善。

为了克服以任务划分的研究室，会出现由于任务分散造成各研究室之间联系不紧密的问题，综考会采取了一系列的措施。首先，在综考会下成立了由各室主任和会领导组成的学术小组（后由学术委员会代替其职能），讨论各研究室的方向、任务计划以及其他重大问题。其次，要求各研究室定期召开室务会议，了解工作进度和存在的问题，并听取有关意见，商讨处理问题的方法。在必要的时

---

① 本段的结论是根据保存于档案中的综考会有关年份的工作总结概括而成的。但是据当年曾经在综考会工作的李文彦先生回忆：当时在综考会工作的大多数人都能从大局出发，并响应领导“一专多能”的号召，把更好地完成任务放在首位。而本文中所说的问题，只存在于个别研究室和少数青年同志中（感谢李文彦先生提出的建议及修改意见）。

② 《综合考察方向、任务和体制等问题的整改方案（试行）》，中国科学院档案馆档案：Z374-113。

③ 孙鸿烈主编：《中国自然资源综合科学考察与研究》，商务印书馆，2007 年，第 631 页。

④ 综考会常务副主任漆克昌于 1963 年 12 月 4 日写给院党组的信中，曾提到综考会建立的五个研究室中，水利资源室、矿产资源室和综合动能室的负责人分别由农林牧室和综合经济室的负责人兼管（郭金海编：《中国科学院史事汇要 · 1964 年》，中国科学院院史研究室，2007 年）；但据何希吾先生的回忆，1964 年上半年综考会各研究室都已有负责人（感谢何希吾先生提出的建议及修改意见）。

候，也可通过召开全室大会的方式协商。综考会还积极推进各研究室有计划地开展学术讨论会及组织其他学术活动。这些措施对于有效地发挥研究室的作用具有积极的意义，但是由于20世纪60年代综合考察任务繁重，再加上各种政治运动的影响，上述措施没有很好地执行。而且综考会的研究室毕竟不同于中科院内其他研究所中的研究室。最突出的问题，就是综考会下出现了两套并行的学术组织机构：研究室与考察队。如何确定两者的关系，成为大家关注的焦点。

三、建室后面临的问题

研究室成立以后，综考会有了两套研究系统：研究室和考察队。两者之间到底是什么关系，成为研究室建立以后需要理顺的问题。这一点将在本章后文中专门讨论。

综考会成为研究实体后首先面临的问题，就是需要建立起相应的学术管理体制。当时的考察队相当于所级机构，综考会一直参照中科院各学部管理研究所的办法管理考察队；而对于新建研究室，综考会还没有现成的管理体制。按说，综考会应该按照院内各研究所管理所内研究室的学术管理办法执行。但是，两种管理体制如何在一个机构中并行，就成为首先需要理顺的问题。

1. 学术管理体制问题

在研究室建立后诸多没有理顺的关系当中，首推委员会的设置。综考会不是所级机构，它本身就是一个委员会，是与学部平行、不属于任何学部的特殊机构①。但是建立研究室以后，综考会就部分具有了研究所的特点。因此，为了更好地组织各项学术工作，综考会需要建立所务会议制度或学术委员会制度。

中科院内的研究所，一般设有党组或分党组，负责方针政策和业务领导。另设党委会专门负责党的工作；而党外组织主要有两个：一个是所务委员会，另一个是学术委员会。所务委员会是以所长为首的集体领导机构。它负责全所的科学研究远景规划和年度计划、研究生和在职干部的培养计划、事业发展计划和财务预决算、重大活动和重要工作任务的安排、工作总结及重要研究成果的推广和出版，以及对重大的科学创造和成就的奖励，国际科学合作事项，研究室的建立、裁并及其领导人和工作方向的确定和变动，各级研究技术人员和处、科长级干部的任用、调动、提升、奖惩，重要的规章制度的制定或修改，等等；学术委员会

---

① 在1960年10月12日的竺可桢日记中，有“综考会地学部合并”的记载，此处语义不清。根据综考会的发展历史推断，应该是当时有学者（或竺可桢本人）提出此建议，但并未实行（参见竺可桢：《竺可桢全集》第15卷，上海科技教育出版社，2008年，第777页）。

是研究所的学术评议机构。学术委员会依靠科学上的威信起领导作用，没有法定权力。学术委员会侧重审定学科发展方向、鉴定成果、考核技术干部及组织学术活动等。学术委员会由较高水平的科学家组成，主任、副主任、学术秘书以及其他委员的人选，由所长提名，经所务委员会通过后，报中科院批准和聘任。

此时的综考会虽然有个委员会，但主要由各个领域的著名学者组成，类似于中科院各学部的学部委员，其中属于综考会的人员很少。而研究所中的所务委员会和学术委员会，则主要由本所人员组成，以便更好地发挥组织协调作用。综考会设立了研究室以后，也需要有个由会内人员组成的学术领导机构。

1963 年，在《中国科学院综合考察委员会有关考察研究工作的若干问题》中曾经提出计划："综考会在主任领导下组织学术委员会，负责审查应由［综考］会审查的成果。在学术委员会尚未健全之前，应组织成果审查小组负责审查。"[①] 但是在 1964 年综考会拟定的《关于综考会方向、任务和体制等问题的整改方案（试行）》中，又指出：领导小组考虑，综考会本身就是委员会的性质，不需要再设立学术委员会。对于学术委员会需要承担的相关职责，综考会认为，各考察队可以单独成立学术委员会，进行学术领导，按队的需要组织。也可以吸收熟悉该地区情况和地方的有关人员参加，这样能更好地发挥委员会的作用。至于各研究室的学术组织领导工作，则考虑只要各研究室需要，可以聘请学术指导[②]。这样，在综考会下就有了多个学术委员会，但是作为一个整体，却没有一个行之有效的学术组织领导机构。

由于没有学术委员会负责具体的学术组织与领导工作，综考会从 1963 年开始专门成立了包括会、队、室负责人及会外专家组成的学术小组，兼负起学术委员会的职责。而各考察队则建立学术委员会负责成果审查工作。学术小组的建立，主要是为了加强对各研究室、考察队的集中统一领导，讨论研究室、考察队的方向、任务、计划以及其他重大问题。实际上虽然名称不同，但学术小组的作用相当于中科院内其他研究所的学术委员会。

2. 成果归属等问题

综合考察成果是集体性的，它涉及很多学科和众多单位，是在大批学者的共同努力下合作完成的。综考会成立研究室以后，考察队归属综考会领导，此时经过多年的野外考察和室内总结，许多工作业已完成。各项考察纷纷进入成果出版时期。由于考察成果的审查和署名问题，涉及许多单位和个人，如何处理好成果

---

① 《综合考察委员会 1962 年综考会方向任务》，中国科学院档案馆档案：Z374-118。

② 《综合考察方向、任务和体制等问题的整改方案（试行）》，中国科学院档案馆档案：Z374-113。

的审查、署名等问题，成为综考会与合作单位保持良好关系、继续协作共事的关键。

对于成果的审查相对容易解决。综考会提出，由协作单位为主编写的报告，由考察队负责审查，研究室可根据考察队的要求和当时的实际可能分担部分审查工作；由研究室人员为主编写的报告，由研究室负责初步审查，由考察队作最后审查。但是当考察报告汇总到综考会以后，仍有单位对综考会人员在审查的过程中，修改报告的内容表示不满①。

科研成果的署名问题，涉及工作的责任、劳动成果的认定等问题，处理不好不但会影响研究人员的积极性，而且还会影响合作单位之间的关系。因此，处理好这些关系，也成为研究室成立后综考会面临的问题。在20世纪50年代，科学工作多强调集体的努力，所以那时综考会组织的各大型考察队，考察成果及工作报告有66.6%没有署名；19%的报告只有作者的姓名或只有单位②。在综考会不是研究实体时，很多成果以综考会署名问题也不大。但是当综考会有了自己的人员后，资料（尤其是保密资料）和标本的归属问题、作者的排序问题、注明作者单位问题、单位的排序问题、综考会是否有权力修改其他单位报告内容问题……诸多问题逐渐凸显出来。为此，综考会于1962年就考察报告的成果署名问题做出规定，要求考察研究报告对外发表时，应注明负责单位，可以是综考会、考察队、研究室或者个人。在集体成果中也应注明主编人和执笔人的姓名和所在单位③。

稿费作为承认科研工作成果的形式之一，如何分配也是个问题。综考会成立研究室时，围绕“十二年远景规划”成立的考察队大多已经完成野外工作，开始室内整理、研究及撰写考察报告的阶段。此时正是各种考察报告和研究成果整理完成、纷纷出版发表的时期。综合考察的成果与其他领域的学术研究成果不太一样，它是合作完成的，作者一般有多人。1964年，综考会根据中科院《关于稿费处理问题（草案）》，并结合综考会的具体情况制定了《综考会稿费处理暂行办法》。规定指出，凡是以个人名义出版的书刊，虽在办公时间完成，但酬金仍归个人所有；集体性成果，原则上按其所完成的工作量和对工作贡献的大小来分配；凡以综考会所属各考察队或研究室名义出版的论著，从稿费中提出10%作为综考会集体生活福利金，由综考会掌握使用。对于图件绘制、标本分析与鉴

① 《地理所关于参加西南、三门峡水库、橡胶热带作物研究的计划报告、函》，中国科学院档案馆档案：Z375-143。

② 《地理所关于参加西南、三门峡水库、橡胶热带作物研究的计划报告、函》，中国科学院档案馆档案：Z375-143。

③ 《综合考察委员会1962年综考会方向任务》，中国科学院档案馆档案：Z374-118。

定、野外考察照片等集体性的劳动成果，文件中也都明确规定了分配比例。为了避免矛盾，文件要求稿费的具体分配方案，由出版物主编或主要承担者，召集稿费应得者共同讨论确定后，报队、室批准，报综考会业务处备案，方能分发①。从目前掌握的文字资料中，还无法确定这个政策制定以后的执行情况如何，以及是否存在分歧。但是在这个政策公布半年以后，在综考会的例会上，漆克昌就曾经谈到："这些（考察）报告都是国家出钱、利用工作时间写成的，与个人利用业余时间给报纸杂志写稿是不同性质的。"他认为"在这个问题上要有革命化的思想，处理不好就会变成物质刺激，助长名利思想"②。由此看来，在强调集体主义、批判名利思想、批判物质刺激的年代，成果署名和稿费问题还不突出。

综考会加强研究室力量的优势，是保证了考察队人员的稳定性和后续工作的顺利进行。但是随着研究室的不断壮大，综考会逐渐向研究所的方向发展。与执行"十二年远景规划"时期相比，综考会与外界的联系逐渐减少。中科院的领导也指出，综考会有了自己的业务队伍后，有时对协作问题就不够重视了③。研究室的成立，克服了一些旧的弊端，但又出现了许多新的问题。因此，关于综考会的方向、任务、体制的讨论，不但没有因为研究室的成立而减少，反而更加成为如何有效发挥综考会作用的热门话题。

第三节　对方向、任务、体制的讨论

建立研究室以后，面对新出现的问题，综考会一边按照国家建设任务组织学者开展工作，一边利用各种机会对综合考察的方向、任务、综考会的性质及体制建设等问题进行探讨。在结束野外工作后的室内总结中、在讨论科学规划中、在中科院各研究所的"三定"中，甚至在历次政治运动的学习中，除了按照运动的要求，对领导的官僚主义、多吃多占、特殊化等问题开展批评外，对于综考会的学者来说，只要有"鸣放"的机会，他们更关注的还是这个机构的前途和方向问题。学者之间讨论更多的，是从宏观的综考会的方向、任务和体制等问题，到具体的在实际工作中遇到的考察与研究的矛盾、研究室与考察队的矛盾、组织工作与研究工作的矛盾，等等。这些问题的讨论，一直伴随着综考会的整个发展历程。尤其是在"文化大革命"之前，这种讨论尤为热烈。

综合考察是为国家长远发展规划提供科学依据的，在这个宏观性的问题上，

① 《1964年规章制度》，中国科学院档案馆档案：Z374-152。
② 《领导小组会议纪要，会议简报》，中国科学院档案馆档案：Z374-145。
③ 张藜编：《中国科学院史事汇要·1965年》，中国科学院院史研究室，2007年。

学者们的认识是统一的。但是具体到综合考察应该包括哪些内容、如何研究、研究成果如何为国家经济建设服务、提出什么样的科学依据等这些具体问题则看法不一。学者之间争论的焦点在于：在综合考察研究工作中，自然条件的规律、自然资源开发条件评价和生产力发展布局三者各占什么地位，重点应该放在哪里？具体到综考会的性质、综合考察规划的制定、不同性质（全国性的、地区性的、专题性的）和不同类型地区（空白地区、半开发地区、发达地区）的考察研究任务究竟以什么为重点？为了统一认识，经过多年的实践和讨论，1964 年 1 月，综考会制定了《关于综考会方向、任务和体制问题的整改方案（试行）》。但是这个试行方案还没能进一步完善，“文化大革命”就彻底打乱了工作秩序，有关的讨论也未能继续深入。

一、行政机构还是学术机构

综考会建立研究室以前，研究人员主要集中在各考察队中，会内的人员只有十多人①；建室以后，经过两三年的发展，会内人员很快扩大到 100 多人。尽管人员数量快速增长，但仍然无法满足工作的需要。以 1962 年为例，综考会共有 115 名研究人员（副研究员 1 人，助研 14 人，研究实习员 93 人，见习员 7 人），但当时综考会各研究室人员参加的研究题目汇总起来却有 108 个②。这些任务仅仅依靠综考会的力量无法完成。因此，协调组织其他机构参与工作，仍然是综考会的重要任务。

1964 年，漆克昌在报告中指出：“体制、机构的组织形式是服从于任务的需要的，是看如何执行任务方便。在今天看来，把我们所有力量都集中起来放在会里，以集中统一于会的形式，在主观和客观上都比较成熟了。”③ 此时各考察队已改由综考会集中统一领导，不再是独立的、所级建制的机构，只作为野外工作的组织形式。这也使综考会的行政组织任务大大增加。

为了适应上述新情况，综考会加强了行政机构的建设，建立起主管人事保卫、秘书文印等工作的办公室，主管计划、编辑出版、情报等工作的业务处，以及主管财务、器材、总务、交通等工作的行政处。这些机构的设置与中科院中其他研究所的行政机构类似，但是在功能上却不尽相同。比如，各研究所业务处的工作之一就是协调各种学术工作，但是综考会的业务处不仅在会内有协作问题，而且对院内，甚至院外很多单位都有协作问题；又如，综考会的野外工作量很

---

① 《综考会 1959 年人事统计报表及调配函》，中国科学院档案馆档案：Z374-40。

② 《综合考察委员会 1962 年综考会方向任务》，中国科学院档案馆档案：Z374-118。

③ 《综合考察方向、任务和体制等问题的整改方案（试行）》，中国科学院档案馆档案：Z374-113。

大，相应的行政工作自然要比其他研究所多。因此，综考会在建立研究室的同时，需要花更大的力量加强行政机构的建设。

对于综考会集中力量加强行政机构建设的做法，竺可桢提出了不同的意见。他在1964年6月写给中科院党组的信中提出了疑问："综考会到底是行政机构还是业务机构？从目前建制和担负任务看来，应该说是业务机构。既然是业务机构，那么它的内部组织首先应加强业务方面，例如，图书馆、资料室、实验室等。综考会目前在这方面还是比较差的，应通过'比、学、赶、帮'的方法赶上先进行列。现在应该狠狠抓这一方面。行政机构的设置当然也得改进，但是目前还不能作为重点。综考会同志现在提出要加强的都是行政方面，是不是把重点放错了？"①

竺可桢的担心自有其道理。虽然在20世纪60年代初期综考会人员增加很快，但多数是毕业不久的大学生，缺乏工作经验。对于综合考察这种新兴的研究，缺乏高级研究人员和必要的设备、图书等，更是难于有力地推进工作。但是由于任务的带动，综合考察的任务多、工作量大、涉及学科和部门广泛，缺乏足够的行政管理人员，成为综考会的燃眉之急。因此，首先加强综考会的行政管理能力，也是不得已的办法。但这也造成综考会的机构性质不明确的问题一直得不到解决。直到1968年，还有人对综考会是组织机构，还是研究机构持有疑问②。

二、摸清资源还是提出方案

20世纪五六十年代国家开始大规模的经济建设后，当时的国家计划委员会、内务部、粮食部、地质部、农业部、林业部、水利部、煤炭部、石油部、电力部、冶金部、化工部、建筑材料部、森林工业部、农垦部、城市服务部等许多部门，都在组织对自然资源分布情况的调查研究，为有关的开发做准备。这些政府部门调查、开发自然资源，采用的是单打一的办法：水利部门只管兴修水利工程，林业部门只管伐木造林，农垦部门只管开垦土地，畜牧部门只管增加牲畜头数，水产部门只管扩大捕鱼……

与各部门重点是纵向的、深入的研究单一资源不同，综考会更加重视跨地区、跨部门的综合研究。因此，综考会的工作和中科院内其他研究机构、产业部门以及政府计划部门等的任务都有所不同。既要更好地紧密围绕中心任务开展工作，同时又能发挥综考会在中科院中的特色，就需要对综合考察的工作方向有所界定。

---

① 《关于我院综合考察委员会方向、任务及组织机构问题的报告》，见竺可桢：《竺可桢全集》第4卷，上海科技教育出版社，2004年。

② 竺可桢1968年2月9日日记，见竺可桢：《竺可桢日记》，第5卷，科学出版社，1990年，第194页。

计划经济时代，科学研究的首要目标是完成国家交与的任务。综合考察又是为国家经济建设服务的综合性科学研究，要为国家长远发展规划提供科学依据。但是综合考察既要研究自然资源，又要研究生产力布局，特别是生产力布局中那些带有长远性、综合性的问题，因此研究内容如何体现为国家经济建设服务？提出什么样的科学依据？学者之间的看法并不相同。比如，在综合考察研究工作中，自然条件的规律、自然资源开发条件评价和生产力发展布局三者，各占什么地位？重点放在哪里？有些学者提出，综合考察的重点是摸清自然资源的分布情况，作为国家经济建设的科学依据；但也有学者反对，认为综合考察最终要提出生产力布局方案。基于不同的侧重点，学者之间对于综考会的方向和任务就有了不同的看法。

1959 年 7 月 28 日至 8 月 4 日，国家科委综合考察组召开了综合考察专业规划会议。到会的组员有 20 人，并吸收了不是该组组员的综考会其他委员。由于 1959 年综合考察工作会议后，有关工作进展较快，同时又存在不少问题，“大家对综合考察工作有许多意见，某些产业部门则对科学院的这项工作缺少了解”。因此，会上用了较多时间讨论了综合考察工作的方向和任务等问题。以竺可桢为代表的部分学者提出：“科学院是搞基础科学的，自然科学方面我们可以抓得起来，在过去综合考察工作中主要也是组织的自然科学工作者的力量。经济问题则比较复杂，到底如何开发利用资源，生产如何布局，真正解决问题的是计委。科学院经济科学力量太薄弱，要真正搞生产布局，那不是综合考察工作所能办到的。”但也有不少学者认为，综合考察必须而且可能除了自然资源、自然条件考察研究外，还要进行资源开发利用等重大问题的专题研究，并且在此基础上论证生产的合理布局。①

1962 年，在中科院召开的学部委员扩大会议上，综合考察组重点讨论了综合考察的性质和方向等问题。一种观点认为，综合考察应该着重研究自然资源和自然条件的规律。持这种观点的学者认为，自然资源和自然条件的考察研究是生产力布局研究的基础。当时综合考察的队伍主要是自然科学工作者，不像苏联生产力研究委员会拥有一批经济学家，生产力布局问题又比较复杂。生产力布局的研究应由计委和有关部门进行。另一种观点则认为，综合考察既要研究自然资源，又要研究生产力布局，特别是生产力布局的一些带有长远性、综合性的问题。综考会的学者可以为此提供有充分科学依据的研究成果，以统一不同的意见。至于经济学家少的问题，则可以通过培养和调动各方面的力量来解决。②

---

① 《工作计划十年规划》，中国科学院档案馆档案：Z374-50。

② 中国科学院办公厅档案处档案，案卷号：1962-03-07。

在1962年制定“十年规划”期间，综合考察究竟以什么为主的问题再次引起热烈的讨论。最后，与会学者在综合考察要以“经济为纲”的认识上取得了一致的意见。但是，生产力布局的研究在综合考察中应该做到什么程度，却仍然存在着分歧。即使支持从事生产力布局研究的学者，在研究深度上也很难提出确切详尽的见解①。在已经做出的各种开发方案中，也只提了合理开发的规模与程序，而没有提出生产发展速度与指标；只提了合理布局，而没提哪年实现。这主要是由于速度、指标等问题，涉及国际国内形势，涉及党和国家在不同时期的对内、对外的方针政策和财政预算、基本投资等。而这些已经远远超出了综合考察的研究范围。而且，中科院内的学者缺少有关的资料，对于这些情况也无法很好地把握，所以没有条件对这些问题进行论证。尽管如此，在“十年规划”综合考察部分的序言中仍然提出了综合考察应该包括三个方面的内容：①自然资源、自然条件分布规律的研究与利用条件的评价；②资源开发与生产发展中重大问题的专题研究；③生产力合理发展与布局的设想。

1964年1月，综考会制定出《关于综考会方向、任务和体制问题的整改方案（试行）》。方案包括综考会的任务、学科的作用、综合考察工作的特点、综合考察的任务及工作安排、考察方法、体制机构问题、培养干部问题等七个方面。虽然从“十年规划”到综考会的《整改方案》多次试图对综合考察的方向和任务给予明确的界定，但是宏观内容容易确定，在具体工作中如何处理，如何把握分寸仍是问题。

在实际工作中，综考会不断提出新的口号，作为实际工作的方针。口号大家都能接受，只是具体操作起来似乎并不容易。例如，对于综考会的任务是“摸清资源，提出方案”的提法，会内人员没有异议。但是具体到以哪一个为主、哪一个为辅的问题，就难以统一了。竺可桢认为，综考会应以摸清资源为主。他认为“提出方案，这是国民经济各有关部门、各地区所经常考虑的”②。但是不提出方案，如何能够体现出综合考察工作为国家经济建设服务，又是个问题；“远近结合，以远为主”的提法也为学者们普遍接受。但是这种提法仔细推敲起来还是有问题的。从时间概念来说，比如，为“十五年长远规划”服务，“以远为主”无疑是对的。但是从资源的开发程序来讲，则恰恰相反。只有近期的目标才能为地方建设服务。而且“国家也未必都欢迎所谓‘远近结合，以远为主’的说法”，地方有关部门也常常批评综考会的工作“远水不解近渴”。针对这个问题，综考

① 《工作计划十年规划》，中国科学院档案馆档案：Z374-50。

② 竺可桢：《关于我院综合考察委员会方向、任务及组织机构问题的报告》，《竺可桢全集》第4卷，上海科技教育出版社，2004年，第263~265页。

会副主任漆克昌提出："远处着眼、近处着手，远近结合、由近及远。"① 上述诸多问题，自然引出了对综合考察最后成果形式的不同看法。

三、规划、区划还是远景设想

综合考察最终的成果形式是考察报告。与学术报告不同，这个时期的综合考察报告多紧密围绕国家经济建设提出方案。但是这些"方案"应该是规划、区划，还是远景设想，也是个需要探索的问题。

规划主要是计划部门或产业部门制定的一年或多年设想，一般着重于规定一定的年限和具体的指标。这种形式的方案需要做大量的计算，因为在这种规划中，各种产业都要体系完整、部门齐备、按照一定的比例生产。综考会在组织考察中，也曾经尝试过采用各省要求的数字，或者简单设想某区某年产量总值超过英国，或者按照人口平均超过英国等愿望搞规划。但是这种规划提不出科学上的论据，勉强做出的规划也不精确。而且当时中国经济形势变化很快，生产力发展的速度及其规律一时难以掌握，因此学者们花很多精力做出的规划，不出一年就大大改变了。更为糟糕的是，其中的部分内容一有变动，全部规划就被推翻了。因此，以综考会的人力、物力基础，做这样的规划十分困难。

在多年的学术研究中，学者们对区划最为熟悉。无论是地学还是生物学领域，在过去的学科研究中都涉及大量的区划工作，因此积累了丰富的经验。到了20世纪60年代初期，在综合自然区划、动植物区划、气候区划、地貌区划等方面，已经做了大量的工作，有了较好的基础。对于利用野外获得的科学资料制定经济区划、农业区划等方法，学者们也比较熟悉。而且这些工作其他政府机关，如国家计委和农业部等部门都不搞，多是中科院的学者在尝试着做。因此有不少学者认为，围绕着综合考察进行的各种区划，是考察成果紧密围绕经济建设的具体表现。但是，这些区划成果是否能够为国家和地方的经济建设提供帮助，学者们心里也没有把握。

基于上述认识，有学者提出了经济区划在综合考察为经济建设服务中的重要作用。在1960年召开的全国地理学术会议上，经济地理组在讨论综合考察工作时，来自地理所经济地理研究室的吴传钧，作了题为"地区综合考察和生产力发展远景的研究"的报告。他在报告中提出，经济区划是综合考察的任务之一。这种提法引起了与会者的热烈讨论。支持这种观点的学者认为：生产力配置最后必然要落实到地区，在远景开发方案中论证生产力远景，最后必须做出考察地区的经济区划。这样才能促进生产地域分工和地域生产综合体的更快、更合理的形

① 《综合考察委员会1962年综考会方向任务》，中国科学院档案馆档案：Z374-118。

成。他们还认为，没有经济区划，生产力配置难于落实；而反对这种观点的学者则认为：经济区划不是综合考察工作本身的任务。因为经济区划考虑的因素比综合考察更为广泛。如地区国民经济体系，部门结构等都要加以考虑。而综合考察对一些与自然资源没有直接关联的加工工业（如机械工业、纺织工业等），一般不进行研究。因此要综合考察工作来代替经济区划工作，有一定的局限性①。

究竟什么才是综合考察应该提出的“方案”？1959 年年底，在几个野外考察队将要结束野外工作的时候，综考会对各考察队进行了检查。结果发现各考察队仍为搞规划的方法。尽管综考会也认为这些“不是我们应当做的工作”，但是在第二年各个考察队纷纷结束野外工作、开始室内总结时，仍遇到了同样的问题。鉴于“这些问题正在讨论，还有很大的意见分歧，有些人思想不通”，而综考会“也没有充分的把握”，所以在最终成果形式上“还没有求得认识的一致”②。

由于国家计划和产业部门搞的规划大多考虑短期而不考虑远景问题，这就为综考会组织的综合考察工作提供了发挥作用的空间。远景科学设想是根据考察地区的自然条件、资源情况和经济情况，提出该地区如何进行工、农、林、交通、能源等生产力配置才算合理的基本设想，指出各种资源全面开发利用时生产可能达到的规模。这种设想周期一般在 10 年以上，因此它是方向性的、粗线条的、大轮廓的科学设想。虽然这些设想不可能深入具体，但却为区域开发的长远规划提供了科学依据。这样既可以发挥各学科专业的特长，同时又可以为国家设计部门、产业部门和地方政府进行规划提供科学基础资料。远景规划可以提出地区经济开发的程序，进行建设的先后缓急，需要和可能。这样的设想就不会受具体指标数字的限制，不会因为数字的变动而失去意义。

从理论上讲，远景规划既为综合考察提供了广阔的空间，也可以使科学研究更好地结合生产实际。但是这种以远景为目标的考察任务，造成各考察队的工作量都很大，而且这些研究结论是学者们根据所掌握的情况推测出来的。远景规划中的一些内容，不能很好地反映国家的需要。而且随着国家经济建设的变动，考察的“任务”也会随着改变。这样的最终成果就难免会出现“多变、空、大”等问题。任务变动大、时间紧迫，造成考察人员没有时间深入研究，而且布置考察工作时也只能提任务条文，没有具体内容、具体工作方法和预期成果。这就造成考察队的成员无法通过工作迅速提高业务能力，进而无法有效地调动研究人员的积极性。如何把任务与学科有机地结合在一起，出成果与出人才相辅相成，综

① 《国家科委、综考会关于召开全国综合考察工作会议西部资源考察和经济开发、全国地质科学技术工作协调会议的通知、讲话、社论》，中国科学院档案馆档案：Z374-68。

② 《综考会综合考察工作总论、经验、简报》，中国科学院档案馆档案：Z374-44。

考会还需要在实际组织工作中不断地摸索。

四、侧重基础还是侧重应用

对于如何协调好基础研究与应用研究之间的关系，不仅是综考会，也是中科院在20世纪五六十年代面临的问题。受时代潮流的影响，中科院成立初期强调学科基础研究；“大跃进”以后又偏向任务性工作；1962年以后，中科院开始调整这种偏差，加强基础性研究。但是直到“文化大革命”爆发，对于侧重基础还是侧重应用的问题，中科院一直在左右摇摆，没有彻底解决。正如杜润生所说，中科院“一时说忽视理论，一时说忽视实际，时有冲击”①。中科院本身对于侧重哪个方面的问题，都有个认识上的反复过程；综考会组织的综合考察自然也面临着同样的困境：一个阶段强调专门科学性研究；一个阶段又强调以编制开发方案为主。

为了从根本上解决这个问题，稳定研究工作，1964年中科院针对各类工作制定了一个比例，即从科学与生产的联系角度出发，把研究划分四类：第一类基础研究，占15%～20%；第二类应用基础研究，占35%～45%；第三类应用研究，占30%～40%；第四类推广研究，占5%～10%②。但是这个问题的复杂性，不是靠划定一个简单的比例就可以解决的。1963年，综考会承担的研究题目共有108个，都带有明确为经济建设服务的目的性。这些题目中90%属于应用性的研究，10%是理论研究，而后者又是在前者的基础上密切结合进行的③。综合考察的工作性质，以及当时强调科学研究为国家经济建设服务的大背景，使综考会不可能在短期内调整到中科院的规定比例。

为了稳定研究方向，扭转综合考察最初几年内综而不合、侧重点来回摇摆的偏向，进入20世纪60年代以后，综考会不断强调学科研究要服从综合考察的中心任务，但是也因此带来了对学科理论研究重视不够的问题。各考察队在贯彻“任务带学科”的原则时，往往忽略了各协作单位进行学科理论研究的要求。在工作计划安排上，考察任务压倒一切，占去了绝大部分时间，使专门理论研究的时间难以保证。因此许多重要理论问题不能及时深入地研究，影响了一些研究人员钻研业务的积极性。

这个时期，很多年轻学者不愿搞综合性的研究，只愿意搞专业性的研究④。

---

① 中国科学院办公厅档案处档案，案卷号：1964-01-32。

② 中国科学院办公厅档案处档案，案卷号：1964-01-32。

③《综合考察委员会1962年综考会方向任务》，中国科学院档案馆档案：Z374-118。

④ 竺可桢：《地理学的地位》，《竺可桢全集》第4卷，上海科技教育出版社，2004年，第358～361页。

他们认为综合性工作是资料汇编，而非创造性劳动。但是综合考察的性质，却要求有关学者要投入大量的时间从事任务性的工作。这种矛盾正如漆克昌的总结：一些学者“除自己不愿意抓这类课题外，还对进行这方面工作的同志泼冷水，说泄气话。例如，我会有一些参加考察工作多年的中、初级研究人员，完成了所承担的综合研究任务（如负责组织和编写综合性考察总结报告和重大专题报告的工作等），提供了不少研究成果，他们的成就也得到了国家有关部门的较好评价，但某些科研人员却不承认这些成绩，相反地，常常批评他们‘不务正业’、‘得不偿失’等。这种冲击不仅来自外界，他们对我会的这些同志说，‘你的工作在综考会还可以，在学术界就吃不开了’，有时甚至来自我会内部”①。漆克昌在领导综考会工作期间一直强调：通过综合考察发展有关学科，是中科院有关所的任务。综考会研究人员的职责主要是掌握各有关学科已有的水平，去承担国家下达的任务。

尽管学者之间对于侧重基础还是侧重应用看法不同，但这种摇摆多是受到不同时代大的环境左右。综考会所能做的，就是“对于专业同工作任务需要不一致的问题，以及承担的任务与专业研究矛盾的问题，采取两种办法：属于认识上的问题，抓活思想，尽心说服教育，尽可能做到小改行，以适应任务的要求；属于工作上的实际困难，在便于完成国家任务的前提下给予尽可能的照顾”②。

五、个人姓“综”还是机构姓“综”

综考会建立研究室以后，按照任务确立的研究方向与室内人员的专业方向不一致，这个矛盾在实际工作中逐渐凸显出来。如何协调任务与学科之间的关系，成为研究室成立以后面对的矛盾之一。各室成员研究课题的设定，多是围绕着研究室的任务，并根据个人的专业特长确定选题。为了结合室内人员的专业特长，各室的研究题目增多、题目分散、综合性题目无法落实。

研究室建立以后如何体现综考会的综合性特点？在这个问题上，综考会主任竺可桢和副主任漆克昌之间的不同观点具有代表性。竺可桢作为自然科学家的学术背景，本书第一章中已经做过详细的介绍。这里重点介绍漆克昌的学术背景和他的主要观点。

漆克昌（1910～1988）在综考会早期的发展中曾发挥了重要的作用。他于1928年在日本加入共产党，曾经在大学学习经济专业。1929年10月在日本被捕，1930年回国。1932～1933年在江苏省委组织部工作，后被捕，1937年与陶

① 《漆克昌关于综考会方向、任务、体制改革方案》，中国科学院档案馆档案：Z374-149。

② 《漆克昌关于综考会方向、任务、体制改革方案》，中国科学院档案馆档案：Z374-149。

铸一同出狱，后被陶铸派往八路军前方总部工作，后又任敌工部副部长。1938年再次入党。曾任全国政协委员，院党组成员。

新中国成立后，漆克昌曾在中央联络部工作。在后来的工作调动中，他曾经根据自己的专长和兴趣，表示希望到工业部门。但是因为当时国家需要更多党员到科学领域加强那里的领导，漆克昌于1957年被调到综考会，并先后担任综考会党委书记、副主任、主任，同时兼任地学部副主任。直到他在1966年8月“文化大革命”期间被停职检查之前，漆克昌一直负责综考会的具体学术组织与领导工作，并在综考会具有较大的影响力。

漆克昌在领导综考会工作期间，经常自谦为“外行”。他正式发表的文字很少，但是所做的有关综考会发展方向和体制问题的报告很多。作为综考会的主要负责人之一，他始终在研究、总结综考会方向、任务等重大问题，并提出了许多建设性的意见和看法。他在多次向院党组提交的报告中，或在综考会的各种会议上，论述了综合考察的特点和综考会的发展方向。

或许由于学术背景的差异，漆克昌与竺可桢在综考会的建设以及发展方向等方面，很多观点并不一致。竺可桢认为综考会各考察队中经济部分人少，认为综考会工作的侧重点与企业部门不同，应把重点放在自然科学方面；漆克昌则主张在综合考察中，经济工作应该占据最重要的地位①。他一度建议中科院领导，要在综考会中增加技术经济人员，或是在中科院内建立技术经济研究所。他认为：“综合考察工作的主要任务是为国家进行经济计划提供考察地区（以至全国性的某些问题）各种资源的开发利用的科学依据，或者生产力配置远景科学假说。但是我们工作的情况离这一主要要求，还有相当的距离。因为各综合考察队参加的人员多偏重于自然科学的有关学科，即使有多数经济学科，也只有经济地理或者一般经济学科，而没有关键性的技术经济的人员。因此如对地质矿产问题，多偏重于大地构造和填地质图或指出成矿规律或找矿方向，而进行直接找矿很少，更没有对各种矿产资源进行经济评价，而在此基础上，进一步提出骨干工业的配置方案，更无能为力了。”②

在综考会内部应该人人具有综合能力，还是机构本身具有综合性这个问题上，竺可桢与漆克昌的看法也不相同。漆克昌认为：学科是综考会完成任务的基础，或者说是完成任务的手段。研究自然规律不是综考会的直接目的，而是掌握这种规律，用来研究资源开发和生产力布局这种综合性的问题。他反对在研究室

---

① 竺可桢1958年5月22日日记，见竺可桢：《竺可桢全集》第15卷，上海科技教育出版社，2008年，第100页。

② 《综考会、漆克昌副主任就综考会发展方向、研究室成立设想，以及云南队的方针、任务、组织机构给院的函》，中国科学院档案馆档案：Z374-26。

下设立的研究组，以及研究人员按照专门学科方向从事研究工作。他指出：

我们综考会的研究人员要以一专多能，提出综合研究水平作为干部培养的方向。所谓“多能”，是指要具有比较广博的知识和综合研究的能力。我们所说的“一专”，不是指小学科，而是一般指与综合考察工作关系密切的大学科而言……在专深各有特长的基础上，广泛的学科知识和综合研究能力，是我们每个同志都要具备的。至于能力的大小，要看条件，但个人培养和发展的方向却应该明确。对于比较老一点的研究实习员，要求要有评价一种自然资源、自然条件或研究一个生产部门的资源利用与布局的知识和能力，助研还要兼具有关或相邻的自然资源、自然条件、技术经济、生产布局方面的知识，逐步扩大综合研究的范围，提高综合研究的水平。

他特别指出：“有同志说，综考会的同志都姓‘综’，这个话是有意思的。”①

漆克昌认为，综合考察工作需要多学科的参与，综合考察工作是以任务带学科，并帮助学科发展，但不能代替学科发展。综合考察应用各学科的知识作为基础，重点研究自然资源如何开发利用，为综合科学研究任务服务。与综合考察有关的各学科知识，就应该侧重发展应用方面的研究。如生物方面应着重研究植物资源的问题，矿产资源方面应着重于矿产资源的评价、合理开发利用，农业则着重于荒地的利用和改良，以及将来产业的提高方向。综考会不是全面发展学科，而是发展各学科与综合考察有关的一个方面。

“学科是基础，任务是目的”成为当时综考会的工作方针。在提倡掌握本行专业的同时，综考会要求它的人员尽可能多地熟悉邻近学科的知识，掌握各有关学科已有的水平去承担国家下达的任务，并反对把发展学科当做任务的观点。漆克昌批评一些学者“把在综考会是完成国家任务的研究，变为研究所发展学科的研究了。身在综考会，心在研究所了”②。他尤其强调综考会的专长就是充分发挥“综合”的优势。搞好了就能立足于天下，别人代替不了；要不然，在综考会去搞一般研究所的研究题目，只能认为是不务正业，终究要被淘汰的。

针对以漆克昌为代表的“人人综合”的观点，竺可桢在1964年向中科院党组提交的报告中，就综考会的方向、任务和组织机构表达了不同意见。他在报告中也谈到了对于“如何综合”的看法。他指出综考会的人员是在综合要求下的

---

① 《综合考察方向、任务和体制等问题的整改方案（试行）》，中国科学院档案馆档案：Z374-113。

② 《综合考察委员会1962年综考会方向任务》，中国科学院档案馆档案：Z374-118。

专业深入，在专业深入基础上的综合[①]。他认为：

> 综考会必须具有综合性。但是这是指这个机构，这支队伍的兵种是综合的，并不是指会内每一个人。综考会每个人并不姓“综”，各人应有各人的专业。如果对每个专业人员都要求“综合”，这就显得困难，实际上也没有必要。大多数学自然科学的人，总有其一定局限性，他们往往从本学科出发来认识自然界，探讨自然规律。综合性工作当然要做，但是这应由一门综合性比较强的某一学科来担任……不能由个人来担负……如果要求每个专业人员都要去搞综合，要求比较老一点的研究实习员要有评价资源方面的知识，主要还要有布局方面的知识，这确是所谓不务正业了。[②]

早在1962年竺可桢就已经注意到，“综考会队伍中对于科学研究注意不够”，“如以任务来带学科，则任务的继续性差，会影响学科的发展”[③]。由于任务与学科之间关系的复杂性，如何“综合”的问题一时难以解决。

1964年，综考会制定了《关于研究技术人员培养问题的暂行规定》，从制度上规定会内人员要一专多能。《规定》中对研究人员业务能力方面的要求主要有两点：①必须掌握一种为综合考察所需要的专业，并在此基础上，逐步熟悉邻近学科的知识（包括自然、经济、技术方面学科的知识）。但是对于“一专多能”也有两种理解，是“先专后综”，还是“专与综并举”？对此，综考会对于不同的人员提出了不同的要求。②高、中级研究技术人员和有一定工作经验的初级研究技术人员，还应具备业务组织能力，承担一定的业务组织工作[④]。《规定》要求老实习研究员要有评价自然资源的能力，助研一级应当起码具有专题综合的能力。此外，助研以上还应当具有较高的综合能力，积极参与生产发展和生产力布局方面的研究活动。

政策的制定并不代表问题的解决。学者中对学术成果的侧重，具有很大的导向性。不少学者认为，所谓学习邻近学科知识这个提法的弹性很大，“博”不好就容易放松本行，成了“行行通，样样松”，到头来落个“四不像”[⑤]；中科院的评价体制，更是影响着学者的抉择。1964年进行工资调整。在评价有关工作时，“有的所在这次工资调整工作中提出级别时，已经把综合考察成果和业务组织工

---

① 《竺可桢传》编辑组：《竺可桢传》，科学出版社，1990年，第315页。

② 竺可桢：《关于我院综合考察委员会方向、任务及组织机构问题的报告》，《竺可桢全集》第4卷，上海科技教育出版社，2004年，第263～265页。

③ 竺可桢1962年2月8日、2月17日日记，见竺可桢：《竺可桢全集》第16卷，上海科技教育出版社，2009年，第197、203页。

④ 《1964年规章制度》，中国科学院档案馆档案：Z374-152。

⑤ 《综合考察委员会1962年综考会方向任务》，中国科学院档案馆档案：Z374-118。

作中做出的成绩，作为一个重要因素了，而我们这里好像还抱着从前以论文为主的看法……可以这样肯定，今后我们综考会不以论文为主来作为考绩的主要标准”[①]。但是不以论文衡量，又用什么标准评价呢？正式发表的研究性成果，是在学术界获得承认的主要形式之一，也是学术界通行的获得承认的方式：“一般认可的确证方式是出版成果，俗话说，‘尚未出版的研究不算研究’。”[②] 这种选择方式虽然不能说是完全合理，但却具有可操作性。在实际操作中，往往“破”易“立”难。在否定已有的评价方式时，综考会需要及时建立起新的、更为合理的评判标准。

第四节　建立制度

1960 年冬，中央发出“调整、巩固、充实、提高”的八字方针后，又兴起了调查研究之风，开始更深入地检讨过去几年的“左倾”错误，并在各个领域以务实的态度考虑实际情况及发展策略和发展方法等问题。在这种大环境下，中科院也开始了全面的整顿。1961 年，在聂荣臻的主持下，由院党组和国家科学技术委员会党组共同制定了《关于自然科学研究机构当前工作的十四条意见(草稿)》(简称“十四条”)。“十四条”规定了：科研机构的基本任务是提供科学成果，培养研究人才；调整研究机构，定方向、定任务、定人员、定设备、定制度，使研究工作相对稳定；正确贯彻执行科学为社会主义建设服务的方针和理论联系实际的原则；坚决保证科研工作时间，平均每周不得少于 5 个工作日；研究机构的思想政治工作要讲求实效，力戒形式主义；研究机构的领导干部，必须认真学习马克思列宁主义和毛泽东著作，学习业务，由外行变成内行，等等。

为了贯彻“十四条”，中科院又进一步制定了《中国科学院自然科学研究所暂行条例》(简称“七十二条”)。这些政策性的工作条例，纠正了一些妨碍科学研究的做法，有利于更好地组织科研工作。1962 年，中科院要求下属各研究机构做好“定方向、定任务、定人员、定设备、定制度”的“五定”工作。后因条件尚不成熟，改为以“定方向、定任务、定人员”的“三定”工作为主，要求各研究所根据实际需要、原有基础和实现的可能性制定方向和任务，调整过去工作中不切实际的高指标、高要求。

此时的综考会，在建立研究室以后经过几年的实践，面对工作中出现的各种问题和认识上的分歧，也需要建立健全各种规章制度。借着中科院调整、整顿之

---

① 《综合考察方向、任务和体制等问题的整改方案（试行)》，中国科学院档案馆档案：Z374-113。
② 〔英〕约翰斯顿：《地理学与地理学家》，商务印书馆，1999 年，第 6 页。

机，综考会根据自身的工作特点，并结合院“三定”工作，大力制定各种规章制度。

从1963年年底至1964年年初，综考会拟定了《中国科学院综合考察委员会有关考察研究工作的若干问题》和《关于综考会方向、任务和体制等问题的整改方案（试行）》等初步的条例性文件。这是综考会针对研究室建立以后面临的若干重大问题，制定的初步的规章制度。这些制度包括“研究室与考察队的工作关系”、“研究人员的培养与考核”、“考察研究成果的要求和鉴定”、“研究室的统一领导”和“研究室的工作制度”等多方面的内容。

此后，综考会又针对各种具体问题，在1964年陆续制定了《研究技术人员培养问题的若干规定（草案）》、《考察研究成果处理工作暂行办法（草案）》、《综合考察组织管理暂行办法（草案）》、《借用野外装备的几项暂时办法（试行）》、《贵重精密仪器野外使用管理的几项暂行规定（草案）》、《野外考察工作条例》、《考察研究报告分发暂行办法（试行）》、《科学技术资料管理暂行规定（草案）》、《科学研究技术人员业务考核档案管理暂行办法（草稿）》、《车辆管理暂行办法（草案）》、《物资、房屋、家具管理工作暂行办法》，以及《稿费处理暂行办法》等一系列规章制度。本节重点讨论与科研工作密切相关的几项规章制度。

一、确定研究室与考察队的关系

研究室建立以后，综考会内出现了两套并行的学术机构：研究室与考察队。虽然两者都是按照任务设置的，但他们之间的关系并不明确。首先，早期的考察队相当于所级机构。因此，考察队的级别应该高于综考会内的研究室。这就为研究室成立以后，如何协调与考察队的关系带来了一系列难题。其次，从考察队的人数来看，综考会自身的研究人员最多不过全队的1/3。但是在工作中，综考会希望会内人员能够成为骨干力量，希望他们在考察队中“能够把来自四面八方的力量组织起来，围绕着一个共同的目标，采用统一的方法进行考察研究”①。再次，研究室与考察队虽为两套机构，但综考会的人员却是一班人马。因此在组织管理上造成了混乱和职责不清：“有的干部会里有职，只管队；有的既管会，又管队；也有的又管队，又管室，结果是两头都管不好。”②

因此，在研究室的工作管理制度中，除了从考察研究制度，日常工作制度，会议、汇报制度，室务行政工作制度和安全保密制度等五个方面作了详细的规定

① 《综考组印章启用、研究方向、劳动编制、院办公会议精神等》，中国科学院档案馆档案：Z374-257。

② 《综考会领导小组扩大会议纪要及贯彻会议纪要精神的简报》，中国科学院档案馆档案：Z374-191。

外，综考会特地增加了对研究室与考察队关系的确定。

综考会建立研究室以后，会内的多数成员既属于研究室又属于考察队，这就形成了很多矛盾。因此综考会在制定研究室的工作制度中，提出了“以会为实，队室并重”的方针，要求研究室和考察队的任务要统一：

（一）考察队是完成国家特定考察任务的组织形式。研究室是综考会为承担各项考察研究任务的经常性的基本研究机构。

（二）研究室主要承担国家规定的各项考察任务，并应结合进行与综合考察有关的理论研究。

（三）研究室参加各考察队的人员安排，由各队根据任务提出专业人员需要计划，研究室根据各队需要和研究室“三定”进行平衡，提出名单，经会领导批准后宣布。研究室分配到各队工作的人员，原则上应参加工作到底。但是，研究室在必要情况下，经会领导批准，可进行适当的调整。

（四）考察队应根据研究室“三定”使用研究人员，如有特殊情况暂时不能照顾到某些干部的专业方向时，应同研究室领导协商解决。

（五）研究室参加考察队的研究人员应很好地完成所承担的队的考察研究任务。同时，还应结合完成研究室所提出的考察研究题目。

（六）研究室人员应参与考察队各专业组考察研究计划的讨论与制定。考察队在拟定计划时应充分考虑到研究室的意见。为了保证成果质量和培养提高干部，野外期间，在队的统一领导下，各研究室有责任知道本室研究人员的考察研究工作及其他有关业务问题。野外工作结束后，由研究室统一安排研究室人员的工作。

（七）研究室人员应根据考察队的统一部署，做好各专业组考察前的有关业务准备工作。在考察过程中，应在各专业组内起骨干或业务组织作用，并负责保管专业资料。野外考察后，研究室人员应继续完成本人所承担报告的编写、修改与校对。在必要和可能时，还应承担一部分与本专业有关报告的修改与校对。[①]

从这项制度来看，考察队已经与研究室是平级的机构了。这些规定把研究室与考察队的任务结合起来，要求研究室把考察队的工作列在计划之内，希望从制度上解决考察队与研究室界限不清的问题。但是这些规定，还是不能彻底解决实际工作中的职权问题。

考察队中有两部分人员，一部分来自综考会的有关研究室，另一部分来自协

① 《综合考察委员会1962年综考会方向任务》，中国科学院档案馆档案：Z374-118。

作单位。综考会认为，国家提出的综合性的任务应该由综考会各研究室的人员担任，考察队是组织形式，不是研究方向，是研究手段。为此，1963 年 12 月漆克昌在给谢鑫鹤及党组的信中，提出了考察队人员应由综考会集中统一，以加强集体领导；考察队不独立，只作为野外工作的组织形式的建议。随着研究室力量的加强，综考会人员在考察队中逐渐成为骨干力量，研究室的力量也逐步加强，考察队的作用渐趋弱化。

考察队由综考会统一管理以后，各队人员编制、物资装备和考察经费全部由综考会统一管理。与过去各考察队都有属于自己的较为固定的装备、经费、人员不同，此时考察队内综考会的人员，分别属于会内不同的研究室。这在一定程度上为考察队的组织工作带来不便。为了解决考察队职能弱化后带来的新问题，1964 年综考会还制定了《关于考察队工作与会内其他机构工作关系问题的决定》。《决定》要求会内各机构首先要为考察队工作服务，从多方面加强并保障考察队的工作。具体措施主要包括：①各研究室和行政部门进行分工，指定专人担负和管理考察队的工作，并尽可能将这些人员长期固定下来。②要求综考会所属的各部门将考察队的工作列入本部门的工作计划之内。③因考察队工作的需要，在一定时期（如进行野外工作前的出发准备，或集中进行编写成果报告等工作期间），为保证各单位的有关人员能专心完成考察队的工作，可暂免或减去其他方面的工作。④要求综考会办公室不仅承担会领导小组的日常秘书工作，而且同时统一承办考察队的日常秘书工作，使考察队日常工作有所依托。同时要求其他各单位按自己的职责范围，分管考察队有关方面的业务事务。⑤因为考察队召开的会议涉及多个部门，所以需要优先保证。文件规定："在考察队先行发出会议通知时，各单位拟召开的会议应为其让路。"⑥考察队在计划内或者合乎制度的一般工作，要求在提交有关部门办理时，工作人员应迅速办理，不必层层请示后再办。如有特殊问题，可经过磋商酌办，但经队长签字决定办理的事务，要求"照办（有意见仍可提出），有问题由队长负责"。⑦关于考察队的工作，要求各有关单位与队如有不同意见时，应及时磋商解决，如有分歧不能解决时，要求迅速报告会领导小组处理。最后，文件要求考察队也应遵守会内规定的各种条例、制度、手续等。①

这些规定，从制度上优先保证了考察队的工作。但是这些规定只是针对综考会内部成员，对于来自其他单位的考察队成员，显然不具有约束力。

① 《1964 年规章制度》，中国科学院档案馆档案：Z374-152。

二、野外组织管理制度

为了加强考察研究工作的组织管理，综考会制定了《综合考察组织管理暂行办法》（简称《办法》，此《办法》后来修订为《野外考察工作暂行条例》）。《办法》对考察研究任务的确定，计划的编制与审定，考察队伍的组织，野外考察，室内研究，考察研究任务执行情况检查，总结、协作关系，思想政治工作等八个方面作了详细的规定。

《办法》强调，综合考察队是承担和组织多种学科共同完成国家科学考察任务的主要组织形式，并要求“综考会研究室的任务是承担各考察队的考察研究任务，同时有计划有目的地培养考察研究骨干”。《办法》明确提出了综考会的研究人员是各考察队的基本力量，在各专业组内要占有一定数量，在业务上应起到骨干作用。

为了健全考察队的领导机构，加强领导工作，《办法》规定，考察队的领导小组是考察队的领导核心。队领导小组由综考会领导小组确定，它的主要任务是贯彻执行党的综合考察的方针政策和上级的指示，研究决定队内各方面工作中的重大问题，包括业务中的重大问题，进行全队的思想政治工作。《办法》还要求建立和健全队务委员会或队务会议，以讨论解决考察队内的重大行政、业务问题；建立和健全队学术委员会，以审查考察队计划、主要研究成果，并提出相应的建议，组织指导考察队的重要学术活动①。

三、人员培养制度

因任务而成立的综考会，在建立研究室时遇到了综合性人才缺乏的问题。为了保证任务的顺利完成、克服单一学科知识的局限性，综考会要求会内的研究人员不但需要掌握一种为综合考察所需要的专业知识，还需要逐步熟悉包括自然、经济、技术等诸多方面的邻近学科的知识。另外，综合考察是一项需要合作完成的工作，业务组织能力也是有关人员必备的素质。高等院校无法培养这些具有综合能力的人才。因此需要在实际工作中培养。对于综考会来说，培养人才成为保证高质量完成综合考察工作的基础。

研究室成立以后，综考会有了自己的专业研究队伍。但是这支队伍缺乏既掌握自然科学知识又懂得经济方面问题的综合性专家。研究人员中，不仅是新分配来的大学毕业生缺乏经验，即使是已经工作多年、富有研究经验的高级研究人

① 《综考会关于稿费处理、科研管理、考察队组织、成果处理的规定、条例、决定》，中国科学院档案馆档案：Z374-164。

员，对于如何开展综合考察与研究工作也缺乏实践经验和现成的工作方法。因此会内的研究人员多是边工作，边摸索。

尽快培养综合性研究人才，成为综考会成立研究室以后的重要任务。随着会内研究人员队伍的扩大，综考会逐渐建立起人才培养制度。1962 年综考会制定的有关规章制度中，已经涉及人才培养问题。1964 年，综考会又专门制定了《研究人员培养初步意见》。这些人才培养制度，特别针对综合考察的工作特点，强调了研究人员的研究方向与课题的选定，应该首先服从综合考察研究工作或其他国家任务的需要，通过工作掌握实践知识，扩大知识领域，熟悉考察研究方法与技术。

综合考察是一个全新的领域，缺乏专门的研究人才。为此，综考会针对研究人员的培养提出了六点要求：①边干边学，系统提高。这是综考会培养干部的基本方法。各研究室的人员研究方向和课题的选定，首先要服从国家任务的需要，并在完成任务的过程中掌握实践经验，扩大知识领域，熟悉工作方法与技术。②自学、互学和层层指导相结合。各研究室的人员以自学为主。但是对于刚刚工作的年轻人员，各研究室的业务指导人员要帮助他们拟定自学计划，并需经过研究室的讨论。在自学的过程中，研究室可采用报告会或讨论会的形式加强交流。各研究室还要求高、中级研究人员指导中初级研究人员。对于见习员，也指定具有实际工作经验的初级研究人员负责指导。这些指导工作包括帮助制定业务进修计划，指导如何撰写考察报告、学术论文，以及答疑解惑等。③经常开展学术活动。学术活动包括有关资源及其利用和生产力发展问题的考察研究总结报告、学科总结报告、专题论文、文献总结、考察研究方法交流和学科基础知识讲座等。④保证研究时间，严格贯彻执行每周至少五天用于研究工作的规定。⑤加强政治理论和时事政策的学习，提高马列主义理论水平。⑥为研究人员提供有利于进行学习和研究的良好环境和基本条件。[①] 综考会认为，综合性人才的培养，通过上述措施还是成效显著的。在“文化大革命”之前，至少有 10 多名高级人员能够承担考察队（或分队）的学术负责职务，担当总报告的重要专题报告的主要执笔人。

建立野外考察后的休整制度，也是综考会培养人才的特色之一。综考会规定，考察队在完成阶段考察任务以后，应该有一定的时间（如 1 ~ 2 年）进行系统总结以及休整、进修，使参加考察的研究和技术人员得到培养和提高。综考会曾经规定：高级研究技术人员，每工作 5 ~ 7 年可有一年的进修期；中级研究技术人员工作满 5 年可进修半年；初级研究技术人员，到综考会工作后的 2 ~ 3 年

① 《综合考察委员会 1962 年综考会方向任务》，中国科学院档案馆档案：Z374-118。

间，除担负一定的工作任务外，可着重在打基础、练基本功方面的培养。基本功训练内容为基础知识，如综合考察工作需要的某些学科专业知识，综合考察工作的方法和经验，根据专业研究需要加强外文学习等等。基本功训练的培养方式，形式多样，包括由高、中级研究人员指导，以老带新，冬季不出野外时到有关单位、学校听课、实习，必要时可以脱离工作，专门进修，等等。但是，这些规定因紧接而来的“四清”，尤其是“文化大革命”等政治运动的冲击没能执行。

尽管如此，综考会还是为研究人员提高综合素质提供了很好的氛围。正如孙鸿烈多年后的回忆：“在综考会工作期间，使我有更多的机会了解资源、环境各个领域的知识以及它们与国民经济建设的关系等，使我的视野更加开阔，也开始注意更全面地、系统地考虑问题。”[①]

四、成果考核与鉴定制度

1964 年，综考会根据《中国科学院自然科学研究成果管理暂行办法（草案未定稿)》和《中华人民共和国科学技术委员会关于上报和登记科学技术研究成果的若干规定（试行草案)》，制定了《关于考察研究成果审查处理工作暂行办法》。

综考会对研究成果的要求，更加强调了应用性：“考察研究成果，是指对某一考察研究课题，经过实地调查和综合分析研究，并通过一定形式的审查和鉴定，证明对经济建设具有一定的指导意义、实用意义或具有一定学术水平的考察报告和图件。”[②] 针对综合考察成果周期长（一般是 3～4 年野外工作；1～2 年的室内总结）的特点，综考会承认那些考察研究题目尚在进行，但已经取得可以独立应用或在学术上具有创造性的阶段性成果。

为了便于鉴定，规定中明确了考察研究成果的具体内容：①自然条件、自然资源的分布规律及其合理利用的考察研究报告或图件；②资源开发利用与生产发展中重大问题的专题考察报告；③生产力的合理发展与布局方案；④在综合前三项考察研究成果的基础上，所编写的简要报告；⑤综合考察工作方法与经验的系统总结。规定初稿中，成果的内容还包括了学科性考察研究报告和论著，以及考察地区自然条件、自然资源与大自然改造、生产布局、经济区划等各种挂图和图集，但后来删除了这些内容。[③]

为了有效地组织考察成果的评定，综考会还对考察成果的审查鉴定方法作了

---

① 孙鸿烈：《从“点”到“面”从“专科”到“系统”——我的思维发展之路》，《院史资料与研究》，2001 年，第 1 期，第 1～18 页。

② 规定的初稿中，研究成果曾包括“论著”，但后来被删除了。

③ 《1964 年规章制度》，中国科学院档案馆档案：Z374-152。

具体的规定，即按照考察研究成果的重要性和涉及面的大小，由考察队、研究室和综考会分别审查鉴定。对于要上报的自然资源合理开发利用、生产合理发展与布局的方案、大自然改造设想和重大的任务性专题报告等，先由考察队内的各专业组评议，再由考察队学术委员会鉴定，考察队委员会审查通过，经队领导签署意见后向综考会推荐。而一般性的考察研究报告和学科报告，就不需要向综考会推荐。研究室的成果评定方法与考察队相同，主要考查以研究室人员为主完成的成果。综考会的学术小组，主要审查各考察队和研究室推荐的报告，这些报告应为向国家提交的最终总结性考察研究报告和重大的考察研究成果。

各层次的审查鉴定，主要关注考察资料的完整性、数据处理与科学论证的严格性和严密性，以及成果的实用意义和学术水平。另外还要求要符合党的方针政策，观点正确。最后要指出成果中存在的问题与改进的建议，并给出成果的处理意见，如能否发表交流，分发的范围，是否建议中科院向国家科委推荐作为科学技术研究报告出版等。

对于综考会会内人员的考核，由于综合考察工作性质特殊，涉及专业多、成果形式多样，综考会采取了“多途径、多标准”的原则。根据1964年综考会制定的《关于研究技术人员培养问题的暂行规定》第四方面“研究技术人员的考核”规定，在考核内容上，首先检查计划的完成情况，并以与综合考察任务直接有关的研究报告等为主要考核内容。考查完成工作的数量和质量，对生产实践所起作用的大小及学术水平的高低。针对综合考察多为集体性成果的特点，规定强调“根据个人在成果中所起的作用，实事求是地评定个人的贡献”①。对于业务知识的修养，综考会在考察过程中，不但要看研究人员掌握本专业基础知识的深度，还要看相关专业知识的广度，对综合考察性质、任务的领会程度和业务组织能力，从事学术组织工作的成绩，在培养人才方面的贡献。此外，还要考核政治思想觉悟。

具体的考核办法：对刚刚到综考会参加工作的人员，采取考试的方法，测验其外文程度、本门学科的有关基础理论和专业知识。对初级研究人员，采用考察研究报告答辩的方式进行考核。由于多数考察报告为集体讨论编写，每位研究人员只需负责个人承担内容的答辩，并由研究室领导组织室内外有关高、中级研究人员讨论，提出对初级研究人员考察报告和业务水平的评价意见。同时，进行外文、本门学科的基础理论与专业知识和相邻学科知识的考试。对于中级研究人员，采用学术报告会、讨论会、答辩会的方式进行考核。由研究室领导组织有关高、中级研究人员讨论，提出对其考察研究报告和业务水平的评价意见。对于高

① 《1964年规章制度》，中国科学院档案馆档案：Z374-152。

级研究人员，主要是结合学术报告会、学术讨论会等活动进行考核，并由委员会提出对其报告的评议意见，个别征求有关学部委员和科学家对其工作成绩、业务水平的评价。

五、思想政治工作制度

为了团结、争取、教育和改造科学家，中科院从建院开始，就十分重视研究人员的政治思想教育工作。20世纪五六十年代，对科学家的思想政治工作一直是院内各研究所的工作重点之一。正如上节所谈，在综合考察工作中学者之间存在着很多认识上的分歧，在具体工作中也经常出现完成任务性的工作和学术研究之间的矛盾。这个时期，思想政治工作被看做是统一认识、解决工作中任务与学科之间矛盾的有效办法。

综考会规定，各考察队每年从野外收队后，应集中一定时间（7～10天）进行政治理论学习补课或整风；在室内工作期间，应按照批评与自我批评的精神，对青年人每3个月举行一次生活检讨会。对年长的科学家每半年举行一次谈心会，每年进行一次工作思想鉴定，并要求各考察队配备收音机，保证野外考察期间的时事政策学习①。但实际上，由于频繁的政治运动，各种政治思想会议要比规定的多。

在思想政治工作方面，除了用毛泽东思想武装全体人员、引导研究人员“红专统一”等大方向性的要求外，综考会根据本身的工作特点，通过政治思想教育运动，批判资产阶级名利思想、发扬集体主义精神，以便在综合考察中更好地推动社会主义大协作。

深入领会和认真贯彻党和国家的社会主义建设方针、政策，坚持科学为社会主义建设服务的方针，是综考会政治思想工作的重要内容。围绕这项内容，综考会在研究人员中进行以任务为主、发扬集体主义精神的教育，希望通过学习，能够推动在具体工作中处理好任务与学科、综合与专业、集体与个人等方面的关系，并搞好与协作单位的关系。

弘扬集体主义观念，是综考会思想政治工作的重要内容。集体主义观念，就是要求考察人员要严肃认真地对待个人在集体工作中所应承担的任务，树立集体主义思想，反对本位主义等资产阶级思想；加强组织观点，服从党的领导，遵守劳动纪律，服从组织分配；密切联系群众，尊重兄弟单位的劳动成果，照顾协作单位的工作需要，搞好综考会与协作单位的关系；加强劳动观点，积极参加劳动锻炼，等等。这些都被作为集体主义的具体体现。

① 《1964年规章制度》，中国科学院档案馆档案：Z374-152。

1964年10月15日，《光明日报》发表了文章《资产阶级名利思想对于科学事业的危害性》。文章批判了用个人主义的名利思想，作为学习和钻研科学技术的出发点这种现象，指出："这个问题的争论鲜明地反映了无产阶级世界观、人生观和资产阶级世界观、人生观的斗争，反映了科学技术战线上社会主义和资本主义两条道路的斗争。"① 文章中尤其强调，资产阶级名利思想同无产阶级集体主义思想不能"和平共处"。综考会利用开展社会主义教育运动的机会，于10月22日召开研究室学习会议，根据《光明日报》的内容，紧密结合各研究室的实际情况展开学习讨论。每位学者检讨、批判了个人的名利思想。在批判过程中，围绕学科专业从事研究、干工作凭兴趣、工作结合任务不够等问题，成为脱离实际的做法受到了批判。而集体主义观念不强、同事之间不团结、注重个人成名成家的思想、写文章拿稿费不交公，署名先后顺序的争权，也作为资产阶级名利思想受到了批判。批判会上，学者们纷纷检讨思想上的问题，有学者指出：过去认为综考会的工作很好，可以收集不少野外资料。但认为综考会不能久留，在综考会长期待下去不能提高业务水平，因此在这里工作只能作为短期的锻炼。这种学习讨论，对于在综合考察中统一认识、有效开展工作还是发挥了一定的作用。

第五节　从"十年规划"到三线建设：以西南综合考察为例

进入20世纪60年代以后，综考会围绕"十二年远景规划"组织的各大型考察队陆续进入室内总结阶段。1962年，国家决定提前完成"十二年远景规划"，并开始着手制定《1963—1972年科学技术发展规划》（简称"十年规划"）。"十年规划"中共有三项综合考察任务——西南、西北、西藏，简称"三西"综合考察。其中对西南地区的综合考察，被认为是"综考会成立以来的一个重要转折点"②。从西南考察开始，综考会组织的综合考察开始由边远未开发地区向开发地区转移。这种战略性的转移，虽然因为"文化大革命"的爆发而中断，但是从"十年规划"开始执行，到"文化大革命"爆发之前的近四年的时间里，综考会根据"十年规划"的要求在西部地区组织了大规模的考察，调查面积达几百万平方公里。

---

① 宋叔人：《资产阶级名利思想对于科学事业的危害性》，《光明日报》，1964年10月15日，第2版。

② 《综考会、各考察队研究项目、计划》，中国科学院档案馆档案：Z374-198。

一、“十年规划”的设想

20世纪60年代初期，在经历了三年经济困难以后，中央政府把主要精力放在纠“左”方面，并开始了对国民经济的全面调整。1961年，中央提出“调整、巩固、充实、提高”的八字方针。1962年国民经济开始好转，重新制定科学技术发展长远规划的任务提上议事日程。

1. 制定“十年规划”

到1962年年底，“十二年远景规划”已经执行了七年，科学技术队伍有了很大发展，专门从事研究工作的科学技术人员，从18 000人增加到68 000人，其中大学毕业程度的55 000人①；全国科学研究机构也由381个增加到1296个。在主要学科和技术领域内，几乎都已经有了专门的研究机构。

此时，对于“十二年远景规划”完成情况的看法存在着分歧。中央科学小组和国家科委党组的报告中认为：“1956～1967年十二年科学技术规划，到1962年年底，已经执行了七年。检查结果，在十二年规划的五十四项任务中（另有三项是国防科学技术、喷气技术和原子能利用，不计在内），有四十六项任务已经基本上达到了原规划1962年的目标；有一项任务，是规定基础科学主要发展方向的，不能按具体目标检查，但是这方面的成绩也是显著的；其余还有七项任务进行了大量工作，但尚未达到原定目标。”②

但是在学者中间，对于“十二年远景规划”的完成情况却有不同的看法。在1962年2月召开的广州会议上，与会学者对“十二年远景规划”的完成情况意见不一：有的学者认为是超额完成了；但也有不少人认为差距还很大。意见分歧的关键，是对于完成的标准看法不一。反对者认为，完成任务应该是指做出了高质量的结果，而不是碰一下某个研究项目就算完成。有的学者甚至指出：“如果只要从事过某个项目就算完成，那么‘十二年规划’一年也可以完成。”③ 在综合考察方面，从“十二年远景规划”任务说明书所规定的具体任务以及后来的工作来看，还有相当多的任务没有完成。

无论对“十二年远景规划”完成情况的看法如何，有一个问题是无可争议的，即“十二年远景规划”对后几年的工作规划做得不够具体，对20世纪60年

① 《中央科学小组、国家科委党组关于一九六三—九七二年科学技术发展规划的报告》，见中共中央文献研究室：《建国以来重要文献选编》，第十七册，中央文献出版社，1997年，第490～515页。

② 《中央科学小组、国家科委党组关于一九六三—九七二年科学技术发展规划的报告》，见中共中央文献研究室：《建国以来重要文献选编》，第十七册，中央文献出版社，1997年，第490～515页。

③ 广州会议《简报》第二期，1962年2月18日。

代初期的科学工作，已经缺乏指导性和可操作性了。而且经过七年的实践，科学研究水平和国内外政治环境都发生了重大的变化。国家建设的需要和国际科学研究也都有所变化或发展，因此在实际工作中一些科学研究内容已经有了调整，也增加了一些新的研究课题，因此制定新的远景规划以替代“十二年远景规划”势在必行。

1962 年，中央决定在原有“十二年远景规划”的基础上根据我国社会主义建设的任务，并参照世界科学技术进展的情况，制定“十年规划”。“十年规划”包括了农业、工业、资源调查、医药卫生、技术科学、基础科学六个方面，共 70 个专业和学科规划。有中心问题 3000 多个（未包括新材料和航海），研究课题 18 000 多个，各专业学科重点项目 374 个，国家重点项目 32 个①。

2. 规划中的综合考察任务

在“十年规划”中，综合考察任务主要有西南、西北、西藏三项。在内容上，“十年规划”把综合考察的任务从“十二年远景规划”中的四项凝练为三项，而且都集中在中国的西部地区。因为西部地区在生产发展、自然条件，以及社会经济状况等方面的研究程度，远远不如东部地区详细；在资料的完整、可靠程度和成果的科学水平方面，也无法满足生产发展规划的需要。这里需要做的工作还很多。

在工作重点方面，“十年规划”中的综合考察开始由未开发地区转向半开发、开发地区，并以地区性研究为主，西南、西北为重点。在讨论“十年规划”时，大多数学者认为“只限于空白地区的综合考察已日益不能与形势发展相适应，而必须同时进行半开发地区乃至发达地区以某些重大问题为中心的综合研究”②。因此“十年规划”中的三个任务，西南和西北是已经初步查明了自然资源情况的地区，只有西藏还属于资料的空白区。

“十年规划”的整体要求也提高了。要求综合考察的工作方式，从过去着重野外路线考察转向考察与研究并重，充分利用已有的资料和研究成果，加强技术经济的研究，并适当增加了专题性的综合考察研究。学者们也认识到，过去“大面积、大队伍、大综合、大报告”的做法，无法满足地方生产建设的需要。“十年规划”中要求综合考察队伍力求精干，更多采取小队、小组灵活出动的方式，同时还建议采取委托考察任务、委托专题研究、联合学术会议等多种协作方式开展工作③。

---

① 《国家科委综合考察专业组会议的纪要、讲话》，中国科学院档案馆档案：Z374-157。

② 中国科学院办公厅档案处档案，案卷号：1962-03-7。

③ 中华人民共和国科学技术委员会、中国科学院：《1963～1972 年科学技术发展规划（草案）·综合考察》，1962 年 12 月。

“十年规划”中，对“三西”考察任务明确规定了时间：西南考察为1963～1969年，西北考察为1965～1970年，西藏考察为1963～1972年。三项工作基本上是齐头并进，但是规划刚刚开始执行就赶上国家开始大规模的三线建设。三线建设规模大、时间紧，因此急需了解西南和西北地区的自然和社会经济情况，为建设大型工业基地服务；同时生产建设过程中遇到的很多具体问题，需要科学家帮助解决。因此根据地方政府的要求，综考会对“十年规划”中的三项综合考察任务进行了调整，首先着重抓西南、西北的考察，决定西南考察在1963～1967年提前完成，并计划在1967年全面转入西北地区进行综合考察，1972年完成。而西藏高原综合考察，因为地方条件的困难一时无法开展，所以只提出“争取在1972年如期完成”①。

3. 西南考察的重点

“十年规划”规定的西南地区的考察范围，包括四川、云南和贵州三省，这个地区人口约一亿，土地面积110多万平方公里。一部分属于热带，大部分属于亚热带及山地，是中国粮食和经济作物的重要产地之一。这个地区水能蕴藏量占全国将近一半，植物资源丰富，森林面积及蓄积量仅次于东北，是中国第二大林区。地下矿产资源丰富、储量大、种类多，天然气、铝、铜、锡等均在全国占有重要地位。但是这里自然条件错综复杂，很多地区地震频繁。20世纪60年代初期，西南地区铁路很少，由于交通不便，除部分地区外工业基础薄弱。水利资源开发也十分有限，山区农业资源尚未充分利用。

“十年规划”制定之前，综考会在这一地区已经组织过热带生物资源考察和围绕南水北调工作的专线考察。有关部门结合建设，也对这一地区开展过调查，如农业土壤普查，地质、森林、水利勘测等，积累了不少科学资料。有些甚至已经编制了部门或地区的经济发展规划。但是已做的调查研究深度不够，而且针对全区性开发的综合性考察也尚未全面展开。为此，“十年规划”中专门针对这一地区的全面开发制定了考察任务：

> 考虑到国家今后迅速开发西南的要求，应在已有工作基础上对西南地区的自然资源与生产力发展进行全面系统的研究和有重点的综合考察工作。在对自然资源特点及其开发条件进行全面评价的基础上，在农业方面，主要研究以粮食生产基地布局、农业增产措施和山区资源的开发利用等问题；在水利方面，主要研究中小河流及长江上游主要干支流水利、水能资源的开发利用和布局等问题；在交通运输方面，主要研究铁

① 综考会办公室编：《综考会大事记（1956—1999）》，1999年12月，第19页。

路布局和建设程序问题。通过考察研究，对本区经济开发的有关科学资料进行全面系统地总结、提高和积累。①

“十年规划”中西南地区有关资源方面的中心问题109个，研究项目278个，专业内容涉及广泛，包括矿产资源、水利电力、水文地质、工程地质、地震、农业、林业、综合考察、测绘等②。从制定的西南考察任务可以看出，规划制定者已经注意到了国家要开发西南地区，希望他们的科学工作能够为国家开发建设西南服务。但是在制定“十年规划”时，三线建设还没有上马，规划制定者对西南建设规模的估计不足，只是根据常规的地区发展规律，制定了十年的考察规划(计划进行七年野外工作，三年室内研究)。

1964年，三线建设上马。大规模的经济建设，对西南地区的基本情况有了迫切需求。毛泽东主席和周恩来总理都强调，要加强三线建设地区的自然资源调查。毛泽东强调：“资源、线路都要用两三年时间认真调查，确有根据，才能比选。不可草率从事，也不可拖拖延延，不认真紧张地从事调查。”③由此可见，在时间上十年的规划无法满足三年的要求，工作方式需要调整；在内容上，“十年规划”偏重于区域的长远开发建设，考察成果无法为即将上马的建设工程所用，对考察任务的设计也需要调整。

基于上述原因，关于西南考察的“十年规划”，从执行开始就遇到了诸多困难。学者们虽然对“十年规划”的内容进行了深入的讨论和详细的论证，但是西南地区与过去考察过的地区不同。这里已经有了一定的科学资料积累，因此对于新的工作方式、方法还处于探索阶段。更为重要的是，综合考察队工作开始不久，即因大规模三线建设的需要调整了工作的重点。显然，西南作为三线建设的重点地区，一年之前制定的考察规划，已经落后于国家建设任务的需要了。这就注定了西南考察队，从开始就不得不一再地调整计划。

二、三线建设中的调整

为了执行“十年规划”制定的任务，综考会于1963年组建了“中国科学院西南地区综合考察队”(简称西南队)，负责组织与完成西南地区综合考察任务。

---

① 中华人民共和国科学技术委员会、中国科学院：《1963—1972年科学技术发展规划（草案）·综合考察》，1962年12月。

② 《国家科委、综考会关于综合考察专业组的会议纪要、名单、西南、西北考察情况、酒钢炼焦基地考察研究等任务书、函件》，中国科学院档案馆档案：Z374-156。

③ 转引自陈东林：《三线建设：备战时期的西部开发》，中共中央党校出版社，2003年，第160～161页。

1. 组建考察队

西南队是在“云南热带生物资源综合考察队”和“西部地区南水北调综合考察队”基础上合并而成的。这两个考察队在“十二年远景规划”时期已在西南地区做了大量的工作。1963 年开始工作时，西南队组建了三个分队：四川农业水利分队、贵州农业水利分队和工矿交分队。农业水利分队以自然条件、农林牧、水利等有关专业为主；工矿交分队以工业、矿产、交通等专业为主。分队成员分别来自综考会研究室、中科院中的有关研究所、中央、地方各有关产业部门和高等院校。其中，四川农业水利队包括综考会研究室、长江流域规划办公室、西南分院、西南局计委、四川农业厅、四川林业厅、四川水电厅、四川省气象局、林业部、四川水文地质大队等单位在内的 20 多个机构；贵州农业水利分队包括综考会研究室、长江流域规划办公室、西南分院、贵州省计委、贵州农业厅、贵州林业厅、贵州水电厅、贵州省气象局、贵州交通厅、贵州水文地质大队、成都地质学院等十几个机构；工矿交分队包括综考会、国家计划委员会地区局、西南局计委、西南分院、冶金部、煤炭部、化工部、地质部、铁道部、交通部、石油部、四川地质局、云南地质厅等 40 多个机构。①

这个时期的综考会已经有了自己的研究队伍。因此，与“十二年远景规划”时期的组织方式不同，西南队虽然还是按照社会主义大协作的方式组织多家单位参与野外工作，但是从人员数量上看，综考会各研究室的人员已经成为考察队中的主力。以四川农业水利分队为例：1963 年，全队共有 26 个单位 60 多人参加工作。多数单位只派了一两名考察队员参与其中，而综考会研究室派出的人员最多，共有 15 人②；到了 1965 年，西南考察队人员有 262 人，考察队成员更是以综考会的成员为骨干。在 58 个协作单位中，中科院有 123 人，外单位有 139 人③。

为了更好地开展工作，各分队都进行了预查。预查也是以综考会的成员为主，其中工矿交分队的预查，全部由综考会成员承担。预查工作不仅是为了收集、研究已有的调查资料，更重要的是听取地方有关部门的介绍和要求，以便提出考察的具体方案，如重点题目、重点地区、考察方法、考察路线和具体行程等。

考察分队虽然是为了配合地区的开发建设，但基本思路仍然是按照专业分工。例如，四川农业水利队按照任务，下设五个行动小队，即地貌土壤小队，植

---

① 《几个考察队的研究计划》，中国科学院档案馆档案：Z374-126。

② 《几个考察队的研究计划》，中国科学院档案馆档案：Z374-126。

③ 《综考会关于西南、西北考察计划、总结、汇报、简报、会议纪要的通知》，中国科学院档案馆档案：Z374-178。

物林业小队，气候、农学、畜牧、农经小队，水利小队和渠江干流小队。但是各分队为了更好地安排考察研究，根据参加人员的学科特点，具体划分了 10 个专业组。

1963 年围绕着“十年规划”制定的任务，西南队的野外工作全面展开。但是考察队开始工作不久，国家就开始了大规模的三线建设，地方对考察队提出了迫切的要求，这与考察队的既定计划完全不同。

从国家科委、中科院到综考会，各级负责综合考察的组织协调机构，对西南考察要配合“三线建设”的问题都十分重视。1964 年 6 月和 9 月，国家科委综合考察专业组就先后在北京召开了两次扩大会议，研究如何加强“三线建设”地区的综合考察工作，重点讨论了西南地区的考察工作。会议决定根据国家的需要，提前完成西南地区的考察研究。为此，国家科委提出要“组织优势兵力，在 1963～1967 年完成十年规划规定的重要任务”①，其中西南地区是国家急待开发的地区，比其他地区的要求更为迫切，所以决定先进行西南考察，集中力量，三五年就完成这项任务。考察队缩短了考察周期，以三个月考察、两个月总结代替了过去三年考察、两年总结的办法。由五年一周期改为一年两周期。

2. 工作中遇到的问题

缩短工作周期不是解决问题的关键，西南队开始工作后仍然遇到了一系列的问题。首先，西南地区具有一定的研究程度和开发程度，与过去的考察区域有很大的区别。过去的考察多在偏远、未开发和科学资料的空白地区进行，由于这些地区缺乏科学资料，而且又不是国家急于开发的地区，所以考察工作是从了解基本资料，特别是学科资料入手。这些在实际工作中获得的第一手资料，无论对科学研究还是对地方政府，都具有重要的价值。西南考察与以往考察不同，它是在国家急于建设的地区开展野外考察。有关部门已经做了大量的工作，收集过丰富的资料。因此以收集资料为主的工作方式不再受到地方政府的欢迎，而且其他协作单位由于在此之前已经到过西南地区考察，有了学科资料的积累，因此也不像过去那样积极参与综考会组织的野外考察了。但是西南队是为了承担“十年规划”中的任务，需要有人去做。因此综考会不但负责组织这项工作，而且还派出了大量科技人员②。

其次，在工作方法上也需要一个调整与重新认识的过程。虽然考察工作已经

① 《国家科委综合考察组会议纪要综合考察委员会委员调整》，中国科学院档案馆档案：Z374-146。

② 1965 年，在院党组研究西南地区综合考察时，院领导批评“综考会有了自己的业务队伍后，有时对协作问题就不够重视了”（中国科学院办公厅档案处档案，案卷号：1965-01-17）。

由边远地区转到半开发地区，“十年规划”的着眼点仍然继续过去的看法，没有大的改变。因此工作开始时，野外队伍仍然偏大，行动不便。有的人形容为“大游行”①。“十二年远景规划”时期，综合考察是以粗线条的线路考察为主，每年在野外工作若干月，然后回到北京总结、研究、写考察报告与研究论著。这种适合于地域边远、资料空白区的考察方式，不再适合于西南地区。但是如何在西南地区开展工作，学者们还在摸索当中。

考察队遇到的最大挑战，是“三线建设”。1964 年，考察队刚刚工作一年，“三线建设”就大规模地开始了。“三线建设”是鉴于严峻的国际形势等原因，在中国西部地区进行的一场以战备为指导思想的大规模国防、科技、工业和交通基本设施建设。从 1964 年开始，一直持续到 20 世纪 70 年代末期。“三线”包括四川、贵州、云南、陕西、甘肃、宁夏、青海等西部省份及山西、河南、湖南、湖北、广东、广西等省份的后方。这一地区位于中国腹地，离海岸线最近在 700 公里以上，距西面国土边界上千公里，加之四面分别有青藏高原、云贵高原、太行山、大别山、贺兰山、吕梁山等连绵山脉作天然屏障，在准备打仗的特定形势下，成为较理想的战略后方。“三线建设”历经三个五年计划，投入资金 2052 亿元，投入人力高峰时达 400 多万人，安排了 1100 个建设项目。这是中华人民共和国历史上规模空前的重大经济建设战略部署，对以后的国民经济结构和布局，也产生了深远的影响。

“三线建设”开始以后，国家在西南地区开始了大规模的建设。与此同时，也开始了机构的搬迁与调整。中科院为配合“三线建设”，随即着手调整研究机构的布局。针对 70% 的院属科研机构分布在一线地区的情况，中科院开始有计划地在“三线”地区新建、扩建 40 多个研究机构②。这些机构是根据三线国防建设和工农业建设的需要布局，尤其注意配合钢铁基地、国防部门任务的综合考察、地质、地震等工作的上马，以便集中兵力打歼灭战。为此，中科院成立了“支援西南、西北建设领导小组办公室”（简称双西办）；中科院西南分院也专门成立了三线建设筹备办公室，负责主动争取中央分局的支持，并立即着手基本建设等筹备工作。而此时正在西南开展工作的西南队成为中科院关注的重点。

由于时间紧迫，“三线建设”的重大项目多是边设计、边施工、边投产（简称“三边”）；而以区域长远发展规划为目标的西南综合考察，显然无法满足“三线建设”和“三边”工作模式的需求。由于无法在短期内拿出直接服务于生

---

① 《漆克昌副主任在综考会成果汇报和经验交流会上的总结报告》，中国科学院档案馆档案：Z374-190。

② 郭金海编：《中国科学院史事汇要 · 1964 年》，中国科学院院史研究室，2007 年。

产建设的成果，西南考察开始不到一年，就受到了来自各方面的批评。地方政府认为，西南综合考察提不出改造自然的具体措施，不能适应国家的需要，工作做得不深不透。中科院的领导也指出："现在人家亲到现场真刀真枪地干，我们还在搞外围，没等你搞完，人家的厂子就已经盖好了。因此，综合考察要采取革命化的搞法。"①

为了解决西南队面临的问题，1966 年 4 月下旬至 5 月初，竺可桢亲自到西南地区检查工作，并专门征询了地方政府的意见。西南局计委副主任熊宇忠、连柏生等领导，就考察队的工作提出了尖锐的意见。他们明确提出："现在西南是重点建设地区，边规划边建设，你们才开始摸资源的合理开发，等你报告写出来，人家已经建设起来了，根本用不上了。大工业已经基本定型了，你们不要再搞了，要适应实际情况。"②

西南队的建立本是为了完成"十年规划"的任务。在实际工作中，"十年规划"的西南综合考察任务选题也受到了质疑，被认为是"在老框框指导下选题的，仍以大地区全面的资源评价与生产布局为主"，无法直接与西南局计委挂钩，满足地方的需要。有人甚至面对考察中出现的各种问题，认为"综合考察只适宜在边远的空白地区工作"，在开发地区发挥不了作用③。实际工作中，传统的工作方法受到了越来越多的批评："过去我们的做法，有的同志称作'贪大求全，弃近求远'。过去也提点面、远近、大小相结合。说以点带面而偏重搞面；说由近及远，而主要是远；说大小结合而光搞大的，不能解决国家急需的问题。"④

为了协调规划任务和地方要求之间的矛盾，最初综考会只有采取折中办法。针对综考会的这种做法，地方领导提出："当初，我们不敢冲破框框，只能对你们的计划修修补补，采取改良主义的办法，主要是怕冲了科委十年规划。所以，又要基本上保持十年规划的要求，又得做些修补。现在许多情况和定十年规划时不同了，十年规划已经不能适应今天的情况了，干脆打破算了！改良主义的办法是不成的。考察还是为了国家建设，要在'用'字上下工夫。看看十年规划中还有哪些是符合当前情况的，可以继续搞。已经不现实的问题，就不要搞了。"地方领导进一步向考察队提出了具体的要求："结合规划搞区划，这是普遍的要求。能否下个决心同省里要求结合起来？假如能够这样做，肯定各级领导都会欢

---

① 中国科学院办公厅档案处档案，案卷号：1965-01-17。

② 中国科学院办公厅档案处档案，案卷号：1965-01-17。

③《综合考察方向、任务和体制等问题的整改方案（试行）》，中国科学院档案馆档案：Z374-113；《综考会、各考察队研究项目、计划》，中国科学院档案馆档案：Z374-198。

④《漆克昌副主任在综考会成果汇报和经验交流会上的总结报告》，中国科学院档案馆档案：Z374-190。

迎，你们要什么支持，都会得到。这样也可以从实际出发了，可以搞得细一些了。……例如，川西坝要搞渠系改造、八大河流整治和百万亩死黄泥改造，假如你们不参加这些中心任务，而单搞一套，就不会受到地方欢迎。你们工业方面的考察，过去偏重于资源合理开发，研究资源的合理利用，是对的。但是，对于当前西南建设来说不现实了。”①

“三线建设”也使西南地区的各种资料变得十分敏感。考察工作中需要向地方有关机构索取考察区域最新的资料，而那些涉及国家重大建设项目的地区资料不允许公开，很多都是机密。考察队获取地方资料变得十分困难，一些机关也对考察队索取资料表示不满。国家计划委员会和冶金部等机构都曾经向中科院提出意见，认为考察队就是去抄资料。而且资料要得太全，“比中央要的还全”②。这一点参与考察工作的司机深有体会。“文化大革命”期间综考会的司机曾指出他们参加工作多年却不知道大家在做什么，只知道车队到达地方后，当地人就说抄资料的人又来了。可见“三线建设”时期，综考会的一些工作已经不为当地认可③。

为了适应新形势的需要，西南综合考察要抢时间，要结合具体建设任务工作。由于各个产业部门都开始组织人员，加强对西南地区的勘察、设计、研究工作。考察队更是处于被动应付的局面。考察计划不断被修改，致使考察人员无所适从。1964 年一年中，四川分队的计划就改了 37 次④。但是为了解决西南考察队面临的上述的问题，考察工作必须做出调整。

3. 考察内容及工作方式的调整

综考会对西南队的工作进行了一系列的调整。首先，把从学科出发、搞大地区、大题目的做法，改为从生产建设急需出发选择题目。为此，提出了西南考察的工作方针是，西南地区不强调搞远的、大的、全的，着重搞专题。其次，对考察区域也进行了调整。例如，其中一个分队原准备考察川、滇、黔接壤地区的 9 个专州，共 26 万平方公里的范围，这样平均不到一个月就要考察完一个专州。修改后的计划，则把考察范围集中到重点建设项目外围的西昌、楚雄两个专州，并围绕农业增产潜力与途径问题进行考察⑤。再次，调整了工作方式，改变了野

---

① 中国科学院办公厅档案处档案，案卷号：1966-03-46。

② 中国科学院办公厅档案处档案，案卷号：1965-01-17。

③ 竺可桢 1967 年 11 月 9 日日记，见竺可桢：《竺可桢全集》第 18 卷，上海科技教育出版社，2010 年，第 644～646 页。

④ 《综考会领导小组扩大会议纪要及贯彻会议纪要精神的简报》，中国科学院档案馆档案：Z374-191。

⑤ 《综考会委员会、领导小组、漆克昌关于综考会工作情况给院党组的报告以及学术委员会的纪要》，中国科学院档案馆档案：Z374-176。

外考察工作完成以后再进行全面总结的办法。考察队根据实地工作及时写专题报告。针对西南地区在“三线建设”的带动下工业发展很快但农业变化不大的情况，西南队投入了更多的力量在农业考察上。

虽然对西南考察做出了一系列的重大调整，但是对于在具体工作中如何才能够联系地方生产实际的问题，考察队缺乏经验。1965 年 5 月，西南局计委熊宇忠、连柏生副主任，郭达秘书长等领导人召见西南队副队长孙新民等，指出考察队的工作方法与西南建设形势仍有矛盾：“根本问题是工作方法问题，涉及你们的考察方针问题。……按你们现在的工作方法搞，结合建设作用不大，第一手资料不容易得到。科学研究应该全心全意为建设服务，一切服从建设。”为了解决为建设服务的问题，综考会提出考察队应该直接接受西南局计委下达的任务和提出的要求进行工作。

但是完全按照地方的要求去做也有困难。首先，地方政府对考察队的要求在不断改变。1966 年 5 月间，西南地方有关人员还对考察队的区划工作“十分感兴趣”，“他们不让贵州分队走，也是希望搞区划”①；但是到了 6 月，他们却又“不主张做……农业区划工作”了②。其次，不同的地区、不同的部门对考察队的要求也不相同。这一切使得考察队无所适从。考察队成立以后不知任务何在，派出去成都找任务的人员，两个月以后仍然不知道应该做些什么③。

1965 年 6 月，中科院党组就加强西南地区综合考察为“三线建设”服务问题召开了讨论会。会议讨论了综合考察如何与西南建设任务相结合，尤其是如何结合的问题。会议提出，西南的建设要加快步伐，西南考察队的工作要与建设任务紧密结合，不是一般的结合，应以服从“三线建设”为主。西南局计委要根据“三线建设”任务的需要，并结合西南队所能承担任务的可能，提出工作任务，西南考察队应坚决积极承担，组织院内、院外有关单位的力量，密切协作，努力完成。院领导尤其强调，这种调整与“十年规划”不矛盾：“当初制定十年规划时，还没有个三线建设问题。‘十年规划’的任务是为西南建设服务，现在是提前完成，提前实现了。”④

针对各方面的意见，西南考察队作了相应的调整，提出与“三线建设”关

---

① 竺可桢 1966 年 5 月 6 日日记，见竺可桢：《竺可桢全集》第 18 卷，上海科技教育出版社，2010 年，第 106 页。

② 竺可桢 1966 年 6 月 7 日日记，见竺可桢：《竺可桢全集》第 18 卷，上海科技教育出版社，2010 年，第 126 页。

③ 竺可桢 1967 年 11 月 9 日日记，见竺可桢：《竺可桢全集》第 18 卷，上海科技教育出版社，2010 年，第 644 ~ 646 页。

④ 中国科学院办公厅档案处档案，案卷号：1965-01-17。

系不太密切的地区可暂不考察或做得简单一些。要求各分队把重点放在围绕“三线建设”的重大任务开展工作。西南局计委提出，考察队可以四川为重点，以中小型建设为中心开展考察，必要时也可参加大型建设项目的研究工作，如以西昌地区钢铁基地为中心，考察工作要能够为那里的建设部署提供参考依据。

1965 年，综考会把西南综合考察的工作重点调整为 3 个项目，13 个研究专题。研究题目全部围绕生产实际工作中急需解决的问题展开工作。正如综考会的领导漆克昌所说：“西南重大建设工程我们都参加了。”有些成果还直接交给了有关部门参考（表 4-1）。

表 4-1　西南考察任务与具体成果

“十年规划”规定的任务	“三线建设”中的重点	报送有关部门参考的主要考察报告
（1）西南地区自然条件与自然资源的分布规律及其利用评价的考察研究 （2）西南地区农、林、牧资源开发利用的考察研究 （3）西南地区水利水能资源开发利用的考察研究 （4）西南地区主要矿产资源开发利用与大型工业基地布局的考察研究 （5）西南地区交通运输布局的考察研究 （6）西南地区经济发展与生产力布局的考察研究	（1）以攀枝花钢铁基地为中心的川、滇、黔接壤地区工业布局的综合研究 （2）西昌工业基地与其外围西南主要工业基地的综合布局和建设程序的研究 （3）川、滇、黔接壤地区、四川盆地农业发展潜力和贵州地区山地综合利用与西南重点地区紫胶适生范围的考察研究	（1）黔西盘县、水城、六枝三大煤炭资源特征及开发利用初步意见 （2）重庆及其外围地区煤炭资源开发和利用 （3）西南地区开阳、昆阳、什邡三大磷矿资源开发利用的研究 （4）贵阳及黔西地区电力工业发展问题 （5）滇北地区铜、铅、锌矿产资源开发利用和冶炼基地建设问题 （6）四川嘉陵江流域丘陵地区水利化途径 （7）贵州遵义、铜仁、黔东南地区山地综合开发利用 （8）攸乐山地区与把边江流域紫胶适生范围及其发展潜力

“三线建设”任务紧迫，综考会在北京是远距离操控，无法满足形势的需要，需要改变领导关系。最初，曾有领导建议综考会建立一个西南分会，由西南分院领导；也有领导提出把西南综合考察队改为西南局计委的政策研究室。经过反复考虑、多次磋商，1965 年经中科院党组批准，已经工作了三年的西南考察队改由中科院西南分院和西南局计委双重领导①。

由于中科院支援西南“三线建设”的工作越来越多，中科院曾经考虑在西

① 《综考会漆克昌副主任及西南队领导对西南、西北队工作指示、汇报》，中国科学院档案馆档案：Z374-177。

南分院建立工作站，并于1964年拨出经费；综合考察也考虑要"长期作战"，并考虑在西南建立野外工作站或分析室、实验室。但是这些工作尚未启动，西南考察就受到了"文化大革命"的冲击。"文化大革命"开始以后，无产阶级"文化大革命"成为压倒一切的政治斗争。西南考察队主要成员全部撤队，回综考会参加运动。留下的少量人员也"积极投入运动，因而心情不大安定"①。

综合考察本来是从宏观、长远的角度考虑全区性、综合性的建设规划，这也是它区别于各个产业部门的勘察规划工作。尤其是在专门的堪察工作没有开始之前，综合考察工作尤其显得重要。但是在"三线建设"中，各个部门的勘察工作纷纷上马，对综合性的考察资料就不太重视了。但综考会认为，虽然冶金、煤炭、水电、铁道等部门都在进行专门的堪查设计研究、施工，但是中科院的考察队涉及面广，能够起到先行战略侦察的作用。尽管西南考察工作在不到四年的时间里经历了多次调整，考察队还是取得了丰硕的成果。考察队共承担了114个研究题目，参与工作的人员达1182人，其中到西南实地考察的人员有602人。西南队先后写出了近40篇考察报告②。

西南地区的综合考察工作，成为综考会成立后的一个重要转折点。与以往的考察不同，西南考察直接与生产实际工作相联系，解决的问题十分明确。而且"十年规划"中时间地点不确定的问题，在"三线建设"中全部确定下来。但是与此同时，这种以"经济为纲"，把三线生产力布局作为中心任务的考察，削弱了综合考察的科学研究，也使一些工作失去了扎实的基础。"文化大革命"的冲击更使考察成果没有能够及时整理，从而使考察的科学价值大打折扣。

西南考察单纯赶任务多，深入系统的研究少。许多野外考察都是围绕着一个个生产任务布置科学研究的课题，没有同时安排相应的理论研究。因此生产任务完成了，工作也就完成了，没有带动起科学理论研究。结果是学科上不去，资料数据积累差，青年科研人员的基本训练差，水平得不到提高。而且题目人员多变，长期稳定从事这项工作的人员比较少，再加上轻易地改变任务，经常号召突击重点，使西南考察失去了它的科学价值。如何处理科学研究与国家经济建设的关系，是中科院组织的西南考察留给当代学者的研究课题。

在执行"十二年规划"时期，综合考察任务多在其他部门较少开展工作的地区进行，综考会组织领导的考察走在了各项工作的前头；但是从西南考察开始，由于各部门均在"三线建设"中做了野外勘测，综考会领导的考察则走在

① 中国科学院办公厅档案处档案，案卷号：1966-03-27。

②《综考会关于西南、西北考察计划、总结、汇报、简报、会议纪要的通知》，中国科学院档案馆档案：Z374-178。

了后面。但是西南考察毕竟开始了组织管理的新尝试。综考会建立时，一直希望由国家计委和中科院双重领导，虽然争取过很多次，但都没有成功，最后只好归属中科院领导。西南考察队改为在中科院西南分院和西南局计委双重领导之下，密切结合生产建设任务来工作。这种组织方式为综考会寻求新的组织领导模式开辟了道路。但是不久，随着“文化大革命”的爆发，综考会的生存出现了危机，领导体制上的探索也只能是半途而废。

第五章

从撤销到恢复（1966～1977）

从1966年下半年开始，“文化大革命”的冲击使中科院遭到前所未有的破坏。中科院新技术委员会所属的一批研究所被划归国防科委领导，使中科院损失了几乎半数的研究所（包括科技人员、仪器设备、研究所建筑乃至经费指标），更令中科院失去了综合、配套的优势。1969年“文化大革命”进入“斗、批、改”中“改”阶段以后，中科院开始进行大规模的“体制改革”，处境更加困难。一方面，各大区分院被撤销，分院所属工作、图书馆下放地方；另一方面，全院的43个院直属研究机构也被下放地方，实行地方领导或地方与中科院双重领导。此时北京地区的科技人员分批离京，下放到宁夏陶乐和湖北潜江的中科院“五七干校”劳动，科研工作大多停顿。

“文化大革命”爆发前的综考会，各项制度逐步完善、研究队伍渐渐壮大、专业分布趋向合理。但是这场空前的浩劫，不但使综考会业已建立的各项制度无法贯彻、研究人员无法正常工作，而且综考会在多年工作中逐步配置的各种考察设备，也遭到了巨大的损失①。更为重要的是，会内的许多学者、包括综考会的主要负责人受到批判或冲击。1966年8月，漆克昌被停职检查②；竺可桢在“文化大革命”期间也受到了大字报的冲击③，而且不得不把主要精力用于接待外调人员的询问，无法正常开展工作。

1969年中科院的“机构调整”对综考会来说，更是一次致命的打击。是年综考会与中科院的北京植物园、生物实验中心、心理研究所等部分研究机构，以及中科院新技术局被强行撤销，职工下放到“五七干校”参加劳动。

第一节　批判“经济为纲”

经过十年的努力，综考会在工作实践中逐步摸索出了野外工作的组织方法、建立了相应的制度、制定了“政治挂帅、经济为纲、科学论证”的工作方针。但是随着“文化大革命”的爆发，综合考察中业已形成的以“经济为纲”的工作方针，作为与“政治挂帅”的对立面和修正主义科技路线遭到批判。

---

① 例如，1967年7月，综考会由空军代管的三架米-4直升机无价调拨给空军（《综考会大事记》）。

② 综考会办公室编：《综考会大事记（1956—1999）》，1999年12月。

③ 竺可桢1966年9月8日日记，见竺可桢：《竺可桢日记》第5卷，科学出版社，1990年，第96页。

一、提出“经济为纲”

在1959年2月召开的第一次综合考察工作会议上，中科院党组副书记裴丽生作了题为“把综合考察工作提高一步”的重要讲话①。裴丽生在报告中，对综合考察的工作方针、成果形式、组织形式、工作方法，以及综考会的机构特点都作了明确的阐述。他提出，综合考察工作的方针任务是关键性的问题，并指出了综合考察的总任务和要求应该以“经济为纲”，也就是从自然资源调查开始，进行分类研究，最后提出资源开发利用方案。对于综合考察的成果形式，他认为应该表现在开发方案的制订上；而综合考察的组织形式和工作方法要便于任务的完成；综合考察委员会要有班底，要设立几个研究室。另外，他还提出了领导方面应该注意的一些问题。这是目前所见、最早公开发表的综合考察要以“经济为纲”的提法②。裴丽生作为中科院的领导，他本人虽然负责院内的综合考察，但却从未参与过相关的学术研究或组织工作。那么他的思想源于何处呢？

裴丽生，1906年生于山西，1929年考入清华大学经济系，1933年加入中国共产党，并于同年从清华大学毕业。1949年以后，裴丽生先后担任太原市市长、山西省省长等职。1956年1月，中共中央号召“向科学进军”，提出制订1956～1967年科学技术发展远景计划的任务，要求党和政府“用极大的力量来加强中国科学院，使它成为领导全国提高科学水平、培养新生力量的火车头”。为了加强中科院的领导力量，1956年4月裴丽生被抽调到中科院领导岗位工作，担任院党组副书记。行政上先任秘书长，后任副院长。按照党组成员的分工，裴丽生负责生物学、地学、综合考察等方面的工作；按行政领导分工，这部分工作则由副院长竺可桢负责。据竺可桢日记的记载，裴丽生有关综合考察的阐述，可能受到了综考会副主任漆克昌的影响③。

由于“经济为纲”本身语义宽泛，因此在“文化大革命”之前有关综合考察诸多问题的争论中，学者之间并没有就是否应该以“经济为纲”这个问题产

---

① 裴丽生：《把综合考察工作提高一步》，《科学通报》，1959年，第14期，第442～444页。

② 竺可桢在1962年7月30日的日记中曾记载：“以经济为纲”是1958年提出的（竺可桢：《竺可桢全集》第16卷，上海科技教育出版社，2009年，第313页）。

③ 据竺可桢1968年12月2日日记：“综考会来人了解漆克昌何时提出以经济为纲。我的记忆是1958～1959年，裴丽生有一次在综考会大会上首先提出综考会要以经济为纲。当时也没提出内容，但裴丽生管综考会管得少，为什么要这样提？我推想是漆克昌主使裴丽生，而漆因苏修有生产力委员会也是以经济为主，所以这样依样画葫芦。但综考会过去工作是做搜集科学材料为主，不做合理布局的。”（竺可桢：《竺可桢全集》第18卷，上海科技教育出版社，2010年，第277页）

生过广泛的争论[①]。会内外有关学者专家大多同意综合考察要为国家经济建设服务的提法。但是对于如何为经济建设服务，学者之间的看法不尽相同：一种观点把“经济为纲”理解成为综合考察为社会主义建设服务，提供科学依据；另一种观点则认为，“经济为纲”就是综合考察直接为国民经济进行计划或规划服务。综考会的两位主要领导，主任竺可桢和副主任漆克昌的观点就不一样。

竺可桢认为，综合考察工作要“为国家建设服务，实行任务挂帅，走群众路线和任务带动学科的工作方法……综合考察工作只有积极地结合和围绕国家的重要中心任务，才能使工作得以顺利地进行，才能得到有关方面的密切配合”[②]。竺可桢一直强调要利用中科院内的多学科优势，开展自然资源的普查。这种工作是一种综合性的、长远的、探索性的，而且不赞成把综考会发展成为经济研究机构。而漆克昌则认为，在综合考察中要进行技术经济的科学论证，考察成果要直接为社会主义经济建设服务。他尤其重视综合考察中的经济工作，一直致力于加强综考会的技术经济力量，并强调综合考察的最终目的是要拟制地区的经济开发方案。

1961年，以“综合考察委员会办公室”的名义发表在《科学报》上的《资源综合考察工作的初步经验》[③]一文中，明确提出了综合考察的主要经验是“政治挂帅、经济为纲、科学论证”。这篇于1959年成稿的文章详细阐明了几个方面的经验。

文章对于“政治挂帅”的解释是：“政治挂帅是在考察工作中坚决贯彻党以

---

① 笔者在竺可桢的日记中找到多处竺可桢的反对意见，但目前还没有看到在综考会公开讨论中，涉及讨论“经济为纲”的文献资料。竺可桢1962年8月4日日记：“综考要以经济为纲，作为目标则可，作为计划则有极大困难。”（竺可桢：《竺可桢全集》第16卷，上海科技教育出版社，2009年，第317页）1966年9月12日日记：经济为纲“这条裴丽生初来时曾提出，但所谓经济为纲作如何解释是成问题。如果说要为国家经济建设服务，这是谁也可赞成，但若说要把综考会变成一个经济研究机构，那是成问题的，因为科学院是一个自然科学单位，做普查工作尚有条件，要做经济研究工作是做不好的，要做合理布局非属于计划委员会不可”（竺可桢：《竺可桢全集》第18卷，上海科技教育出版社，2010年，第195页）。1967年5月24日：“自1958年以后漆克昌来会后，根据裴丽生提出的一个口号‘经济为纲’，把综考会工作从普查转到以合理布局为主要工作，我认为是一个错误，这我曾几次口头和书面向院提出了。”（竺可桢：《竺可桢全集》第18卷，上海科技教育出版社，2010年，第490-491页）1967年6月23日：“漆克昌……要以生产布局为主要任务。我一直反对，认为科学院力量只能做普查工作，若做生产布局要到计委才行，不然我们没有条件，即所有矿藏、人口、经济等等资料全系保密，不可能来合理布局。但漆克昌一意孤行。也曾和张劲夫、裴丽生谈，而且有书面写东西，均置之不理。谢鑫鹤虽表面赞成，但也不执行，所以把地质矿产、水文、农林、经济、动能五个室扩展到三四百人之多，而不为地方欢迎。”（竺可桢：《竺可桢全集》第18卷，上海科技教育出版社，2010年，第517页）

② 中国科学院编译出版委员会主编：《十年来的中国科学·综合考察（1949—1959）》，总论，科学出版社，1959年。

③ 综合考察委员会办公室：《资源综合考察工作的初步经验》，《科学报》，1961年1月6日，第2版。

农业为基础、工业为主导的方针，大中小相结合的方针，一整套两条腿走路的方针以及科学为国民经济建设服务的方针等，并在拟出的生产力发展远景设想中体现党的战略布局思想，即以全局观点合理配置生产力；以长远观点体现出共产主义远景。为此，就要求在研究生产力远景布局时，要充分重视地区经济体系的建立和中小型企业的普遍发展；考虑向共产主义过渡，消灭三大差别的问题；不仅要算细账，而且要算大账，不仅要算经济账，而且要算政治账。掌握好这种思想以后，就易于处理好在布局中的局部和全局、近期和远期，此外，在考察工作中要坚决实行任务带学科的方法，组织各学科（专业）来完成任务。要求各学科（专业）的工作首先要查清自然条件、自然资源。提出这一方面的资料和资源数据，完成考察任务；同时，通过完成任务来带动学科研究，从而为学科的理论研究开辟一个新的领域。”

文章对于“经济为纲”的解释是：“经济为纲就是考察工作必须从资源开发着想，为国民经济服务，而不是偏重于理论研究。在查清地上、地下资源的基础上，进行技术经济评价，从大的方面综合考虑经济效益，并根据现在经济发展与生产力布局情况，预想今后可能和充分发展与合理的布局，提出考察地区资源开发利用方案或生产力发展远景设想。”

关于“科学论证”，文章指出：“科学论证的工作应建立在可靠的资源数据和科学的资源预测的基础上，在论证生产力发展远景时必须充分地考虑到现有的科学技术水平，也要估计到科学技术发展的趋势，并根据资源特点和经济条件去论证资源开发的程序、发展规模和利用方向，以使提出的方案或设想具有充分的科学依据。”

“政治挂帅、经济为纲、科学论证”逐渐成为指导中国综合考察事业的“十二字方针”。而此时的“经济为纲”，强调技术经济评价和地区开发方案，更倾向于漆克昌的观点。这也与漆克昌在综考会的主导地位有关。

从20世纪60年代初至“文化大革命”之前，漆克昌在综考会的影响力要比竺可桢大。他是综考会的常务副主任，同时也是综考会党的领导小组的组长。而这个时期，党的领导更具有权威性。另外竺可桢作为中科院的副院长，有相当一部分精力放在综考会以外的事务上，而漆克昌作为很长时间内综考会唯一的副主任①，则把绝大部分精力放在了综考会的机构建设和综合考察事业的组织工作上。

---

① 据竺可桢1968年7月28日日记记载：“我不满漆克昌的政策，把会变成一个研究机关，而且又不好好工作。所以我主张有一个业务的副主任，但张劲夫置之不理，以后谢鑫鹤提出调马溶之来京。”（竺可桢：《竺可桢全集》第18卷，上海科技教育出版社，2010年，第177页）从1965年开始，综考会才调人马溶之担任副主任，同时安排时任蒙宁队副队长的李应海担任副主任一职。但是很快爆发了“文化大革命”，业务副主任实际发挥作用不大。

综考会特殊的机构特点，也增强了漆克昌的权威性。综考会本身是类似于学部的机构，所以在中科院内它较为独立，“文化大革命”之前不属于任何学部领导。同时，综考会又不像中科院中其他研究所有所务会议制度。虽然综考会设立有委员会，但委员多是来自院内其他机构，甚至院外其他部门的知名学者或者领导。这些委员平时工作都很忙，较少过问综考会的事务，甚至较少参加综考会召集的会议，因此综考会内的很多事务主要由漆克昌处理决定。可以说在“文化大革命”之前漆克昌主导着综考会的工作，影响着综考会的工作方向①。

“文化大革命”之前，在漆克昌的有关综合考察的报告中经常提倡“经济为纲”的方针；而在竺可桢的各种报告中，则较少使用“经济为纲”②。“文化大革命”之前，综考会一直在围绕为国家经济建设服务开展考察工作，基本上是按照漆克昌的观点执行“经济为纲”的方针。随着“文化大革命”中大批判的开始，漆克昌受到了冲击，于是“经济为纲”的提法被当做不突出政治、利润挂帅而遭到了否定与批判。

二、批判引出的问题

“文化大革命”开始以后，提倡综合考察要以“经济为纲”的裴丽生和漆克昌先后遭到了批判。1966 年 8 月，漆克昌被停职检查；11 月受“文化大革命”的冲击，中科院党委成员停止工作，接受批判。1967 年 3 月以后，裴丽生被勒令到中科院京内外一些研究所接受轮流批斗。1969 年 10 月，被遣送到中科院的湖北潜江“五七干校”参加劳动。

这场政治运动的发动者认为，必须突出阶级斗争和两条道路的斗争，并且把

---

① 竺可桢 1966 年 9 月 12 日日记：综考会“最初是以普查为目的，所以称综考会，但漆克昌来不久后慢慢向研究单位发展，与外界联系反而减少。同时因无学部的管理和所务会议的讨论，变成了独断独行的局面，而且自信心强，不能与人合作，和陈道明、于强、李秉枢统谈不拢。和南京大学、北京大学教授亦不能合作，因此以后变成孤军作战。1962 年十年长远规划剩下西南、西北、西藏三个考察队，而1963～1964 年又把西藏考察停下，西南、西北考察队对于地方上的印象也不好”（竺可桢：《竺可桢全集》第 18 卷，上海科技教育出版社，2010 年，第 195 页）。

② 1962 年 7 月 30 日，竺可桢在一次综合考察会议上曾指出：“综考应在摸清资源基础上，提出自然规律来开发自然资源，至于经济部署、生产力如何配置只是设想，作为计委参考而已。”（竺可桢：《竺可桢全集》第 16 卷，上海科技教育出版社，2009 年，第 313 页）1963 年，竺可桢在中国地理学会第三次全国代表大会及 1963 年综合性学术年会的开幕词中，在谈到专题性研究和综合性研究的关系时，曾经提倡各学科之间相互学习、取长补短。他提到：“自然地理学和经济地理学之间也应加强联系。做自然地理方面工作的同时应该具有并且加强以经济为‘纲’的观点，搞经济地理研究的同时必须在了解自然规律的基础上才能做好对自然条件和自然资源评价并进而做好生产布局工作。”（竺可桢：《竺可桢全集》第 4 卷，上海科技教育出版社，2004 年，第 234 页）从行文叙述中可以看出，竺可桢此处的经济为“纲”与漆克昌提倡的“经济为纲”的含义并不相同。

“文化大革命”中干部群众的不满和红卫兵运动的混乱局面归结为走资派活动的表现，因此开始组织大规模的运动，批判资产阶级的反动路线，认为只有这样才能贯彻执行“正确路线”。一时间，批判“阶级斗争熄灭论”和“唯生产力论”的风暴袭遍中国大地。

1966 年 8 月，中国共产党八届十一中全会通过的《中国共产党中央委员会关于无产阶级文化大革命的决定》（简称《十六条》）中的第一条，即规定要斗垮走资本主义道路的当权派，批判资产阶级的反动学术“权威”。中科院也随即展开了规模空前的大批判。作为综考会，这种批判还要结合院内、会内的实际问题。因此，漆克昌提倡的“经济为纲”就与“理论脱离实际”、“专家路线”、“名利思想”、“论文挂帅”等一起，被作为修正主义科研路线在综合考察中的表现受到了批判。在此期间，“经济为纲”成为“唯生产力论”的翻版受到重点批判。

马克思主义强调生产力决定生产关系，生产关系决定上层建筑。由于“唯生产力论”片面强调生产力的发展对生产关系所起的作用，忽视了生产关系对生产力发展的反作用，其核心就是认为生产力落后的国家不可能先行建立新的社会制度，并以宣扬生产力是历史发展的唯一动力而走向极端。“文化大革命”中的批判则走向了另一个极端，强调社会主义时期的主要矛盾是无产阶级和资产阶级的矛盾，认为阶级矛盾是人类社会发展的动力。正如有的学者指出，中国的“左”倾空想共产主义运动以批判“唯生产力论”开路，借以不断变动生产关系。他们认为，人为地、不断地变更生产关系，就可以在极短时期内使生产力成倍、成几十倍地发展，因此向共产主义过渡的任务就可以轻而易举地完成了。这是中国社会主义之所以在不断批判“唯生产力论”中不正常地运行的重要原因。在这里，生产力在历史发展中的最终决定作用被自己的形式——生产关系取代了①。

尽管在“以阶级斗争为纲”的狂热氛围中，多数的批判都是上纲上线的政治口号，缺乏科学的理性批判。但是对“经济为纲”的批判，再次引出了综合考察工作中是否要围绕生产力布局开展研究的困惑。同过去曾经有过的争论一样，在这个问题上综考会内部仍有两种不同的看法。一种观点认为，综考会成员以自然科学工作者为主，不像苏联生产力研究委员会拥有一批经济学家。而且生产力布局问题又比较复杂，这种问题应该是由计委和有关部门研究。综考会应该以自然资源和自然条件的考察研究为主，只是为生产力布局提供基本资料。另一种看法则认为，综考会既要组织研究自然资源，又要研究生产力布局，特别是生

① 吴江：《批判“唯生产力论”的历史教训》，《社会科学论坛》，2000 年，第 2 期，第 4 ~ 7 页。

产力布局的一些带有长远性、综合性的问题[①]。

虽然“文化大革命”之前，在综考会内部一直没有形成统一的认识，但是观点的分歧并没有影响综合考察的继续。只是综考会的侧重点，往往随着大的政治环境和考察地区的具体情况而有所变化，造成一阵强调专门性科学研究，偏重自然资源的考察理论探讨；一阵又过于强调开发方案，偏重于为生产力布局服务。

随着“文化大革命”中“经济为纲”的提法受到批判，以生产力布局作为中心任务的做法被否定。但是旧的方针“破”了，新的方向却没有“立”起来。综合考察应该如何开展工作？这仍然是个令综考会学者感到困惑的问题。在此期间综考会的“东方红战斗团”还专门成立了“方向任务调查组”[②]，向竺可桢等老一代学者了解综考会的方向、组织综考会成员讨论综合考察的目标、综考会的去留等问题。对于“经济为纲”，会内学者认为：“我们不知道国家意图，生产部门部署而要评价资源是不可能的。所谓经济为纲实际是利润为纲。”[③]

1968 年 2 月 9 日，综考会组织会内人员举办毛泽东思想第三期学习班。按照规定，学习班本是为了解决什么是刘邓路线，什么是毛主席革命路线，是为了分清两条路线开展讨论学习的。但是因为竺可桢的到场，“提问题的纸条纷至沓来”，六楼的会议室内坐了七八十人，会议室外还有很多人旁听[④]。问题全部集中在综合考察工作应该如何开展这个中心上。

在众多的问题当中，首先就是围绕着聂荣臻副总理曾经提出的应该调查资源而展开。在此之前，即 1968 年 1 月 15 日，聂荣臻在京西宾馆出席总参谋部活学活用毛主席著作积极分子代表会议的开幕式[⑤]。会后，他接见了中科院革命委员会（简称革命会）常委。在谈到综考会的情况时，聂荣臻说：“综合考察还是需要的，中国这么大，你考察了多少，我不信你们已经考察完了。现在综合考察要完全根据国家计划也很困难，综考会就是要把国家资源查明，查明了由计委有关部门去采用，我们现在对资源了解还少得很。”[⑥] 针对聂荣臻的讲话，学习班上有学者问竺可桢：查资源是指什么资源？针对这个问题，竺可桢谈了他的看法。他认为调查石油资源，综考会查不过石油部，因为中科院没有那么多钻机；调查

---

① 中国科学院办公厅档案处档案，案卷号：1962-03-07。

② 竺可桢 1967 年 6 月 23 日日记，见竺可桢：《竺可桢全集》第 18 卷，上海科技教育出版社，2010 年，第 517 页。

③ 竺可桢 1967 年 11 月 9 日日记，见竺可桢：《竺可桢全集》第 18 卷，上海科技教育出版社，2010 年，第 644 页。

④ 竺可桢 1968 年 2 月 9 日日记，见竺可桢：《竺可桢日记》5 卷，科学出版社，1990 年，第 194 页。

⑤ 周均伦主编：《聂荣臻年谱》下卷，人民出版社，1999 年，第 1090 页。

⑥《聂副总理接见科学院革委会常委谈话记录》，中国科学院档案馆档案：Z374-207。

煤炭资源综考会也查不过煤炭部。而在农业方面综考会可以做的工作却很多，比如，调查荒地资源，农业部就曾经多次邀请中科院帮助。但是学习班上有学者指出，竺可桢只强调综合考察为农业服务不够，应该加强为工业服务的考察。竺可桢也赞同这个建议。

对于资源“查明到什么程度？考察机构如何分工”等问题，竺可桢在回答时仍以调查荒地资源举例。他指出，综考会仅调查有多少荒地是不够的，还应该把荒地能否开垦的条件，如水源、气候条件等调查清楚。对于查明资源后要不要进行经济评价的问题，竺可桢明确回答：“评价我不懂，评价的问题需要搞社会科学（的人做）。”他认为综考会在自然科学方面好办，一弄到社会科学方面就比较难办了①。对于综考会是组织机构还是研究机构这个老问题，竺可桢再次强调综考会这个机构是需要的，但它应该是组织机构，综考会的工作应该和国家任务挂钩。

当然，一次学习班上的问答并不能解决实际工作中的各种困惑。但是在“文化大革命”之前，学者之间就这些问题的每一次争论，都带动大家深入思考有关问题，以寻求综合考察长远、健康的发展。“文化大革命”否定“经济为纲”以后，学者们更加迫切地想了解应该如何开展综合考察。但是这些问题还没来得及深入探讨，综考会就面临着建会以来最大的危机。

从 1969 年开始，综考会人员被下放到“五七干校”。对于综合考察的方针问题的讨论也就不了了之。1970 年综考会被撤销，并于 1972 年将综考会的人员、仪器设备、图书资源重新分配，主要并入了地理研究所。

第二节　机构的存废

由于机构的特殊性质，综考会从成立开始就不断遭遇是否有必要长期保留这个机构的质疑。无论是在中科院的院务工作会议上，还是在科委组织的制订计划会议上，经常有人提出撤销或合并综考会的建议。

一、几度提出撤销综考会

早在 20 世纪 50 年代末期，刚刚成立几年的综考会就遭到存在合理性的质疑。1958 年 1 月 6 日中科院召开会议，讨论第二个五年计划中的综合考察内容。会议讨论的三项内容之一，就是综考会的存废问题。有学者建议把综考会与自然

① 《综考会革命委员会会议记录》，中国科学院档案馆档案：Z374-203。

区划委员会合并[①]。当时副院长兼综考会主任竺可桢因为生病没有参加会议，会议决定待征询竺可桢意见后再作决定。在众多合并议案中，也有建议综考会与中科院地学部合并的。

从1958年8月21日的竺可桢日记中可以看到，竺可桢赞同合并综考会的提议："下午裴秘书长来谈，知院主张综考会和地学部合并，我也赞同此说，地学部主任由我兼，尹主任要先征求意见。"[②] 目前不清楚尹赞勋的意见如何，但据竺可桢同年11月9日的日记中反映："经院党组考虑，认为综考会仍要单独成立，所以暂不合并。委员名单，前已拟过一个，我主张把裴秘书长加入委员会内，他不反对，但仍以谢秘书长为副主任。实际谢秘书长很少到会，因他有联络局事，又加了基本建设工作（秦力生病后由他担任）。"[③] 由于缺乏足够的文字资料，暂时无法了解中科院最后做出保留综考会决定的整个过程。但是有一点可以肯定，此时的综考会不但没有削弱，而且有所加强。这一点从地理所曾经一度接受综考会和地学部双重领导就可以看出来[④]。进入20世纪60年代以后综考会更是建立起研究室，发展壮大成为研究实体。

1962年经历了三年经济困难时期以后全国开始调整，中科院也开始了精简人员、调整机构。院党组在调整机构的问题上，又有人提出了把综考会研究室与地理所合并的意见。但是在合并以后地理所是否把综考会承担的任务接收过去这个问题上，各方面意见不一致。综考会方面提出，地理所如果只接收人员不接受任务，综考会就成为空架子。而地理所方面则感到接受任务十分困难，所以院里打消了合并综考会的念头[⑤]。虽然此时对综考会是否有必要壮大意见分歧，但是在"文化大革命"之前综考会仍在不断发展壮大，尤其是经过中科院的"三定"之后，综考会各项制度逐步完善，工作有序进行。

"文化大革命"爆发以后，综考会受到了前所未有的冲击。1966年"文化大革命"刚刚开始，就有人提出应该取消综考会[⑥]。于是一时间在综考会内出现了两种口号：一种提出"斗、批、改"，认为综考会需要调整，但还应保留；另一

---

① 中国科学院办公厅档案处档案，案卷号：1958-03-03。

② 竺可桢1958年8月23日日记，见竺可桢：《竺可桢全集》第15卷，上海科技教育出版社，2008年，第163页。

③ 竺可桢1958年11月9日日记，见竺可桢：《竺可桢全集》第15卷，上海科技教育出版社，2008年，第231页。

④《各队计划执行情况、工作成果简报、今后工作意见的报告》，中国科学院档案馆档案：Z374-70。

⑤《综考会副主任漆克昌、石湘君、华海峰关于综考会成立前后的经过情况》，中国科学院档案馆档案：Z374-206。

⑥ 竺可桢1966年3月18日日记，见竺可桢：《竺可桢全集》第18卷，上海科技教育出版社，2010年，第63页。

种则提出“斗、批、散”，认为综考会应该解散[①]。1967 年在周恩来总理出席的一次批斗张劲夫的万人大会上，有人指责张劲夫领导的中科院把综考会搞成了既没方向、也没任务的机构。会上周恩来询问张劲夫：科学院还有这样一个既没任务也没方向的机构？张劲夫回答说：综考会有任务，但是没有方向[②]。据竺可桢日记记载：“关于综考会是不是继续办理，会中人多数以为可停，但近来问了聂副总理，他认为这工作应该继续”[③]；综考会革委会委员陈富田谈到，综考会的“革命委员会七人中有六人赞成散，而群众大多数也赞成散”[④]。

综考会体改组曾先后派出人员到各大部委、西北、西南、东北等地调查情况。据竺可桢日记记载：“计委认为综考会工作是有用的，农水局意见也以为然，农业单位认为综考会有点用，而工矿单位则认为可有可无”[⑤]；“近来新疆、甘肃、宁夏、福建均来信，认为综［考］工作过去材料对计划很有用。冶金部要我们南水北调材料”[⑥]。

在 1969 年中科院的精简中，综考会更是首当其冲。1969 年 8 月，中科院革委会初步计划取消 9 个单位：院直后勤、植物园、心理所、生物中心、古脊椎动物与古人类所、综考会、综合运输所、冶金化工所等，地理所是否取消未定。8 月 16 日，综考会召开座谈会讨论体制改革问题。当时综考会内部的意见就有两种，一种观点认为综考会可以停办；另一种观点则认为，综考会已经承担的任务必须要继续去做，只不过是由谁来做、放在什么地方的问题。有人认为综考会放在中科院不合适，提出应该放在计划委员会；但也有人指出综考会放在计划委员会挂不上钩。此时地质部已经合并到了计划委员会，改为国家计划委员会地质局，李四光调任国务院科教组任组长，并担任中国科学院党的核心小组第一副组长[⑦]。为此竺可桢专门找到李四光征求意见，询问地质部并入计划委员会后是否

① 竺可桢 1967 年 5 月 24 日日记，见竺可桢：《竺可桢全集》第 18 卷，上海科技教育出版社，2010 年，第 490 页。

② 2009 年 5 月 31 日，张天光访谈。据竺可桢 1966 年 10 月 10 日日记：“有人提到综考会现在无事可做，周总理问张副院长，张答以综考会有工作，但方向不定。”（竺可桢：《竺可桢全集》第 18 卷，上海科技教育出版社，2010 年，第 219 页）

③ 竺可桢 1967 年 8 月 1 日日记，见竺可桢：《竺可桢全集》第 18 卷，上海科技教育出版社，2010 年，第 551 页。

④ 竺可桢 1967 年 11 月 16 日日记，见竺可桢：《竺可桢全集》第 18 卷，上海科技教育出版社，2010 年，第 651 页。

⑤ 竺可桢 1967 年 10 月 27 日日记，见竺可桢：《竺可桢全集》第 18 卷，上海科技教育出版社，2010 年，第 628 页。

⑥ 竺可桢 1969 年 8 月 16 日日记，见竺可桢：《竺可桢全集》第 19 卷，上海科技教育出版社，2010 年，第 480 页。

⑦ 马胜云等：《李四光年谱》，地质出版社，1999 年，第 353 页。

要做综合考察工作，并寻求这个机构接纳综考会的可能性。李四光对此明确回答道："完全没有什么计划，要否综考会这样的机构，目前谈不到。"[①] 到了1969年年底，关于综考会是否应继续保留的问题，已经不再是学者之间争论的问题，也不是部门之间协调解决的问题了。撤销综考会已是大势所趋。

1969年11月，中科院在给国务院的关于院属机构体制调整的报告中指出：综考会共有353人，包括综考会在内的8个京区机构，因方向任务不够明确，已于9月大部下放到湖北潜江"五七干校"劳动锻炼[②]，中科院开始考虑撤销这个机构。

对于撤销综考会的决定，会内仍有不少研究人员持反对的态度。1970年1月16日，综考会在京人员联合给院领导写了《关于自然资源综合调查研究与机构》的信。信中指出：

> 我国目前对许多自然条件和自然资源，包括一些重要战略资源的形成和现状及其在开发利用过程中各因素之间相互制约、相互联系的发展变化关系的研究，还很不充分。而这些发展变化规律对于社会主义建设必然产生深远的影响。例如，在安排农业生产时不同地区如何正确处理山、水、田的关系；开发山区对平原的影响、开发地表水对地下水资源的影响、开发森林对水土资源的影响等；以及远期对自然资源的利用方向、开辟利用自然资源的新领域等。这些重大问题的预测和解决，均需要一个国家机构，从全局出发，进行综合性考察研究。这不仅促进科学的发展，而且对社会主义建设和国防建设具有重要的现实意义。
>
> ……当前，中国科学院进行体制改革，我们认为业经形成的综考会业务队伍应当彻底改革，但不宜撤销。今后可以把科学院内的生物学、地学中有关资源方面人员（以至院外的）集中起来，组成强有力的自然资源调查研究机构，该机构或暂放在科学院（自然资源综合研究所，作为一个特殊的或过渡的单位），或由国家计委领导（类似资源局），或由其他适当单位领导。[③]

此时学者的呼吁已于事无补，综考会人员被下放劳动，研究工作大多停顿。机构撤销已成定局。

---

① 竺可桢1969年8月19日日记，见竺可桢：《竺可桢全集》第19卷，上海科技教育出版社，2010年，第482页。

② 中国科学院办公厅档案处档案，案卷号：1969-27-35。

③ 《中国科学院关于撤销综考会的通知及综考会给院的报告、人员分配方案》，中国科学院档案馆档案：Z374-220。

二、撤销后的人员安排

“文化大革命”开始时，综考会已经发展壮大成为拥有73个专业、200多名研究人员、总共有300多名职工的机构。在政治运动的冲击下，综考会组织的野外工作大多被迫停顿，只有三项还在继续：河西走廊荒地资源调查、云南紫胶工作、三九公司（即酒泉钢铁公司）铁矿基地考察。但随着政治运动影响的不断扩大，这些工作也受到冲击，逐步停顿。

从1968年9月开始，首都工人、解放军毛泽东思想宣传队（简称“工军宣队”）开始进驻中科院，开始了工人与军人参与领导中科院的特殊历史时期。1969年工军宣队进驻综考会以后，会内的机构被全部打乱，不再按照研究室组织工作。工军宣队按照军队的管理办法，把综考会留京人员组织成四个连队：一连由原农林牧资源研究室和水利资源研究室合并而成，共有42人；二连由原经济研究室、矿产资源研究室、动能经济研究室合并组成，共有54人；三连由原业务口等组织而成，共有39人；四连由原后勤口等几个小单位组建而成，共有58人①。连队的组织形式是“文化大革命”特殊环境下的畸形产物，中科院内的各研究所都是如此。此时，完成任务与发展学科都不重要了。即使连队的形式，存在的时间也不长，综考会很快就面临着被解散的问题。

1970年1月，中科院革命委员会常务委员会做出撤销综考会的决定；5月28日，综考会工军宣传队代表在给院里的报告中表示：“综考会自成立以来，做了大量工作，取得了很大成就，但其专业、担负工作多半与生物学口、地学口其他各所工作重复，因此，院常委今年一月做出撤销综考会的决定是正确的。”② 7月15日，中科院正式宣布撤销综考会。

综考会撤销前后，会内人员已经开始分批下放“五七干校”参加劳动。

早在1968年3月和5月，中科院北京地区头两批科技人员和干部就开始离京，下放到宁夏陶乐和湖北潜江的中国科学院“五七干校”劳动。1968年10月5日，《人民日报》发表文章，介绍黑龙江省革委会在“五七指示”发表两周年时，下放干部在柳河创办“五七干校”的经验。随后各地纷纷办起“五七干校”，大批干部和知识分子被下放劳动。从1969年开始到1971年年底，综考会300多名职工分为四批下放到湖北潜江县中科院的“五七干校”。

综考会人员下放到“五七干校”，一方面是为了响应号召，让科研人员参加劳动；另一方面也是为了等待综考会解散后人员的重新安置。据记载，直到1972

① 综考会办公室编：《综考会大事记（1956—1999）》，1999年12月。

② 钱临照、谷羽主编：《当代中国丛书·中国科学院》上卷，当代中国出版社，1994年，第152页。

年10月，湖北五七干校撤销时，中科院仍有769人留在干校。这些人员都来自被撤销和精简的单位，如原中科院院部、心理所、综考会、北京植物园和北京生物实验中心等机构①。

综考会撤销时共有300多人，其中科研人员有200多名，这些人员中多数是大学毕业，少数是中专毕业。由于科研人员专业分布广泛，如何保证他们能够调整到专业对口的单位成为首要问题。为此，综考会制定出人员分配的大体方针：分配是先院内，后院外，先院内新建单位，后老单位，并大力支持要求到农村、基层和三线去工作的人员，协助联系和办理调动手续。在如何保证科研人员专业对口这个问题上，综考会的有关人员也动了一番脑筋。最后根据会内科研人员的专业特点，初步制定出人员安排的方案。

（1）地学共80人，分散在14个专业：自然地理（13人）、地貌（3人）、水文地质（6人）、工程地质（2人）、地质测量（10人）、地质勘探（5人）、测绘（10人）、煤田地质勘探（2人）、煤田地质（2人）、地下采煤（1人）、经济地理（15人）、水质分析（3人）、矿石分析（4人）、水文（4人）。计划把这些人员分别安排到有关专业的地震局、地质所、地球物理所和地理所。

（2）生物学共71人，分散在13个专业：农学（7人）、畜牧（12人）、林业（6人）、土壤（1人）、草场（3人）、植物（4人）、农业经济（11人）、土壤农化（10人）、牧草分析（2人）、土壤分析（6人）、气候（2人）、气象（3人）、农业气象（4人）。计划把这些人员分别归口到遗传所、微生物所、植物所、大气所等单位。

（3）工业技术方面共32人，分散在11个专业：发电厂输配电（3人）、电力系统（2人）、农业电气化（3人）、热力发电（1人）、动能经济（9人）、工业经济（6人）、石油工业经济（2人）、煤炭工业经济（2人）、化学（2人）、冶金工艺（1人）、冶金工程经济（1人）。计划这些人员主要归口到自动化所、科学仪器厂、天文台、电工所、计算所、物理所、化学所等单位。

（4）其他专业共27人。包括俄文（1人）、中文（1人）、国民经济计划（1人）、统计（1人）、政治经济学（4人）、经济（3人）、运输经济（2人）、农田水利（7人）、水利规划（1人）、水工（3人）、水能（3人）。其中国民经济计划、统计、政治经济学和经济专业方面的人员考虑归口到经济所；农田水利、水利规划、水工、水能等方面的专业人员计划归口到水电部和水科院。其他人员则考虑分散到情报所、图书馆或院外的有关部委机构中。

这个庞大而细致的计划，在人员分配上的工作量很大。据当时的统计，综考

---

① 樊洪业主编：《中国科学院编年史（1949—1999）》，上海科技教育出版社，1999年，第194页。

会全体人员计划分配给院内单位的有：地震局56人，地质所18人，地球物理所4人，大气所10人，地理所17人，遗传所23人，植物所24人，微生物所19人，化学所3人，化冶所4人，自动化所12人，电工所3人，力学所3人，科学仪器厂19人，印刷厂4人，出版社5人，情报所7人，图书馆3人。另外京区院外单位还要安排24人，京外单位要安排95人。①

实际上由于操作的困难以及时间的仓促，上述计划未能实施。1972年，中科院设在湖北的“五七干校”开始撤点，综考会的人员需要安置。此时，由于全国宜农荒地资源调查的需要，综考会也有部分人员被召集回京。这个时期的综考会，除了已经调走和已经决定调走的职工外，仍有240名职工需要安置，其中70%是科技人员。按照中科院的要求，这些职工全部被并入地理研究所②。

全部并入地理研究所的做法虽然容易操作，但是如何保证研究人员专业对口，成为棘手的问题。为了顺利地推进合并工作，原综考会组织会内人员举办了学习班，“前十天主要是学习中央文件；后半月对地理研究所的科研方向、任务与机构设置进行了讨论”。由于两个单位的合并，地理所的科研内容有了相应的增加，把以自然资源为中心的综合考察充实到地理所的科研方向与任务中去。为此，地理所对原有的科研方向、任务与机构设置作了调整与补充。研究室由原来的6个（地理条件综合、气候、地貌、外国地理、地图和航空照片与卫星照片判读利用等研究室）增加到8个：综合自然地理、经济地理、水文、气候、地貌、外国地理、地图与航空照片和卫星照片判读利用研究室。综考会原有的5个研究室的科研人员按专业分别归入以上8个研究室。

归并过程中有些专业比较容易安排，比如水利资源室的人员归入水文研究室，经济室和综合动能室的人员归入经济地理研究室，矿产资源室的人员归入地貌研究室。比较麻烦的是农林牧资源室的人员，由于地理所没有相应的专业设置，只好按照不同的专业分别归入综合自然地理、气候和地貌研究室③。大的方向相对容易调整，但小的专业安排却要复杂很多。比如，动能室的研究人员，他们的专业背景大多与地理学毫无关系，虽然暂时并入经济地理室，但如何开展工作却是问题。

合并中遇到的困难不仅仅是专业对口的问题，研究方向也需要调整。过去综考会是完成任务的单位，综合考察的目的之一是要研究生产力配置问题。但地理所是以学科研究为主，所内人员参与综合考察的目的，是为科学研究收集资料。

---

①《中国科学院关于撤销综考会的通知及综考会给院的报告、人员分配方案》，中国科学院档案馆档案：Z374-220。

② 地理研究所所长办公室编：《中科院地理研究所五十年大事记（1940—1990）》。

③ 也有文献记载农、林、牧、草场等专业被调出地理所。见中国科学院档案馆档案：Z374-242。

因此，地理所是否要接受为完成国家任务而开展的综合考察？是否要承担综考会曾经担负的组织协调工作？这些问题并没有解决。

三、筹建自然资源综合考察组

综考会虽然被撤销了，但是在国民经济第四个五年计划时期，还有四项全国性的综合考察工作需要做：①青藏高原自然资源综合考察；②南方热带生物资源综合考察；③沙漠地区资源综合考察；④海洋综合考察。这些工作无法由个别机构单独承担，仍然需要跨机构、跨部门的合作。综考会的撤销，增加了中科院组织有关合作的难度。因此，在中科院内重新建立综合考察组织机构的呼声越来越高。

1974 年年底，中科院党委核心小组为了讨论是否要建立综合考察研究机构的问题，特地成立了调查组。调查组在地理所工作十多天，召开了 8 次座谈会，个别访问了原综考会和考察队的主要负责人，并询问了院内外曾经参与综合考察工作的有关机构领导，听取意见。对于是否要建立综合考察研究机构，当时主要有三种看法：大多数来自综考会的学者支持第一种观点，认为应当成立一个机构，并认为该机构应该是一个研究、组织机构。要有自己的基本研究队伍作为研究自然资源的骨干。应以自然资源的数量、质量及其开发利用和保护为主要研究方向，并以农业自然资源研究为主。持有这种观点的学者尤其强调：机构的级别要比所一级高。只有这样，才有搞好大协作的基础，才便于积累工作经验，才能够完成综合研究自然资源的任务。第二种看法主要来自地理所的部分人员，他们认为应该成立一个组织协调机构，级别要比所一级高些，但机构中有少量的业务人员当参谋即可。他们认为，综合考察涉及专业很多，建立成研究机构不可能样样都有，并且容易与有关的研究所重复。第三种观点则认为，没有必要成立机构，在地理所内设立一个主管综合考察的机构，负责有关工作，所党的领导小组有专人负责，经费专款专用即可。

经过调查与讨论，1974 年 12 月 14 日院党组会讨论通过恢复综考会，机构名称改为“中国科学院自然资源综合考察组”（简称综考组）。综考组的任务是：根据中央的统一计划，组织、协调自然资源（农、林、牧、水等）的综合考察，并开展一些必要的研究工作，以提供自然资源的形成、发展、数量、质量以及综合开发、合理利用的科学依据和意见，为社会主义建设服务。当时把综合考察的重点，放在了边远地区及跨省市、跨部门的综合考察①。

为了有效地发挥综考组的组织协调作用，从 1975 年 4 月 8 日起，综考组从

---

① 综考会办公室编：《综考会大事记（1956—1999）》，1999 年 12 月。

地理所中分离出来，经费单列[①]，该组属于所一级建制，由院生物地学局领导。新成立的机构根据自身的条件，强调以农业自然资源为研究对象，计划按照水资源、土地资源、植物草场资源、农业气候资源、农林牧、经济、航空照片判读等来设立研究部门。4 月 14 日，中科院又根据计委领导关于“动能研究，十分重要，急待加强”的批示，决定恢复原综考会的动能研究部分[②]，仍保留在综考组内。

动能研究室过去只是原综考会内的五个研究室之一。无论从人员数量还是专业力量上，都要比新成立的综考组的农业自然资源部分小很多。但是由于动能专业无法纳入综考组的其他部分（关于动能组的历史，将在第六章第一节中专门讨论），所以动能方面的研究任务只能单列。于是，综考组承担的任务就变成了农业自然资源综合考察研究和动能科学研究两个方面。农、林、牧、水方面，主要以青藏高原、土地资源、草场资源、水资源及水土平衡、海南岛、南方山地、热带亚热带及海洋等自然资源的调查和合理开发利用的综合研究；动能方面，主要承担中国能源合理利用和综合利用的科学技术研究任务（包括燃料动力合理构成，提高能源利用效率和新能源——太阳能、风能、地热等）。综考组成立之初，也就相应成立了农业资源与动能资源两个研究室。

综考组成立以后，不但人员缺乏，专业分布也不平衡，有些专业没有相应的人员，农业资源方面也缺乏足够的人才，“根本谈不上‘开展一些必要的研究工作’”[③]。1975 年 7 月，综考组在正式成立半年以后，向胡耀邦、李昌、王光伟等院领导及院党组提交了《关于进一步加强自然资源研究工作及有关问题的意见》和《关于要求加强自然资源综合考察组领导和研究力量的报告》。前一个文件强调了在中科院开展自然资源综合性研究的意义，指出自然资源的综合研究虽然不是一门独立的学科，但它是国家发展国民经济综合性的重大课题，同时又是可以推动科学发展的问题。因此，中科院作为全国性的综合的科学研究机构，具有责无旁贷的责任。后一个文件则重点陈述了综考组成立后面临的主要困难：①机构的建制、职能与机构的任务不相适应；②已有人员与机构任务不相适应。[④]

对于体制问题，报告指出，虽然院核心组赋予综考组组织协调自然资源、动能综合考察研究的任务，但是这项工作不仅涉及中科院生物、地学口的有关单

---

① 综考会办公室编：《综考会大事记（1956—1999）》，1999 年 12 月。

② 《恢复自然资源综合考察组的有关会议记录、批示、建议、报告》，中国科学院档案馆档案：Z374-242。

③ 《综考组印章启用、研究方向、劳动编制、院办公会议精神、贵州队领导班子任命、技术室成立、喜马拉雅山考察的通知、纪要》，中国科学院档案馆档案：Z374-257。

④ 《恢复自然资源综合考察组的有关会议记录、批示、建议、报告》，中国科学院档案馆档案：Z374-242。

位，还涉及地震口（如青藏考察等）和数理化、技术口（如动能）等有关单位，并且还要组织中央有关部门、省市地区和高等院校参加。因此，由属于研究所一级建制的综考组出面组织协调十分困难。

对于名称问题，报告指出综考组使用“组”的名称，造成了认识上的混乱和一些尴尬的局面，比如，综考组下面有处、有研究室、有考察队，而研究室和考察队下面又有“组”的建制。不但对外解释麻烦，在实际工作中也很不方便。报告提出希望恢复该机构的原名。

对于领导人员问题，报告指出，原来的综考会由中科院副院长竺可桢兼任主任，此时竺可桢已经去世，而漆克昌尚未恢复工作。综考组建议应由院核心组主管业务的人员，或一名副院长担任综考组的主要负责人。

针对综考组的报告，1975 年 8 月 22 日，胡耀邦在召集院内部分单位负责人座谈时也谈到了综合考察的问题。他指出，我国土地面积 960 万平方公里，可到达的地方 760 万平方公里，自然资源丰富，大部分资源在睡大觉。综考组的业务人员少，成为重要问题。同年 10 月 15 日，他在与综考组的领导成员和党支部书记的谈话时，也曾经讨论了这个机构的名称问题。有关人员提出：综考组叫“组”不好，组套组，工作不方便，并提议恢复原名。胡耀邦说：“不要叫什么委员会，叫研究所怎么样？”“叫局好不好？”① 对机构职能认识上的差异，导致了机构名称的选取困难。

对于这个因国家任务而建立的机构，随着任务的变化，如何进行机构调整一直是综考会面临的主要问题。综考会在“文化大革命”这种极端环境下的起落，既有大的环境因素影响，同时也有自身的体制问题。

体制上的问题并没有因为综考会的撤销而解决。因为自然资源综合考察，无论从国家层面的需求，还是从中科院方面的工作来看，都是需要深入去做的。综考会合并到地理所以后，在新合并机构的方向与任务这个问题上，来自两个不同研究所的人员的观点不同，仍难取得一致意见。具体到工作安排上，就是综合考察如何去做。在合并后的地理所中，“科学院的考察是搞科学考察，资源考察，还是搞生产力配置的考察（是综考会原来做的工作）”仍然是个悬而未决的问题。地理所有关负责人在给院核心小组的报告中指出：“如果是后面两种考察，离开国家总体建设规划和国家计委的领导，是难以进行工作的。我认为也不是科学院要做的工作。我认为科学院应以科学考察为中心去组织建立科学考察队伍，在科学考察的同时，在力所能及的条件下可以兼做一些资源考察工作。”② 尽管

① 《1975 年胡耀邦、李昌在各种座谈会上的讲话》，中国科学院档案馆档案：Z374-243。

② 《先进集体宣传、保卫、纪律和会议政策落实》，中国科学院档案馆档案：Z375-297。

认识上还不统一，但是一些考察工作还在继续。人们只有一边工作，一边摸索工作方向和组织经验。

第三节　不同时期的组织方式：以青藏高原综合考察为例

“文化大革命”时期，综合考察受到了极大的冲击，综考会人员星散。综考会也由瘫痪到最终被撤销。虽然在体制上受到了很大的冲击，“文化大革命”期间，综考会仍然组织了一些考察，例如，西南攀枝花钢铁厂、成都合肥铁路线、东川铜矿、金沙江泥石流、西北酒钢、河西农业、甘南考察、山西南部农业考察等①。

这些工作大多是开发地区的专题性考察，有关机构还联合组织了学科性与地方性综合考察队。考察地区小、参加的学科少、队伍规模小、考察周期短，成为这个时期综合考察的特点。大规模的考察，如西南、西北考察均已停顿②。把“经济为纲”简单地等同于“唯生产力论”以及对它的批判，也造成这个时期对与资源开发利用有关的经济问题重视不够，在一定程度上影响了综合考察对综合性、战略性和前瞻性问题的重视。

综合考察在“文化大革命”时期的一个特例，就是青藏高原综合考察。这项工作成为“文化大革命”时期综合考察的重要项目，也是后来重建的综考组和重建的综考会占第一位的重要工作。“‘青藏队是一个避风港’——差不多所有人都这样说”③。为什么在综合考察大发展的20世纪50年代后期和60年代前期，青藏考察却时断时续？为什么在所有工作都受到冲击的“文化大革命”期间，青藏考察还能够开展起来？综考会撤销以后没有了综合考察的组织协调机构，这项工作是如何推动的？青藏高原综合考察不但留下了辉煌的成果，也为后人研究那个年代“任务带动学科”对科学的影响，提供了一个典型案例。因此笔者希望在此费些笔墨，跨越历史阶段，深入分析一下青藏高原综合考察的前因和后果，并探讨这项考察在不同历史时期的工作方式和组织管理模式。

---

① 竺可桢1967年8月1日日记，见竺可桢：《竺可桢全集》第18卷，上海科技教育出版社，2010年，第551页。

② 竺可桢1967年8月28日日记，见竺可桢：《竺可桢全集》第18卷，上海科技教育出版社，2010年，第573页。

③ 马丽华：《青藏苍茫——青藏高原科学考察50年》，生活·读书·新知三联书店，2000年，第58页。

一、综考会撤销以前

中国学者关注西藏地区由来已久。早在20世纪20年代初期，竺可桢就提议“组织蒙藏探险团”。他认为，“蒙藏幅员辽阔，为国藩篱。然其风土真相，非能朗印于国民脑海，遂生三种结果：种族界限隔阂；移民实边不行；边地空虚，启外人窥伺。倘缘是而有失，则国运阻丧，莫此为甚”，并进一步指出，“英俄日窥我蒙藏，探险之士，前后相望。夫以我国之土，彼却不惮险阻，卒能揭其真相以去。而我以主人翁之资格，反茫然无所知，宁非奇耻”。[①] 竺可桢的倡议在国家积弱积贫的时代无法成为现实。但是他仍然尽己所能推动有关事业。30年代初期，竺可桢作为中央研究院气象研究所所长，专门派遣地理学家徐近之（1908～1982）进藏筹建高原气象站。

青藏地区不但国防意义重大，而且也是少数民族聚居、经济发展落后和资源开发大有前景的地区。这里也是科学研究的处女地。中国学者一再强调，边远地区的考察对于中国科学发展和经济开发都有极大的意义，而且在巩固国防和加强民族团结方面，更有其特殊的重要性。除了战略和经济上的意义之外，青藏地区的学术价值也是独一无二的。这里自然条件独特，有许多世界罕见的自然现象与资源。青藏高原是世界上海拔最高、形成时间最晚的高原，素有“世界屋脊”、“世界第三极”之称。高原的隆起不但对其本身，而且对毗邻地区，特别是中国东部的自然环境和人类活动产生了巨大的影响。因此这个地区在地学、生物学以及自然资源等诸多领域的科学研究价值巨大。正因为如此，这个区域不但引起了中国学者的重视，也一直吸引着世界各国学者。早在19世纪，英国、印度、俄国、法国、美国、瑞典、德国等国学者先后进入西藏，进行科学调查和地形测量。但是在相当长的时期，人们对青藏地区的自然条件和资源情况仍然缺乏详细的了解。

尽管国内学术界一再呼吁要重视对青藏地区的考察，但是在1949年以前，政治动荡、社会治安状况混乱的社会环境，阻碍了进藏考察。科学研究基础薄弱、经济落后、交通不便等条件，也制约了综合考察工作。新中国成立以后，中国学者更是“希望早日填补这一区域的空白”[②]。20世纪50年代，由于国内的经济形势和青藏的具体情况，没有条件开展以科学研究为主的综合考察。直到60年代初期，学者们还认为，青藏高原综合考察的当务之急是“尽快解决农牧业过

---

① 竺可桢：《调查蒙藏地理》，《竺可桢全集》第1卷，上海科技教育出版社，2004年，第417页。

② 程鸿：《中科院前西南地理所的筹建》，见吴传钧、施雅风主编：《中国地理学90年发展回忆录》，学苑出版社，1999年。

关问题”，而“科学研究尚无条件全面开展”①。尽管如此，出于政治上的原因，中科院组织的综合考察工作却始于西藏②。

在和平解放西藏的协议公布之前，为了调查研究西藏的地方情况，政务院文化教育委员会委托中科院组织西藏工作队。由于此时院内还没有综合考察的专门组织机构，这项工作就由中科院直接领导。西藏工作队的目的是“为中央帮助西藏兄弟民族发展经济文化建设事业提供参考资料”③。对于学者们来说，这也是一次难得的学术考察机会④。

1951 年 5 月 23 日，《中央人民政府和西藏地方政府关于和平解放西藏办法的协议》正式签署。中科院组织的工作队也于 1951 年 6 月和 1952 年 6 月分两批随军进藏。工作队的装备全部来自部队，50 多名来自中央各部、中科院内相关研究所和高等院校的研究人员、大学教师和学生，都是清一色的军人打扮。他们随身携带的工具只有记步器、气压表、罗盘和原来英国人手工测量的局部草图。考察队员随着中国人民解放军第十八军和川藏公路的建设一起向西进发（图 5-1）。

工作队分为地质地理、农业气象、社会历史、语言文艺和医药卫生等 5 个组⑤。参加考察队的 50 多名学者进行了为期两年左右的考察工作。这是有史以来第一次由中国人自己组织，在青藏地区开展的规模较大的考察活动。这次考察的主要目的，是配合民族工作方面的需要。所以考察队员的主要任务是：协助地方举办培训班，训练农业干部；了解考察区域的农、林、牧业问题；指导建立农作物和园艺试验场，等等。在这一前提下，学者们也初步收集了考察沿线的地质、土壤、气象、农业、语言、历史等科学资料，绘制了路线图和重要矿区的详细地质图，并在 20 世纪 50 年代末期正式出版了考察报告《西藏农业考察报告》、《西

---

① 中华人民共和国科学技术委员会、中国科学院：《1963—1972 年科学技术发展规划（草案）· 综合考察》，地理科学与资源研究所资料室，1962 年。

② 现代学者一般把 1951 年成立的“西藏工作队”，作为新中国成立后大规模综合性考察工作的开始（中国科学院编译出版委员会主编：《十年来的中国科学 · 综合考察》，总论，科学出版社，1959 年）；或者把它作为中国科学院组织大型考察工作的开始（竺可桢：《中国科学院综合考察工作的发展》，《竺可桢全集》第 3 卷，上海科技教育出版社，2004 年）。

③ 中国科学院编译出版委员会主编：《十年来的中国科学 · 综合考察》，西藏综合考察，科学出版社，1959 年。

④ 例如，1949 年以前长期担任西康地质调查所所长的崔克信先生，那时正在重庆参与西南地质研究所的筹建工作。听说国家要组织考察队进藏，他马上找到地质组的负责人李璞，提出希望能够参加考察工作。他谈到，过去曾经长期在川西高原考察，一直希望能够深入西藏考察，“这是一次难得的机会”（据 2001 年 11 月 1 日对崔先生的采访）；地质学家曾鼎乾也曾计划到西藏考察，但是由于英国拒绝他绕道印度入藏，这个愿望未能实现。中国科学院组织的西藏工作队，“终于实现了他的夙愿”（孙鸿烈：《西藏高原的综合科学考察史》，《中国科技史料》，1984 年，第 5 卷第 2 期，第 10～19 页）。

⑤ 《文委西藏工作队两年工作简况》，《科学通报》，1953 年 11 月号，第 97 页。

图 5-1 西藏工作队

藏东部地质及矿产调查资料》等①。这些考察成果“为后来西藏的地质研究与找矿工作奠定了基础，对促进西藏工矿事业的发展起了重要作用”②。

20 世纪 50 年代，组织青藏地区综合考察的条件还不成熟，中科院也无法组织实施“十二年远景规划”中的考察工作。但是综合考察一旦与国家的事业结合起来，工作机会还是存在的。1959 年，为了配合中国运动员第一次攀登珠穆朗玛峰的计划，中科院与国家体委联合，组织了由地貌、地质、测量、气象、水文、动植物等学科的 40 多名人员参加的“中国珠穆朗玛峰登山队科学考察队”。这次考察不但有力地配合了登山运动，而且还为科学家们收集珠穆朗玛峰地区的科学资料创造了条件。生物学家就是通过这次考察，发现了两种鸟类国内新纪录、一个兽类国内新纪录和两个新亚种。考察成果《珠穆朗玛峰地区科学考察报告》于 1962 年由科学出版社正式出版。50 年代在青藏的考察区域并不广泛，但是因为青藏高原独特的科学价值，在缺乏基本科学资料的情况下，考察工作还是收集到了许多珍贵的资料，并推动了一些基础性的科学研究③。

青藏地区还有很多考察工作值得去做，但是 50 年代，人力、物力都十分有

① 西藏工作队农业科学组：《西藏农业考察报告》，科学出版社，1958 年；中国科学院西藏工作队地质组：《西藏东部地质及矿产调查资料》，科学出版社，1959 年。

② 孙鸿烈：《西藏高原的综合科学考察史》，《中国科技史料》，1984 年，第 5 卷第 2 期，第 10～19 页。

③ 如萧前椿：《西藏高原的自然环境和农业生产》，《地理学报》，1954 年，第 20 卷第 4 期；崔友文：《四川西北和昌都地区植物地理调查纪要》，《地理学报》，1958 年，第 24 卷第 2 期，第 174～188 页。

限，地方政治环境也尚未安定。在全国考察任务十分繁重的情况下，1954 年西藏工作队的任务结束后，国家暂缓了这一地区的考察。

青藏地区虽然政治环境不具备从事考察的基本条件，中国学者还是对这一地区报以极大的热情。1954 年西藏考察结束后，在无法继续开展野外工作的条件下，一些学者考虑整理青藏高原的科学资料。1955 年，地理研究所计划开展编制“青康藏自然地理文献”的任务。这些资料是从事青藏地区科学研究的重要基础。但是，由于这项工作无法与国家建设结合起来，在院学部筹委会地学小组讨论时，被认为“目的不明确”[①]。尽管如此，由于这项工作需要投入的人力、物力都很少，地理研究所还是安排该所学者徐近之开展了相关的工作，并在 1958～1960 年出版了四册资料目录汇编：《青康藏高原及毗连地区西文文献目录》（科学出版社，1958）、《青藏自然地理资料（植物部分）》（科学出版社，1959）、《青藏自然地理资料（气候部分）》（科学出版社，1959）和《青藏自然地理资料（地文部分）》（科学出版社，1960）。

1956 年，国家开始组织制定科学技术“十二年远景规划”。尽管进藏考察的机会还不成熟，“十二年远景规划”中还是把青藏考察列为综合考察的首要内容，并制定了包括区域地质、成矿规律、利用矿物原料的方案、土地合理利用和发展农业的方案、水利资源的调查研究与合理利用方案，以及经济研究和生产力配置等问题的庞大研究规划[②]。但是，规划制定以后却无法实施。根据国务院关于西藏工作的指示，1957 年还无法组织进藏考察[③]。

1959 年，平定西藏叛乱取得了决定性的胜利。“十二年远景规划”中的设想才有望实施。1960 年，综考会组织了由 100 多名成员构成的考察队，再次进藏。考察队计划对青藏地区进行全面、系统的考察。但是，由于“大跃进”期间造成的全国经济困难，中科院已无力继续支持青藏考察，这项工作于 1962 年被迫停止。工作的中途夭折，使“资料收集很不完整，在很大程度上影响了考察报告的质量，有的专业甚至未能提出报告”[④]。

“十二年远景规划”规定的青藏地区综合考察任务没有完成。学者们只是结合国家的需要，在局部地区开展了部分工作。青藏考察虽然一再受挫，学者们希

---

① 这个记载保存在 1955 年 3 月 29 日的《竺可桢日记》当中。目前还不清楚这是竺可桢本人的看法，还是筹委会多数人的意见。

② 孙鸿烈主编：《中国资源科学百科全书》，中国大百科全书出版社，2000 年，第 34 页。

③ 地理科学与资源研究所资料室：《关于第一、三、四、五、六项科学研究任务协调小组会议的报告》。

④ 孙鸿烈：《西藏高原的综合科学考察史》，《中国科技史料》，1984 年，第 5 卷第 2 期，第 10～19 页。

望掌握并研究世界第三极科学资料的愿望并未泯灭。

1962 年制定“十年规划”时，“西藏高原综合考察研究”再一次被列入规划，并且成为综合考察三大中心任务之一。1962 年正是国家在经历了经济困难以后的调整时期，基础研究有了一定的生存空间。参与规划制定工作的许多学者，主张综合考察应该以自然科学、基础研究为主。甚至有学者认为，只有西藏地区的综合考察才是真正的综合考察，而别的地区如西北、西南，都不再有进行全面考察研究的必要，只需进行某些专题研究就可以了①。宽松的环境加上学者的追求，使“十年规划”有关西藏地区的内容，除了资源与布局外，比较侧重学科性的题目。

在讨论具体的考察内容时，来自不同专业、不同部门的科学家，对青藏高原科学研究十分关切，提出许多意见，并希望早日开展系统的研究。他们尤其强调工作的紧迫性：“国外，特别是资本主义国家却从未放松对西藏问题的研究，他们对高原边缘地区的考察一直未曾间断。因此，争取时间，及早开展高原科学研究也是一场重要的政治斗争。”当时，世界上科学研究做得最差的地区不外南极、北极与青藏高原。而且，不少国家已经开始了对南、北两极开展大规模的科学考察。西藏高原绝大部分位于中国境内，西方学者不容易进入，这为中国科学界填补这块“空白区”提供了研究的空间。

“十年规划”中，最初提出的青藏高原研究计划包括 16 个方面的庞大研究领域：①地层、古生物、古脊椎动物、岩浆岩、大地构造、地球化学、深层地质的研究；②地貌、第四纪地质、新构造运动的研究；③地方气候、小气候、高空气候的研究；④现代冰川、冻土的研究；⑤区域水文、水化学的研究；⑥土壤地理与古土壤、土壤生物、土壤物理、土壤化学、土壤地球化学的研究；⑦植物区系、植物生理、地植物生态、古植物的研究；⑧动物区系、生理、生态的研究；⑨人种学与人类学的研究；⑩水生生物区系、生理、生态的研究；⑪综合自然地理的研究；⑫农作物与牲畜遗传、育种、生理、生态的研究；⑬地球物理的研究；⑭天文学的研究；⑮生物物理的研究；⑯测量学的研究。学者们还建议十年中在拉萨筹建一个科学研究基地，为各学科进藏工作服务，待条件成熟后建为研究机构。

当然学者们也意识到，青藏地区“在本规划期间（1963～1972 年）的前五年，科学研究尚无条件全面展开”。所以，考虑到当时国内的经济形势和西藏地区的具体情况，“十年规划”把考察的重点放在了“研究与农牧业关系较为密切的自然资源、自然条件与生产发展方面的课题”，至于其他考察内容，只是“酌

① 《国家科委、综考组关于综合考察组会议名册、纪要》，中国科学院档案馆档案：Z374-158。

量安排地质矿产等方面的考察”。对于生物资源和各种专题性的考察研究、综合性的工农业生产力布局的研究，则计划以后“再逐步展开”，或是“在本规划期满以后进行”。[①]

虽然有了“十年规划”的宏伟设想，但是在艰苦的条件下综考会无力组织开展进藏考察。青藏高原综合考察暂时只能借助“外力”的推动。20 世纪 60 年代，国家体委组织的一系列登山运动，再次为这一地区的综合考察提供了机会。

1964 年 5 月，国家登山队计划攀登希夏邦马峰。综考会配合国家体委，组织了由施雅风和刘东生领导的中科院登山科学考察队，“考察中有许多重要的发现”[②]。1965 年，国家体委计划组织第二次攀登珠穆朗玛峰。综考会再次借助这个机会，组织了西藏科学考察队。

与此同时，在竺可桢的组织领导下，综考会与地质所、地理所、地球物理所、冰川冻土所的有关负责人员，共同商讨了西藏考察的问题。为此，竺可桢于 1964 年 7 月 24 日给院党组提交报告，建议中科院从 1965 年起组织小型考察队进藏，并请求科委列为重点项目，请国务院指示西藏工委和军区给予支持[③]。

综考会成立以后，中科院内围绕青藏高原组织的综合考察活动多由综考会负责组织实施。但是对于在当时国家政治经济条件下，是否应该推动青藏高原的综合考察工作，综考会的领导看法并不相同。竺可桢积极主张开展青藏考察，他在 1964 年的日记中曾经写到：“使西藏一隅长留为空白总非国家之福”[④]；而综考会副主任漆克昌则认为“西藏地区远离内地，近几年就进行开发的条件还很不具备，离国家大力开发的日期比较远，因此，推迟三五年再进行考察也不会误多大的事。当然，在学科方面，科学家的要求和需要迫切一点，西藏是空白区，各学科都希望能捷足先登，这是可以理解的”[⑤]。

西藏考察的时断时续，主要的影响因素并非学者的观点，而是国家大的政治环境。1966 年 7 月，青藏考察暂停，所有人员返回内地参加“文化大革命”。1967 年在“抓革命，促生产”的口号下，造反派认定登珠穆朗玛峰是无产阶级

---

① 中华人民共和国科学技术委员会、中国科学院：《1963—1972 年科学技术发展规划（草案）·综合考察》，地理科学与资源研究所资料室，1962 年。

② 孙鸿烈：《西藏高原的综合科学考察史》，《中国科技史料》，1984 年，第 5 卷第 2 期，第 10 ~ 19 页。

③ 竺可桢：《关于开展西藏科学考察的建议》，《竺可桢全集》第 4 卷，上海科技教育出版社，2004 年，第 296 ~ 297 页。

④ 竺可桢 1964 年 8 月 7 日日记，见竺可桢：《竺可桢全集》第 17 卷，上海科技教育出版社，2009 年，第 203 页。

⑤《综合考察方向、任务和体制等问题的整改方案》，中国科学院档案馆档案：Z374-113。

司令部的任务，所以决定继续考察[①]。同年“考察队员们以此项任务系聂荣臻同志批准为由，要求继续进行调查。这样，这支考察队从 1967 年到 1968 年又得以进行了两个夏季的野外调查工作”[②]，但是野外工作结束后没有进行室内总结[③]。

这项工作能够在“文化大革命”中继续，与聂荣臻的鼎力支持密切相关。1968 年 1 月 15 日，聂荣臻在京西宾馆接见了中科院革委会常委。当谈到珠穆朗玛峰考察时，他强调：“补点（考察）我赞成。要搞就搞好，搞彻底……因为帝修反造谣说我们‘文化大革命’把什么都搞掉了。我们珠峰还在考察么！”[④] 但是即使有聂荣臻的支持，这种考察也只能维持在小区域内进行。直到 20 世纪 70 年代，对青藏高原综合考察才得以全面展开。这项工作还被列入 1968 年度国家科研重要项目中[⑤]。

珠穆朗玛峰考察能够继续的另一个原因，是为了计划在 1968 年召开的“北京科学讨论会”提供一篇有分量的学术报告[⑥]。1964 年 8 月曾经在北京召开过一次“北京科学讨论会”。这是中国第一次承办的大规模的国际科学讨论会。来自亚洲、非洲、拉丁美洲、大洋洲的 44 个国家和地区的 367 人参加了会议。各国科学家分别在理、工、农、医、政治、法律、经济、教育、语言与文学、哲学与历史等学科委员会中宣读和讨论。从会议的筹备到最后结束，《人民日报》、《解放军报》、《光明日报》等报纸发表了大量的消息、介绍和社论，因此产生了广泛的国际影响。在这次会议上希夏邦马峰的考察成果受到了广泛的关注，产生了较好的影响，因此有关组织者希望 1968 年的会议，珠穆朗玛峰考察能够继续当年希夏邦马峰考察成果的辉煌。后因“文化大革命”的影响，1968 年的“北京科学讨论会”没有召开。

二、综考会撤销以后

1971 年 9 月，林彪反革命集团败露之后，周恩来总理主持了中央日常工作，科学研究的大环境出现了转机。从 1972 年 7 月起，周恩来多次在不同场合提醒要注意基础科学和教学与科研工作[⑦]。中科院根据周恩来的指示，着手恢复秩

---

① 温瑾：《孙鸿烈访谈录》，《院史资料与研究》，2008 年，第 3 期，第 1～29 页。

② 孙鸿烈：《西藏高原的综合科学考察史》，《中国科技史料》，1984 年，第 5 卷第 2 期，第 10～19 页。

③ 温瑾：《孙鸿烈访谈录》，《院史资料与研究》，2008 年，第 3 期，第 1～29 页。

④ 《聂副总理接见科学院革委会常委谈话记录》，中国科学院档案馆档案：Z374-207。

⑤ 竺可桢 1967 年 9 月 4 日日记，见竺可桢：《竺可桢全集》第 18 卷，上海科技教育出版社，2010 年，第 580 页。

⑥ 竺可桢 1967 年 8 月 17 日日记，见竺可桢：《竺可桢全集》第 18 卷，上海科技教育出版社，2010 年，第 564 页。

⑦ 樊洪业主编：《中国科学院编年史（1949—1999）》，上海科技教育出版社，1999 年，第 212 页。

序。1972年8月至翌年1月，全国科学技术工作会议在北京召开。中科院代表在会上发言，呼吁要加强基础理论研究。与此同时，院党的核心小组起草了《关于加强基础科学和理论研究工作的报告》。全国科学技术会议之后，中科院根据会议精神，于1973年7月提出“关于编制1973—1980年长远规划的安排意见”。要求在理论联系实际的原则下，力争到1980年内，“在基础科学理论研究上，为主攻当代某些重大科学课题，打下扎实基础；在解决工农业发展中若干重要新技术上，有较大的突破；在自然科学基础资料积累上，做出显著成绩”①。在中科院提出的五个方面的研究规划中，包括了“积极进行自然资源调查和基本资料积累”的内容。

全国科学技术工作会议之后，为了总结已有的成果，中科院于1972年3月30日至4月10日，在贵阳召开了地学工作会议②。会议决定继续开展青藏高原科学考察，并建议在抓好珠穆朗玛峰考察的总结工作的同时，重新组织考察队进藏。经过会议的讨论，把青藏高原科学考察范围，初步设定在西藏西部、新疆南缘的空白地区，作为第一个阶段的工作重点，并初步讨论确定了6个考察专题：①高原大地构造、地壳活动和地层、古生物群的研究；②高原自然地理、气候、地貌和水文研究；③高原同位素地质研究；④高原盐湖资源研究；⑤高原植被研究；⑥高原冻土、冰川和泥石流研究。会议决定，会后还要继续征求有关单位意见，补充研究内容。为此，地理所组织人员进行调查，编制考察规划提交给即将召开的珠穆朗玛峰考察学术会议。

在贵阳地学工作会议上，有学者建议，青藏高原的综合考察已经进行了三年，总该总结点什么③。于是从1972年7月开始，中科院为召开“珠穆朗玛峰地区学术讨论会和为制定青藏高原1973—1980年综合科学考察规划”开始做准备，并在地理所内成立了以冷冰、孙鸿烈为首的筹备组，制定考察规划初稿，并发送有关单位征求意见。

各单位对青藏高原的考察计划反响热烈，纷纷建言献计，并提出能够承担的工作内容。一直关注青藏考察的竺可桢，对于制定的规划也很满意，他强调指出：“计划还是很全面的，不过实行起来一定会有修改的地方，因为其范围太广泛了，最重要的是参加的各研究单位必须把青藏高原考察作为重要项目列入本单

---

① 钱临照、谷羽主编：《当代中国丛书·中国科学院》上卷，当代中国出版社，1994年，第168页。

② 《先进集体宣传、保卫、纪律和会议政策落实》，中国科学院档案馆档案：Z375-297。

③ 温瑾：《孙鸿烈访谈录》，《院史资料与研究》，2008年，第3期，第1～29页。另据《施雅风口述自传》第218页：1972年初，在贵阳地球化学所召开了地学工作座谈会……我是代表之一，就建议召开一个珠穆朗玛峰考察工作的总结会议，并考虑下个阶段做些什么。

位计划中，固定参加人员，历年不变，不仅作为训练青年同志的一个考察队而已。”①

在各方学者的努力推动下，1972 年 10 月，中科院在兰州召开了珠穆朗玛峰考察学术会议。会议的内容之一，就是讨论《中国科学院青藏高原 1973—1980 年综合科学考察规划》。规划要求对整个高原进行比较深入、系统的考察，积累基本科学资料，探讨若干基础理论问题，根据高原经济和国防建设的需要，对自然资源的开发利用和自然灾害的防治提出科学依据。这次规划既吸取了前一阶段抓住中心课题进行考察的经验，同时又强调了要和青藏高原经济建设需要相结合的必要性。借着提倡基础理论研究的良好氛围，规划确定青藏高原综合考察的中心任务是：“阐明高原地质发展的历史及上升的原因，分析高原隆起后对自然环境和人类活动的影响，研究自然条件与资源的特点及其利用改造的方向和途径。”② 与 1956 年制定的“十二年远景规划”和 1962 年制定的“十年规划”中的青藏高原考察内容相比，这次规划更强调了基本理论研究方面的内容。据规划的主笔人孙鸿烈回忆：“我的思想很明确，对西藏应该有一个全面的扫描，把西藏的各种资料先收集起来。”“总之，我的基本思想是收集资料，填补空白，在此基础上尽可能做一些理论分析，理论提高。”③

两次会议之后，根据规划的要求，中科院组建了青藏高原综合考察队。考察队规模很大，包括 50 多个专业，涉及地学、生物学、农业的许多分支领域，几乎是包括了一切自然条件的学科④。考察队于 1973～1980 年、1981～1983 年和 1988～1990 年分三个阶段，先后对高原主体地区开展了大规模的综合考察。尽管早期的考察是在“文化大革命”时期，但“院里对青藏考察工作是很支持的。那时经费也未感到困难”⑤。到 1976 年，考察队已达 200 多人，将自然科学中的地学、宏观生物学领域许多学科都组织进来了，“像梳头发似的，西藏的山山水水都被‘梳’了一遍”⑥。

其实早在综考会被撤销前的 1970 年，在综考会给院革命委员会的报告中就呼吁：青藏高原的考察应立即着手筹备，以“尽快地实现伟大领袖毛主席‘赶

---

① 孙鸿烈主编：《中国自然资源综合科学考察与研究》，商务印书馆，第 637 页。

② 孙鸿烈：《西藏高原的综合科学考察史》，《中国科技史料》，1984 年，第 5 卷第 2 期，第 10～19 页。

③ 温瑾：《孙鸿烈访谈录》，《院史资料与研究》，2008 年，第 3 期，第 1～29 页。

④ 考察学科有：地球物理、地质构造、地层、古生物、岩浆岩、沉积岩、第四纪地质、地热、盐湖、地貌、冰川、河流、湖泊、气候、植被、森林、草地、土壤、水文、农田、水利、水文地质、工程地质、高等植物、地衣、苔藓、藻类、鸟类、鱼类、哺乳类、爬行类、昆虫、农作物、家畜等（温瑾：《孙鸿烈访谈录》，《院史资料与研究》，2008 年，第 3 期，第 1～29 页）。

⑤ 温瑾：《孙鸿烈访谈录》，《院史资料与研究》，2008 年，第 3 期，第 1～29 页。

⑥ 温瑾：《孙鸿烈访谈录》，《院史资料与研究》，2008 年，第 3 期，第 1～29 页。

超世界先进科学技术水平'的指示。不应因体制改革一时不能定案而贻误了国家的综合考察事业"。报告对于为什么把青藏高原的综合考察放在优先的地位的问题，给出了四点原因：其一，青藏高原是地球的特殊部分，至今仍属于科学工作的"空白"点，为全世界的科技界所瞩目。其二，这个地区的自然条件和自然资源非常独特，对其进行考察研究既可为国民经济建设和国防建设提供异常宝贵的资源（如品位很高的铬矿和极其丰富的为尖端技术所需要的稀有元素），又可为发展科学开拓广阔的园地。其三，青藏高原的局部地区或者是国防前哨，或者是战时后方，从战备需要出发，应优先考察这个地区。其四，整个高原的农牧业发展问题，西藏自治区燃料（煤、石油）等问题有待解决。通过综合考察可为该区社会主义经济建设提供依据。① 但是随着综考会的撤销，这项提议无人问津。

青藏高原综合考察重新开始以后，综考会已经并入地理所，因此，这项考察的早期组织与准备工作改由地理所党委领导，由科学院与有关部门协商②。为此地理所开始组织人员筹备有关工作。1972 年 7 月，地理所革委会向院正式提交报告，准备开展青藏高原综合考察的筹备工作，提出争取在 1973 年派出小分队去西藏考察，为以后大规模的考察做准备。计划考察的范围，包括西藏全部、四川西部、青海西南部和新疆南缘。报告还初步制定了考察的原则。

机构的改变为青藏高原考察的组织工作带来了很多的困难。综考会撤销时，原有的汽车、仪器、高寒装备被分散到院内各有关单位。而地理所作为一个所级机构，无法从其他单位抽调有关设备，只好求助中科院有关机构帮助解决。硬件的问题尚需要通过中科院的出面或增加拨款得以解决，组织协调就更为困难。青藏考察涉及学术领域广泛，各专业对野外工作的要求和方法不一；考察队涉及机构众多，不但有院内单位，还有院外的单位；而且考察规模大，时间长，工作延续性强，地域又在边远的高原山地。强有力的组织是保证考察顺利进行的前提。地理所显然不具备这样的资质和经验。

为此，地理所领导多次向院核心小组提交报告，反映情况。1972 年年底，地理所建议考察队由院核心小组直接领导，具体业务由院第二业务局直接处理。在统一领导、统一规划、统一布置的原则下，各专题由主持单位分别负责③。1973 年 9 月，地理所领导小组再次向院党的核心小组提交《关于青藏考察组织工作由院直接领导的报告》。报告指出，经过一年多的实践，由一个研究所负责

---

① 《中国科学院关于撤销综考会的通知及综考会给院的报告、人员分配方案》，中国科学院档案馆档案：Z374-220。

② 《地理所关于青藏高原科考荒地资源综合研究的报告》，中国科学院档案馆档案：Z375-315。

③ 《院关于 1971 年科研成果，地理所 1972 年科研成果，1973 年科研计划，科学考察的报表、报告、函、纪要》，中国科学院档案馆档案：Z375-297。

综合考察的组织工作有许多不便。其中在考察过程中提出的问题要及时答复解决，而这些问题又属于较大的原则和方针方面的问题，地理所难以决策，无法及时答复，对工作影响较大。另外，报告还特别强调："就地理学本身而言，同考察工作有一定的联系，但毕竟是两种不同性质的工作，而且我所参加西藏考察的人员只占考察队人员的很少一部分。"报告建议青藏高原的组织工作由地理所移交院属职能局直接主管，青藏考察队列为该局的一个直属单位①。实际上，在综合考察组成立之前，青藏队的很多考察组织工作，都是由中科院的有关职能部门出面协调，参与领导的。

1973 年，青藏考察队开始进藏考察。作为刚刚恢复野外工作的考察队规模并不大，只组织了 23 个专业 50 多名科研人员参加。考察队首先在西藏东南部的察隅、波密、八密等地区开始工作。虽然考察范围集中在 35 000 平方公里的地域，但这里位于喜马拉雅山和横断山脉的交汇处。地质构造复杂、生物种类繁多，而且又是西藏的重要农业、林业区。因此考察工作无论在理论上还是为当地经济建设服务方面，都很有意义。1974 年，考察队"一下子膨胀起来，30 多台大小车辆、100 多位各学科专家一路同行"②，考察地域也向西延伸到雅鲁藏布江中下游与东喜马拉雅山区。同时，继续配合国家体委登山队在珠穆朗玛峰地区进行补充调查。两年中，考察队先后组织了 30 多个专业的 170 多人参与工作。

"文化大革命"期间的青藏考察，由于没有国家下达的具体任务，早期的考察队大多按照专业分组工作。以后，随着考察规模的扩大，院内更多的机构加入到考察队中。另外在地方政府的建议下，考察队也增加了一些围绕地方建设的考察组，先后成立的考察组涉及方方面面，既有以专业为主的，也有按照任务设立的。先后设立的考察组有地质组、地貌第四纪组、地热组、自然地理组、古脊椎组、动物组、水利组、畜牧组、农业组、林业组、冰川组、泥石流组、地图组、摄影组、登山组等。为了提高考察效率，考察队尤其重视野外工作结束后的及时总结，通过出版《青藏考察简报》和组织召开工作会议交流经验、表彰先进等方法，促进考察工作顺利进行。尽管在"文化大革命"的特殊时期，每次会议和每期简报都要先学习中央文件，喊口号、表决心，难以避免一些大话和空话，但是这些形式在促进考察工作、交流经验方面还是发挥了很大的作用，也为各小组之间的交流创造了条件。

"文化大革命"期间组建的青藏队有几个特点：第一，到野外考察的老专家

---

① 《地理所关于青藏高原科考荒地资源综合研究的报告》，中国科学院档案馆档案：Z375-315。

② 马丽华：《青藏苍茫——青藏高原科学考察 50 年》，生活·读书·新知三联书店，2000 年，第 114 页。

很少。这个时期只有年近60岁的植物学家吴征镒从1975年开始到西藏考察两年，并在野外度过了60岁生日①。考察队成立时，曾经组织过青藏考察工作的负责人刘东生因已年过50，本人希望不再参加青藏考察，而做一些咨询性的工作②；施雅风则因另有去巴托拉冰川的考察任务③，也没有再参与这项工作。据考察队负责人孙鸿烈回忆："总体来说，队伍很年轻，30～40岁……我当时40来岁，已算是'老'资格了。"④ 缺少老科学家现场指导虽然为考察的顺利开展增添了不少困难，但是这也为年轻人锻炼独立工作的能力、获取经验、施展才华创造了广阔的空间。

第二，考察队仍一如既往地注意与地方政府的沟通，从而赢得了地方的支持和肯定。考察队在制订计划时，注意征求地方有关部门的意见，凡是地方需要又力所能及的工作都尽量列入计划，组织考察研究。1974年考察队再次入藏时，就根据地方政府的建议增加了地热、畜牧、草场等专业，并加强了地质、农业、林业、水利等专业力量。考察队按照专业分组活动，各个组每到一个地区、一个县，尽量"到时请示，走时汇报"，从而受到地方政府的欢迎和好评。

第三，考察队注意利用野外工作的机会为地方培养人才。为此，各考察组制订了具体的培养计划，指定专人负责日常培养工作，边干边教，边干边学，并为文化水平较低的队员辅导文化知识和科学理论。

另外，在"文化大革命"这种特殊时期组建的青藏考察队，也有一些特别的时代特色。"文化大革命"期间的考察队，也需要按照当时的社会特点，开展政治思想教育工作。例如，考察队邀请西藏农奴作忆苦思甜报告、参观西藏阶级教育展览、参观四川大邑地主罪恶庄园、瞻仰烈士陵园、请解放军讲中印边界自卫反击战的英雄事迹，等等。考察队还通过誓师会、写《决心书》等形式鼓舞士气⑤。

尤其重要的是，青藏考察队为"文化大革命"期间的科学工作创造了一定的自由氛围和学术空间。据参与考察的陈宜瑜回忆："当时处于'文化大革命'时期，我们在野外可以发牢骚，什么都敢说，彼此之间很坦诚，所以大家关系都很亲切。"1976年考察队从野外收队，正值"四人帮"倒台。在野外，考察队员完全处于无法与内地联系的环境下，川藏路上收音机也根本听不到，所以考察队

① 马丽华：《青藏苍茫——青藏高原科学考察50年》，生活·读书·新知三联书店，2000年，第81页。

② 《关于1973—1980年青藏高原综合科学考察规划的意见》，中国科学院档案馆档案：Z374-226。

③ 施雅风口述、张九辰访问整理：《施雅风口述自传》，湖南教育出版社，2009年，第225页。

④ 温瑾：《孙鸿烈访谈录》，《院史资料与研究》，2008年，第3期，第1～29页。

⑤ 《1973—1975年科考工作总结》，中国科学院档案馆档案：Z374-252。

员从野外回来时，还不知道“四人帮”已经倒台了。他们从拉萨出发时没有什么消息，到了雅安，“上街看到刷的大标语‘打倒江青’，把考察队员们吓了一跳，大家还在说是反动标语”①。交通不便的野外环境，成为考察队员躲避政治运动的世外桃源。

三、综考组时期

综考组成立以后，首先投入主要的力量组织协调青藏高原综合考察。但是由于这个机构刚刚恢复，研究人员不足、专业构成不完整，因此考察队中绝大多数专业是由协作单位的人员承担，综考组只负责了农业资源与地热资源方面的部分任务。这样一个机构显然难以有效地组织协调这个跨专业、跨机构的大型考察。因此在“文化大革命”结束前，青藏高原综合考察的组织，一直是采用由中科院直接领导、由综考组负责具体组织协调、由考察队积极配合的方式进行。为了避免由于组织力量分散造成的考察成果无法集中的问题，中科院特别做出规定，考察中取得的标本、样品和资料，均为国家财富，由有关单位负责保管②。

综考组成立时，青藏高原的考察工作已经进行了三年。综考组成立后，总结交流经验、制订年度工作计划成为这个机构组织青藏考察的工作重点之一。在院领导的支持下，综考组围绕青藏考察做了许多具体的组织工作，其中包括组织了多次工作会议和成果交流会议，从而更好地推动了有关工作。

对于青藏高原这样的大型考察，经常性的工作会议和学术交流会议成为组织协调的必要手段。1974 年 12 月 18～23 日，中科院在河北保定召开了青藏考察工作会议。出席会议的有参加考察工作的 27 个协作单位主管业务的负责人，以及考察队专题组的组长。与会学者共有 64 人。会议听取了有关负责人的工作汇报，总结了 1973～1974 年考察工作的经验，并根据地方经济建设的需要，适当调整了《青藏高原 1973—1980 年综合科学考察规划（草案）》，并落实了具体研究课题的组织单位③。

在青藏高原考察中，配合登山工作的珠穆朗玛峰考察开始得最早。在青藏考察大规模开始时，围绕珠峰的考察工作已近尾声，所以，综考组多次组织召集了工作总结与成果交流会议。为此，1975 年 9 月，在北京召开了珠穆朗玛峰科学考察总结协作会议；1976 年 5 月，综考组又组织了珠穆朗玛峰科学考察成果交流会。

1976 年 4 月，青藏考察工作会议在成都召开。有 45 个单位、50 个专业、

① 温瑾：《陈宜瑜访谈录》，《院史资料与研究》，2008 年，第 3 期，第 30～66 页。
② 中国科学院办公厅档案处档案，档案号：1975-29-06。
③ 孙鸿烈主编：《中国自然资源综合科学考察与研究》，商务印书馆，2007 年，第 640 页。

330人出席了这次为期10天的会议。主要交流了考察经验与成果，制订出1976年的考察计划和各分队的具体行动计划，落实任务。在制订计划时，考察队也注意到要把地方政府的建议纳入工作之中，并结合地方经济建设组织相应的考察研究。但是这个时期，学者们有条件围绕着一些大家关注的学术问题开展工作，因此，会议制定的中心任务，第一个就是青藏高原隆起原因、地质发展历史与成矿规律的研究①。

1977年5月，考察队在江苏苏州召开了第二次工作会议。参加会议的代表，除了考察队成员外，还有老科学家、协作单位主管业务的负责人。这次会议不但交流经验与成果，重点是讨论四年多野外考察成果的总结出版，因此会议还邀请了出版社的代表。会议制订了1977～1979年西藏考察的总结工作计划，全面部署了考察总结工作。这次会议还制订了青藏高原综合科学考察丛书、文集、自然地图集，以及青藏科学考察画册等的编写、编辑出版计划。

从1977年开始，综考组把工作重点放在了组织编写考察成果上。综考组成立以后，虽然承担了具体的组织工作，但是大的事情仍然需要以中科院的名义发文，许多决定也要以中科院的名义与有关单位磋商。例如，为了推动青藏考察成果的编写，曾专门成立了包括地学、生物、农业三个编审小组的成果编写领导小组。但是这个小组直接由院党的核心小组领导，组成人员有院的有关领导秦力生、过兴先，综考组的孙鸿烈、地质所的张洪波、地理所的王敏、北京植物所的李凤琴，以及科学出版社的有关负责人。综考组的任务就是专门成立办公室，作为成果编写领导小组的日常办事机构，以处理成果编写、编辑过程中遇到的具体问题，并负责建立青藏高原科技标本档案。而且中科院也没有把所有与青藏考察有关的组织协调工作全部交给综考组。比如，编写自然地图集的有关工作，则是另外成立直接由院党的核心小组领导的工作组，并由地理所专门成立办公室和编辑组②。1978年，综考组恢复为综考会以后，首要任务仍是组织青藏考察成果的编写。在编写过程中召开的各种会议，也是以中科院的名义，委托综考会负责组织实施。

青藏高原综合考察的重点，是“阐明我国青藏高原隆起原因及其地质发展历史，分析高原隆起后对自然环境和人类活动的影响，调查研究自然条件和自然资源的特点及其改造利用的方向和途径”。由于这项考察侧重于基础理论的研究，因此学术成果丰硕。从1973年起，青藏高原综合考察历时7年。其中前四五年

---

① 孙鸿烈主编：《中国自然资源综合科学考察与研究》，商务印书馆，2007年，第642页。

② 《中科院、青藏队关于青藏高原科学考察的请示、总结、通知》，中国科学院档案馆档案：Z374-279。

主要在野外工作，考察队对整个西藏自治区进行了全面考察。先后参加野外工作的单位来自全国14个省（自治区、直辖市）院内外研究所、高等院校、生产部门共有45个单位、50多个专业、400多人参加考察①；后几年在室内总结，参加室内总结工作的达1200多人。综考会有40多名组织管理与专业人员和50多名司机先后参加了这一工作。

围绕青藏高原的综合考察，综考会先后负责组织出版了包括34部专著或论文集的《青藏高原科学考察丛书》、3部《珠穆朗玛峰科学考察论文集》和一本《青藏高原科学考察画册》，同时提出了180多篇论文参加“青藏高原科学考察讨论会”。综考会不但承担了考察的组织工作，而且研究成果也不少。在34部丛书中，由综考会负责编写的共有7部，参加编写的2部。

1978年11月31日～1979年2月2日，中科院召开了京区直属单位表彰先进大会。“青藏高原综合科学考察队”被评为全国先进集体。胡克实代表院党组在报告中指出：“青藏队在困难条件下，经受艰苦的考验，积累了大量的科学资料，为青藏地区农林牧业综合发展提供了科学依据。”1978年，青藏高原综合考察项目获得了中国科学院重大科技成果奖。1979年，青藏队受到国务院嘉奖②。1986年12月，《青藏高原科学考察丛书》获中科院科技进步奖特等奖。

随着国家的改革开放，中科院对外学术交流也进入了新的阶段。从1979年开始，院领导相继率领中科院代表团出访，并签订合作协议，为进一步的学术交流创造了条件。为了及时了解国际学术动态，提高中国科学院的研究起点和研究水平，中科院一方面派遣学者出国参加国际会议，扩大中国学术研究的国际影响；另一方面开始积极创造条件，筹备在国内召开大型国际会议，吸引国外学者来华交流。此时的青藏高原综合考察已经进入成果产出阶段，中国学者纷纷要求召开有关国际会议，促进中外交流，扩大青藏考察成果的国际影响。

为了办好“青藏高原科学国际讨论会”，中科院以强大的领导阵容，用了一年多的时间组织有关工作。副院长钱三强亲自担任大会主席、西藏自治区政府副主席李本善、院副秘书长赵北克、院地学部主任尹赞勋、综考会主任漆克昌担任副主席。刘东生担任大会秘书长，中科院主管地学的五局副局长王遵级、综考会副主任孙鸿烈、院外事局局长方均担任副秘书长。

1980年5月25～31日，在多方的共同努力下，中科院在北京主持召开了青藏高原科学讨论会。因为这是改革开放以后中科院内较早组织召开的大型国际会

① 《青藏高原综合科学考察1977—1979年内业总结计划》，见中国科学院办公厅编：《中国科学院年报·1977—1978》，1984年，第280～283页。

② 孙鸿烈主编：《中国自然资源综合科学考察与研究》，商务印书馆，2007年，第651页。

议之一，而且国外学者也急于了解封闭多年的青藏高原的学术研究。中西方学者报名十分踊跃。会前共收到中国学者提交的论文近300篇，经过认真审查，最后录取了180多篇；外国学者提交的论文68篇。参加会议的中国专家有180多人，外国学者77人，分别来自澳大利亚、孟加拉、加拿大、法国、联邦德国、荷兰、印度、意大利、日本、尼泊尔、巴基斯坦、新西兰、瑞士、瑞典、土耳其、英国、美国、南斯拉夫等18个国家（图5-2）。

图5-2　青藏高原科学讨论会与会人员合影

会议的中心议题是“青藏高原的形成、演变及其对自然环境和人类活动的影响”。会上中国学者较全面地介绍了多年的考察研究成果；外国学者介绍了他们对高原外围山地的研究成果。会议讨论了青藏高原的形成原因、高原隆起后对自然环境的影响、高原形成后造成的大气环流形式，以及高原隆起过程中动植物区系的组成、发生与演化的规律等问题。中外学者一致认为，青藏高原有许多世界其他地区少见的典型地质现象，是研究大陆内部地壳相对运动最理想的地区。参加会议的西方学者对中国能够组织如此大规模的、涉及众多专业的综合考察感到惊讶和钦佩。通过这次会议，中国科学院与美国科学院、英国皇家学会、法国科研中心、联邦德国马普学会、日本学术振兴会、意大利科学委员会等机构建立了学术交流关系。从此，围绕青藏高原的国际合作研究正式拉开了序幕①。

改革开放以后，青藏高原的科学研究进入了一个全新的历史阶段。青藏高原

① 《关于“青藏高原科学讨论会”情况及几个问题的报告》，见中国科学院办公厅编：《中国科学院年报·1980》，1982年，第206～210页。

综合科学考察不但为有关的研究奠定了基础，而且促进了一批学术组织机构的建设。1990 年 3 月，中国青藏高原研究会成立。它是在中国青藏高原研究已经进行多年工作并取得丰硕成果的基础上，由众多知名科学家发起并得到包括政府部门等多方面支持的综合性学术团体。2003 年，中国科学院青藏高原研究所正式成立。该机构围绕青藏高原隆升过程及其对亚洲和北半球气候环境影响这一核心科学问题，研究青藏高原地球动力、地表过程与环境变化和极端环境下生物的生态适应性及生物遗传资源等若干领域的国际前沿科学问题，为适应和改善东亚地区人类生存环境服务。青藏高原研究所的建立为青藏高原研究提供了国际学术交流舞台，吸引了一批国内外一流研究人才，组建了具有国际水平和创新能力的科研队伍，并最终使青藏高原综合考察队这种临时性的组织模式转变为永久性的研究体制。

改革开放以后综考会恢复时，正是中国辽阔土地上的最后一块空白区域的野外考察工作圆满完成，国家进入改革开放的新时期，也是中科院重新进行机构调整与改革的时期。新建的综考会面临着全新的问题和挑战。

第六章

从重建到整合（1978～1999）

“文化大革命”的10年，中科院许多机构被肢解，学科不健全、研究力量薄弱。到1976年中科院仅剩64个科研机构，其中双重领导的44个，直属院领导的仅有20个。“文化大革命”结束后，那些被撤销和下放的机构纷纷要求恢复和重新归属中科院。到1978年年底，中科院共收回、恢复、新建研究机构46个，全院独立研究机构达110个①。在这种大背景下，综考会得以恢复重建。

第一节　重建中调整机构设置

1978年以后，中科院进入调整、改革时期。逐步恢复科研秩序、落实知识分子政策、恢复各种学会的活动、回收并新建研究机构、制定新的科学技术发展长远规划。在撤销了“革命委员会”之后，中科院开始重建组织管理机构。1979年春，经中共中央和国务院批准，中科院正式恢复了已停顿多年的学部活动。学部委员大会成为中科院最高决策机构，决定中科院的发展方向、审定全院科研规划、决定重大问题。此后，中科院各学部成为学术领导机构，担负着科研管理、重大项目组织和协调功能。与学部同时诞生的综考会，此时也开始了重建。

一、机构重建

改革开放的新形势为综考会的重建与发展带来了契机。综考会也希望利用这个机遇，给该机构找到合理的定位。因此在综考会重建时期，围绕如何恢复这个机构的建制、如何更好地发挥这个机构的作用，会有关领导曾经多次商谈并为此向中科院党组多次呈交报告。

1. 机构的定位

早在1976年2月综考组就向院核心小组提交报告，指出“综考组”的名称不便于开展工作，建议把综考组改名为“自然资源综合考察研究委员会”（委员会不设委员），或“自然资源综合考察研究所”，或“自然资源综合考察研究局”②。但是在院内许多机构被撤销、下放的大环境下，综考组一时无法扩充。

1977年5月，利用中科院开始收回和新建机构的契机，综考组有关领导再次向院核心小组提交恢复综考会建制的报告。报告认为，为了完成全国自然资源的考察研究任务，仅仅依靠当时200多人的综考组已经无法满足工作的需要，建议扩大该机构的规模。同时考虑到便于集中管理和开展有关科学研究，报告建议这

① 钱临照、谷羽主编：《当代中国丛书·中国科学院》上卷，当代中国出版社，1994年，第177页。

② 《综考组印章启用、研究方向等》，中国科学院档案馆档案：Z374-257。

个机构可以设两块牌子，一个班子。一称国家资源局，为国家行政机构。这样便于集中统一考虑国家重大的、长远的资源合理利用和有关政策、方针等；一称中国科学院自然资源综合研究委员会，为科学研究单位，由国家计委和中科院双重领导。这样便于组织有关的科学研究力量，对探索性、综合性的课题进行多兵种的科学考察，也便于对外进行科学考察和学术交流①。但是这种体制构想超出了中科院的决策权限，需要国务院的统筹考虑才能实现。

1978 年 4 月 14 日，中科院向国务院提交了《关于恢复我院自然资源综合考察委员会的请示报告》。报告指出："根据全国科学技术发展规划，我院承担了全国重点地区的气候、水、土地、生物资源的调查研究，南水北调对自然环境的影响，农业现代化综合试验研究基地，青藏高原的形成、演变、资源综合开发利用及其对自然条件的影响，能源合理利用等项重大科研任务。由于上述任务涉及的学科面广，承担单位多，组织协调与综合考察工作量大，目前我院的综合考察组已远远不能适应新的形势和任务发展的需要"，因此提出恢复综考会②。同月，国务院批准恢复综考会。1978 年 5 月 9 日中科院发出《关于恢复自然资源综合考察委员会的通知》。通知中对综考会的定位主要有三点：①中国科学院自然资源综合考察委员会在现有自然资源综合考察组的基础上恢复；②综考会的主要任务是，组织协调有关我国自然资源（主要是农业资源）的综合考察，对一些考察结果进行综合分析研究，提出开发利于和保护的意见；③综考会为院直属司局级单位，单立户头，工作人员编制为 360 人③。同年 8 月，综考会的领导班子正式建立了。

但是，此时的综考会已经不是"文化大革命"前由中科院直接领导、类似于学部的机构，而是在地学部领导之下、类似于研究所的机构。这样的定位显然无法完成中科院规定的、组织协调综合考察的任务。1980 年 8 月，综考会有关领导再次向中科院呈交《关于恢复综考会建制并改名为中国科学院自然资源综合研究委员会的报告》。报告指出，综考组"自 1975 年恢复以来，虽然做了一些组织协调及研究工作，但限于体制，难以发挥更大作用"。综考会希望能够恢复到"文化大革命"前的建制，即作为学部一级的委员会，直属中科院领导。同时，考虑到有关自然资源及其合理利用问题的研究，除了综合性的考察外，还将包括更广泛的综合性的科学研究，报告建议该机构名称中突出"研究性"的特点④。

---

① 中国科学院办公厅档案处档案，案卷号：1977-16-28。

② 中国科学院办公厅编：《中国科学院年报 · 1977—1978》，1984 年，第 148 页。

③ 综考会办公室编：《综考会历史沿革》，1998 年 10 月 6 日。

④《关于综考会机构建制问题的报告》，中国科学院档案馆档案：Z374-350。

综考会在机构重建的过程中，一直希望能够把这个机构定位在代表中科院，广泛组织院内外有关单位从事大协作，兼具组织职能和研究性质的机构。因此这个机构在建制上应该是高于院内其他研究所，直属中科院领导。但是自从 1975 年恢复综考组时，这个机构即归属于主管生物地学机构的院一局领导之下。因此恢复综考会时，中科院仍把综考会定位在研究所级的建制上，并且与地理所共同归口一局管理。后来生物学与地学的主管局分离，地学机构归五局管理，综考会也改由五局领导。

由于综考会恢复时是与研究所同级的机构，这就造成了很多麻烦。比如，综考会主要是围绕着农业问题组织综合考察与研究，那么会内的研究室应如何设置，各研究室在学科专业方面如何与为农业服务的研究方向匹配，还需仔细斟酌；又如，在业务归属方面，综考会的工作涉及地学口和生物学口，而青藏高原综合考察的部分内容还涉及地震口，动能方面的研究则涉及数理化和技术口。因此综考会的主管局对这个机构的有些内容无法管理。

在研究性质方面，综考会的工作性质应该属于应用基础和应用研究，不是基础研究。但此时在中科院的机构内，缺少组织管理跨学科、重大任务的管理机构。中科院是按照六大学科的机构建制的，是以管理基础学科研究所的形式管理各个研究所。因此中科院的研究工作，如果不是基础研究则排不上队，挂不上号。在当时更加重视理论尤其是基础理论的形势下，综考会要发展，就要往六大学科中“挤”，只有“挤”进去了，在中科院才能站得住脚。这就造成在《1978—1985 年全国基础科学发展规划》中，把综考会的以多兵种联合作战的综合研究，化整为零地分解成基础研究的学科性题目分散列在几个学科之中，而最后一个大学科（地学）也不能全部容纳，还有一部分（人与生物圈）列在生物大学科之下，体现不出综合考察的国家任务。

2. 组建领导机构

综考会恢复以后遇到的另外一个问题就是领导班子的组建。综考会恢复后首先成立了党的领导班子。漆克昌恢复工作以后于 1979 年担任了综考会党小组第一组长，后改为党委书记，负责综考会的日常工作。但是该机构主任一职的人选却迟迟未定。此时竺可桢已经去世。竺可桢在世时，一直担任综考会的主任。作为中科院副院长，他可以在很多方面发挥研究所所长发挥不了的作用。于是综考会根据过去的经验向院党组提交报告，希望能够配备一位有威望的科学家担任综考会的领导。报告指出：“没有一位有威望的、知名学者在学术上领导，综考会很难开展跨部门的组织协调工作。”① 当时在中科院系统内，虽然有几位熟悉综合考察的老一代学者还在工作，但是由于各种原因综考会物色的几位人选都没能就任。

进入20世纪80年代以后，从国家到中科院都在发生巨大的变革，综合考察也面临着新的挑战。综考会需要新一代领导人的出现。1983年6月孙鸿烈出任综考会主任②，不久他又出任了中科院副院长。

孙鸿烈自1960年从中科院沈阳林业土壤研究所研究生毕业以后，长期从事农业自然资源及区域综合开发方面的考察研究。从20世纪70年代起开始主持青藏高原综合考察，组织多学科的基础研究和应用研究，并负责具体的领导实施。

孙鸿烈担任综考会主任和中科院副院长的十多年中，正值新中国历史上的大变革时期。国家开始全面、深入地推进改革。中央提出“科学技术要面向国民经济主战场”，中科院紧跟中央开始探索改革的途径。资源环境研究作为中科院的重要研究领域之一，有地学、生物学等众多专业和研究所的优势。但是在新的形势下，这些研究所基本上是各自为政。如何更好地发挥综考会的组织协调职能，面临着诸多挑战。

孙鸿烈上任后，意识到根据国家的需求解决重大科学问题，必须发挥中科院的综合优势③。他在长期领导综合考察事业的过程中，提出了可更新资源的整体性、多宜性、区域性与有限负荷等特性，强调将自然资源作为整体系统进行综合研究，并从全国性资源环境问题、区域性资源开发与经济发展战略、典型地区资源合理开发治理与环境保护方面的问题出发，领导建立了生态系统试验观测研究网络，把资源环境的研究推向深入。在组织体制上，他领导着综考会尝试着根据中科院体制改革的特点，在新的形势下，通过各种组织形式发挥综考会的组织协调职能。

在综考会的体制中，委员会也是其重要组成部分之一。进行跨部门的组织协调工作，仅仅依靠刚刚成立的综考会十分困难，因此需要这个领域中具有丰富经验和威望的科学家和科学工作者共同组成一个强有力的委员会。这个委员会被看做是综考会发挥组织协调作用的有力保证。

由于综合考察涉及许多科研、生产、教学单位，为了更好地掌握方向，研究、审查、决定综考会的任务、计划和其他有关重大问题，综考会在重建委员会时仍然按照“文化大革命”前的做法，由有关单位的业务负责人或熟悉综合考

---

① 《综考会关于当前工作的几点意见》，中国科学院档案馆档案：Z374-294。

② 综考会办公室编：《综考会大事记（1956—1999）》，1999年12月。

③ 温瑾：《孙鸿烈的科学之路》，《中华读书报》，2008年3月19日，第5版。

察的领导、专家组成。1978 年 9 月，综考会拟定了综考会以外的委员人选名单，并报送院党组，他们是：地质所副所长张文佑、动物所副所长马世骏、植物所室主任侯学煜、南京土壤所室主任席承藩、兰州冰川所负责人施雅风、沈阳林土所原所长朱济凡、贵阳地化所室主任刘东生、地理所书记李秉枢、地理所原副所长郭敬辉、南京地理所所长周立三、中央气象局负责人戈锐、水利水电科学院副院长谢家泽、国家测绘总局总工程师陈永令、国家地质总局顾问赵心斋、国务院环境保护办公室负责人王宗杰、国家林业总局副处长刘于农、国家农垦总局副处长徐世汉，以及农林部计划局的有关人员①。1982 年 7 月，综考会再次向院党组报送了《关于加强综考会领导问题的请示报告》，重申恢复综考会委员制的重要性②。但是综考会的委员会成员却迟迟没有确定。

直到 1985 年 10 月，院长办公会议才讨论通过了综考会提交的报告《综考委委员的任务、权力、委员名单及其分工》，正式批准了综考会委员名单：主任孙鸿烈（中科院副院长兼综考会主任），副主任侯学煜（学部委员、植物所、中国自然资源研究会理事长）、黄秉维（学部委员、地理所名誉所长），马世骏（学部委员、动物所、中国生态学会理事长），委员有：叶笃正（学部委员、中科院顾问），刘东生（学部委员、中国科协书记处书记），涂光炽（学部委员，贵阳地化所），周立三（学部委员、南京地理所），吴传钧（地理所），赵松乔（地理所），吴征镒（学部委员、昆明植物所），贾慎修（北京农业大学），席承藩（南京土壤所），曾昭顺（林业土壤所），陈述彭（学部委员、地理所），李孝芳（综考会学术委员会主任），漆克昌（综考会原党委书记），李文华（综考会常务副主任），赵训经（综考会党委书记），张有实（综考会副主任），石玉林（综考会副主任），程鸿（综考会学术委员会副主任），童庆禧（院航空遥感中心主任），另有国家计委及国土局一人③。

按照规定，委员的任务有五项：①对综考会的发展战略、对我国国土资源开发与整治的新的重大课题，以及综考会的改革与建设中的重大问题等提出建议；②对有关自然资源、国土资源开发与整治的综合考察研究的长远规划和计划等，进行审查和评议；③组织研究有关国土资源开发与整治中的重大的综合性问题，提供咨询，提出建议；④评议重大的综合性考察研究成果和成果奖；⑤对晋升的研究员职称组织评议。同时，综考会也给予这些委员三项权力：①可以参加综考

① 《中科院关于自然资源综合考察组恢复为自然资源综合考察委员会的批复、编制设置、印章启用》，中国科学院档案馆档案：Z374-290。

② 《综考会关于实行双重领导的通知及体改的协议、报告、意见》，中国科学院档案馆档案：Z374-1005。

③ 中国科学院办公厅档案处档案，案卷号：1985-02-04。

会组织的有关考察活动，并进行具体的指导，有关经费由综考会负责；②可以得到综考会印刷、出版的各种资料和成果；③参与并指导综考会组织的国内外有关学术交流活动。

这个委员会在新的历史时期，在综合考察的组织协调中是否发挥了应有的作用，从目前的文字资料中无法得知。但此时的综考会已经是个所级建制的机构，并按照研究所的体制于1981年建立了所级学术评议机构——学术委员会。早在1955年，中科院各研究所就普遍建立了学术委员会。综考会在20世纪60年代发展成为研究实体后也曾经建立了学术委员会，但在“文化大革命”中停止了活动。1977年院工作会议之后，决定在院、所两级建立学术委员会。1978年，中科院正式成立了院学术委员会。1979年1月恢复学部活动后，院学术委员会撤销。1981年3月，综考会学术委员会选举产生。主任委员冯华德，副主任委员赵锋、李孝芳，另有学术秘书1人、委员9人。这些人员全部由综考会内的学者组成。至此，综考会的体制建设基本完成。此时的综考会为所级建制，但仍然具有组织协调和研究实体双重功能，因此，也就有了综考会委员会和学术委员会两套班子。

学术委员会的职责是审议本机构科学研究远景规划和计划草案；对全所性的学术活动提出建议，推动和促进所内外与国内外的学术交流和科学合作活动；审议重大研究课题的开题报告，评价所内重要的科学论文、著作或其他重要的研究成果，对其中应当给予奖励的，提出建议；评议科技人员的学术水平和成就，并对其定职、提职提出建议①。两个委员会的职能有所重叠，但也不完全相同。显然，综考会委员会的成员多来自综考会以外的单位，很难像所学术委员会那样发挥作用，这一点在“文化大革命”前即如此。

3. 重建研究队伍

综考会恢复以后，需要扩大研究队伍，充实薄弱学科。因此，人员重组也是综考会重建时的重要任务。综考会自1956年创建开始，即着手人才建设。1958年，综考会只有属于会、队编制的研究实习员12人。1959年以后，每年都有较多的大学毕业生分配到综考会，并从有关单位调来少数中、高级研究人员。由于当时的考察队属于院直属的独立机构，所以研究人员多隶属于考察队，属于综考会的人员很少。进入20世纪60年代以后，随着综考会逐渐成为研究实体，综考会人员快速增加。到“文化大革命”之前，综考会已经成为拥

① 《中国科学院研究所暂行条例（草案）》，见中国科学院办公厅编：《中国科学院年报·1979》，1982年，第158～172页。

有73个专业、200多名研究人员、共有300多名职工的机构。尽管当时研究人员的专业多偏重自然科学，经济方面较少，只有经济地理或一般经济学科，没有关键性的技术经济人员。但是经过多年的积累，综考会逐渐在发展、完善自己的专业队伍。

“文化大革命”十年对综考会最致命的破坏就是人员星散。综考会重建时，已有综考组时期筹建的班底200多人，科研人员约占一半，但是其中有相当一部分是“文化大革命”期间毕业的工农兵大学生。为了加强综考会的研究力量，综考会从重建开始就从地理所、遗传所、植物所等机构“招兵买马”，希望原综考会成员能够重回这个机构。而此时正是中科院重建机构阶段，院内各个研究所都在着手人员建设、扩大规模。“文化大革命”十年对中国高等教育的破坏，导致中科院内各单位很难从高校得到合格的专业人才。而此时，过去从综考会分散到各研究所的科研人员多已三四十岁，很多人已经成为各研究单位的骨干力量。因此，无论是有关单位还是个人，都有可能不愿再离开业已熟悉的工作岗位重返综考会了。在人才普遍短缺的情况下，对综考会的人才回归带来了困难。经过努力，到1981年综考会职工已达到300多人。

综考会在重建中人才方面的困难不仅仅是在人员数量上，如何平衡专业的分布更是难题。综考会重建后各种资源的研究力量大多只有几个人，而工业方面仅有2人①。这成为综考会重建研究室时面临的首要困难。

二、研究室的演变

正如本书第四章中所述，进入20世纪60年代以后，综考会就开始了研究室的建设。由于当时综考会的研究室是按照任务建立的，研究室主要是为各考察队的研究对象服务，执行各考察队的有关任务，提交区域性考察报告。从20世纪70年代末到80年代初期，综考会恢复的研究室仍然延续着这些职能，没有及时调整为按照学科设室。这就造成了研究室不断调整、人员频繁流动。像综考会资料室的名称在43年中变化了11次，平均不到4年就变化一次。进入80年代中后期，尤其是90年代以后，为了适应新的形势，综考会内部的体制也由60年代的研究室与考察队并存，逐步转向以研究室为基础的体制形式（图6-1）。研究室的基本任务也改为组织全室科研人员争取研究课题、完成科研任务、积累科学资料、提高学术水平、发展本门学科、培养科研人才，与此同时积极参加开发工

① 《国务院、国家建委、中科院、综考会关于国土整治的来往文件》，中国科学院档案馆档案：Z374-995。

作。除了区域性考察研究任务外，各研究室还增加了全国性、综合性自然资源综合研究任务，以及各种学术咨询工作。可以说，调整的过程贯穿于综考会重建后的整个历史当中。

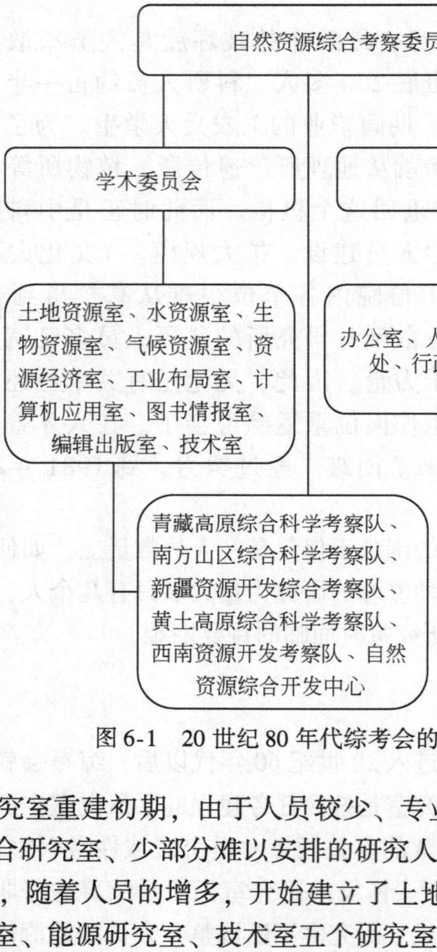

图 6-1　20 世纪 80 年代综考会的机构设置

1975 年研究室重建初期，由于人员较少、专业分布不平衡，就先成立了一个过渡性的综合研究室、少部分难以安排的研究人员和行政人员被暂时安排在情报室。1978 年，随着人员的增多，开始建立了土地资源研究室、水资源研究室、生物资源研究室、能源研究室、技术室五个研究室，而资源经济和气候资源两个部分，则因人员太少，暂时以“组”的形式分别归属于土地资源研究室和水资源研究室。

其后，根据中科院对各研究所的“五定”要求和新时期的总任务，综考会内的研究室也随着专业人员的增加、研究力量的加强，综考会体制、任务的改变，研究室的工作内容和建制也在不断地调整。但是一些学科特点比较突出的研究室，则一直保留了下来（表 6-1）。研究室的工作也逐渐由以任务为主，发展到承担任务与学科建设并重。

表 6-1 综考会研究室的变迁

时间	研究室组成	说明
1961	综合经济室、水利资源室、矿产资源室、农林牧资源室、自然条件生物资源室、分析室、资料测绘室	1962 年，自然条件生物资源室并入农林牧资源室
1964	综合经济室、水利资源室、矿产资源室、农林牧资源室、综合动能室、分析室、资料测绘室	1964 年上半年水利资源室、矿产资源室和综合动能室负责人分别由农林牧室和综合经济室负责人兼管 1965 年，经济所生产力配置组调到综考会
1978	土地资源室（含资源经济组）、水资源室（含气候资源组）、生物资源室、能源室、技术室	1976 年 2 月，将航判组（1975 年成立）、分析室、制图室、暗室（1975 年筹建）合并成为技术室 1978 年 4 月，气候资源组改由生物资源室领导
1980	土地资源室、水资源室、生物资源室、气候资源室①、资源经济室、图书情报资料室、能源室、技术室	1981 年，能源室从综考会分离，成立了能源研究所
1986	土地资源室、水资源室、生物资源室、气候资源室、资源经济室、工业布局室、计算机应用室、图书情报资料室、编辑出版室、技术室	1985 年 4 月，中科院成立航空遥感中心，挂靠在综考会
1988	土地资源室、水资源室、生物资源室、气候资源室、资源经济室、工业布局室、国土资源信息室、编辑出版室、综合分析测试室、遥感组	
1989	水资源室、气候资源室、资源经济室、工业布局室、农业资源生态室、林业资源生态室、草地与家畜资源生态室、土地资源与遥感应用室②、国土资源信息室、编辑出版室、图书资料室、综合分析测试室③	1992 年 11 月，图书资料室更名为资源与国情文献馆 1995 年 10 月，遥感组从土地资源与遥感应用室分离，独立成遥感应用室；撤销分析室，组建资源开发技术室；国土资源战略研究室更名为国情研究室

① 也有文献记载气候资源室建于 1984 年。

② 由土地资源室与遥感组合并而成。

③ 综考会办公室编：《综考会大事记（1956—1999）》，1999 年 12 月。

续表

时间	研究室组成	说明
1996	土地资源室、水资源室、气候资源室、资源经济室、工业布局室、农业资源生态室、林业资源生态室、草地畜牧资源生态室①、遥感应用室、国情研究室、国土资源信息室、资源开发技术室、国情文献馆、期刊编辑室	

从20世纪80年代中后期开始，加强研究室的建设、实行以研究室为基础的体制改革成为建立新体制的关键。综考会在重建研究室的过程中，把研究方向定位在为农业服务，因此逐步建立起水、土、气、农、林、牧、经济的研究室框架。

1. 与农业问题相关的研究室

综考会自成立之日起，就把农业资源研究作为一项重要的任务。因此，在20世纪60年代初期开始建立研究室时，就有农林牧室。当时根据任务的需要，在研究室内设立了地貌气候、草场、畜牧等7个专业组。综考会重建时，农林牧室改为生物资源室，下设草场、畜牧、农业、林业等小组。1989年研究室设置再次调整，撤销了生物资源研究室，分别成立林业资源生态研究室、农业资源生态研究室、草场和畜禽生态研究室。

农林牧研究工作的变化不仅表现在研究室名称的改变上，其研究内容也在变化。“文化大革命”之前，农业资源方面的工作重点放在资源开发利用的宏观考察上，主要探讨自然环境因素，如光、温、水、土等外界条件对种植业生产的影响和作用。在强调“以粮为纲”的年代，学者们还围绕着开荒问题、耕地问题及粮食作物的高产问题进行考察。综考会重建时，正值中国农村经济体制开始改革深入开展的时期，出现了农作物结构和布局的变化和调整，农业种植业发展的方向及道路，以及农业生态环境等方面也出现了一系列新的问题。同时，改革开放使国际农业生态研究的新趋势传入中国，有关学者开始重视区域农业资源生态系统的研究，开展了定点种植系统生态学试验研究。随着农村经济在改革开放中出现的新问题，有关学者开始针对农业资源潜力、生产状况、供求平衡、布局调整和产业对策开展研究。

土地资源、水资源、气候资源等研究室，也是紧密围绕农业问题开展工作。以气候室为例，该室的研究方向和内容是为（大）农业服务，这与过去长期从

① 也有文献记载该室的名称是“草场畜牧资源生态室”。

事农业气候资源与生态环境的考察研究有关。气候组最初设置在农林牧室内，所以业务人员主要参加农林牧资源开发利用和与之有关的专题考察研究。考察研究气候环境特点、资源状况、气候与农林牧各业生产的关系，以及气候资源的充分合理利用等，这为以后气候资源室的成立、方向任务的确定、学科的发展奠定了基础。长期的考察与研究的积累，使综考会的气候资源室成为全国唯一一个以气候资源为名称和研究内容的研究室。

2. 与经济相关的研究室

综合考察的目的，就是为国家经济建设服务，因此研究的题目全部具有明确的服务于国家经济建设的目的性。综考会也因此十分重视经济方面的考察研究工作。从最初建立的综合经济室，到综考会恢复时的资源经济室，经济考察的研究内容，与国家的经济体制特点密切相关。在计划经济时代，农民生产什么、生产多少以及产品的分配均由政府的计划所控制，一切经济活动必须服从计划目标。与此相适应，农业经济的考察研究，主要是对考察地区的农业生产条件与农业资源不同开发方式进行评价，分析农业资源开发与农业发展的战略方向、目标与重点，以及相关联的产业结构；研究以农、林、牧、渔业生产基地的建设条件、任务、规模、途径与措施为中心的农业生产布局；提出农业发展途径与必须采取的重大技术经济措施。国家经济体制转变为市场经济体制以后，相应的研究内容开始围绕市场进行。因此资源经济研究的重点，也开始转向资源的产权对于资源开发、利用与保护的影响，资源市场价格的形成机理，资源核算及其纳入国民经济核算的方法，等等。

3. 矿产资源室的演变

综考会最初建立研究室时，曾经设有矿产资源研究室。因为那时工矿资源与工业开发，也是综合考察的重要组成部分。矿产资源研究室从建室开始，对这个室的工作性质就有过多次讨论，但一直存在着不同的看法。分歧的焦点，就是该室的工作与院内地质所、院外地质部和冶金部的工作如何区别。地质所关于矿产资源的研究重点是探讨成矿规律；地质部这方面的工作就是为工业建设提供矿产资源储量、质量资料；冶金部的工作是提出开发方案。那么，综考会的矿产资源室应该把工作中心放在哪里呢？经过长期的摸索，矿产资源室决定把工作中心定为“评价矿产资源及其开发利用条件”方面①。但是由于工作基础薄弱，研究条

① 《综考会委员会、领导小组、漆克昌关于综考会工作情况给院党组的报告以及学术委员会的纪要》，中国科学院档案馆档案：Z374-176。

件和技术手段也受到限制，无法“查清资源”，只能在有关部门资源勘察的基础上“评价资源”。所以有关资料多是从地质部等有关机构抄来的，综考会要在这方面提出新问题或综合出来新成果，有一定的困难。而且在计划体制条件下，往往停留在有什么资源就建什么工厂，有多少资源就建多大企业的评价上，几乎没有进行市场分析。

综考会恢复重建时，工矿资源研究室的恢复推迟了近10年。因为当时综考会把资源考察与研究内容定位在地表资源，重建时没有恢复矿产资源室，这方面的工作基本上由地质所等其他单位承担。1984年，综考会重新开始工矿资源考察和工业布局方面的研究，并将研究室定名为工业布局研究室①。工业布局研究室成立后，结合有关任务，开展以资源、环境、经济与社会整体为出发点，开展地区开发战略与国土整治规模目标相结合的综合考察与研究。

4. 新技术领域的研究室

新时期考察工作开始以后，综考会明显感到过去考察技术手段的落后，开始加强新技术在综合考察中的应用。为此，综考会通过引进先进技术设备、扩大国际交往、邀请外国学者来华召开学术座谈或讲学、主办训练班②、着手建立中国资源环境数据库等方式，提高综合考察与研究的整体水平，并积极在实际工作中推广应用。

综考会在重建过程中，尤其注意支持新技术的发展与应用，新建、扩建了遥感室和技术室。随着对外开放，学者们发现国外资源考察中已广泛采用遥感遥测和电子计算机等新技术，而中国在这方面还很落后。当时还是采用传统自然资源的研究方法，即“野外实地考察+铅笔+室内分析研究”③。由于野外工作主要靠汽车、人跑，使用的也是简单的工具，因此进度很慢。例如，过去森林普查一次，就要花10年时间，土壤和土地利用状况调查，全国动员了70万人，8年时间才编出图件④。鉴于全国范围的资源考察面积广大、工作任务重，综考会决定采用新技术、新方法。

早在综考组时期，就于1976年2月成立技术室，合并了原来的航判组、分

---

① 中国科学院、国家计划委员会自然资源综合考察委员会编：《自然资源综合考察研究四十年》，中国科学技术出版社，1996年，第48页；中国科学院、国家计划委员会自然资源综合考察委员会编印：《纪念自然资源综合考察委员会成立三十周年文集》，1986年，第132页。

② 这个时期主办的训练班主要有：系统分析训练班（1979年8月）；草地资源调查训练班（1982年5月）；遥感应用学习班（1980年3月）；草场资源遥感调查训练班（1983年4～5月）；西藏拉萨草场调查训练班（1985年6～12月）。

③ 孙鸿烈主编：《中国自然资源综合科学考察与研究》，商务印书馆，2007年，第574页。

④ 中国科学院办公厅档案处档案，案卷号：1977-16-28。

析室、制图室暗室等机构（图 6-2）。新成立的技术室负责：①卫星、航片判读和新技术在自然资源考察研究中的应用研究；②全组性使用的大型、精密、贵重仪器的管理和使用；③水、土、生物资源样品的化验分析；④电影底片、照片的冲洗和印放；⑤图件的编制、清绘和复制。[①]

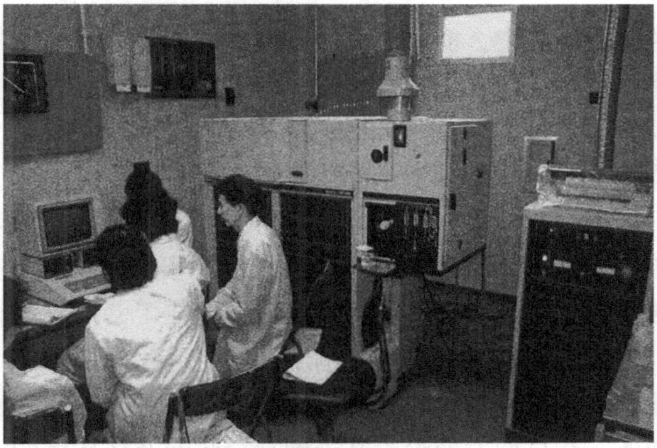

图 6-2 技术室

20 世纪 70 年代末期，由于国际遥感热潮的兴起，国内许多部门与行业开始应用遥感技术。随着美国陆地资源卫星不断发射，遥感技术已成为资源考察不可缺少的资料。综考会有关研究部门，就应用遥感技术对黄土高原地区资源环境和水土重点流失区进行调查研究，编制了 1∶50 万和 1∶10 万系列图件。为了推广新技术的应用，综考会逐步引进了必要的仪器设备，如加色投影观察仪、多路彩色数据系统、航测转绘仪、立体判读仪、光学判读台、重氮彩色翻印和晒图机等。

综考会还将计算机技术应用于自然资源研究，与遥感系统、地理信息系统、全球定位系统（简称“3S”技术）紧密结合，不仅使自然资源研究方法从传统走向现代，而且使自然资源研究实现了从定性到定量的重大突破。在新的时期里，综考会组织开展了西南地区国土资源数据库和黄土高原地区国土资源信息系统的研究，并建立了中国资源研究数据库，同时，还设立了“世界数据中心中国分中心”。随着在综合考察中遥感、信息技术和数据库的建设与应用列入国家攻关项目，明显减少了野外和室内工作量，大大提高了资源数据的准确度，同时也为综合科学考察研究向现代化方向发展奠定了基础。

在综考会重建后的近 20 年中，还根据新形势下的新任务和新项目，建立了

---

① 综考会办公室编：《综考会大事记（1956—1999）》，1999 年 12 月。

一些新的研究室或研究中心，以便推动相关工作。例如，为了加强自然资源战略性问题研究，在20世纪80年代后期成立了资源战略研究室，后改名为国情研究室。这些问题将在本章后两节中讨论。

三、挂靠机构的去向：从动能研究室到能源研究所

在综考会的研究室当中，能源方面的研究室是一个独特的机构。这个机构成立时仅仅是挂靠在综考会，在1980年离开综考会、独立建所之前的近20年中，能源综合研究观念几经变动，从20世纪50年代的“动力研究”，到60年代的“动能研究”，再到70年代以后的“能源研究”。

据竺可桢日记中记载，最初“于光远想办技术经济所，做矿物综合利用”①。但由于特殊的历史原因，20世纪80年代以前能源研究机构一直挂靠在综考会。综考会也以其多学科、综合的优势，为能源研究创造了条件。在综考会的组织领导下，这个研究室在不同的历史阶段，围绕国家经济建设任务组织开展了能源的综合研究。但是这种以任务带动的科学研究，由于缺乏足够的基础研究和学科理论建设的前期准备，在早期发展阶段又受到社会政治经济环境的深刻影响，从而在综考会经历了几次起落的曲折发展过程。

1. 第一次兴起：“十二年远景规划”推动的动力研究

能源综合研究的兴起，始于学习苏联的模式。十月革命后初期，由于战争的破坏，出现了严重的粮食危机和燃料危机。特别是燃料危机，几乎使所有工厂关门、运输中断。因此，苏联一直把能源综合研究作为带动整个国民经济发展的中心环节来抓。

1956年中国开始制定“十二年远景规划”，并为此邀请苏联学者来华协助有关规划的制定工作。苏联科学院派出了由17位苏联科学家组成的代表团，来华参与规划的制定，许多在华工作的苏联专家也参与其中。制定规划期间，苏联科学家举行了多次学术报告、演讲或情况介绍。其中苏联科学院代表团团员В. И. 波普科夫通讯院士，介绍了苏联建立全国统一动力系统的概况及其重要性。

В. И. 波普科夫围绕苏联第六个五年计划中建立全国统一动力系统的经验，提出了有关科学研究的主要任务。他指出动能学的综合性研究，在苏联具有重大的意义。这项研究的主要任务，就是制定国民经济集中供能（供热及供电）的科学基础。由于统一动力系统是一个复杂的综合体，它的各部分彼此有着密切关

① 竺可桢1967年11月9日日记，见竺可桢：《竺可桢全集》第18卷，上海科技教育出版社，2010年，第645页。

系，而且是不断发展的。它包括不同形式的能源（热、水、核子燃料等），不同类型的设备（水电站、凝汽式热电站、热电中心等），各种交通运输方式以及用户种类和各种不同的电站与用户间的联系方式等。整个动力系统中任何一个环节的变化都会影像整个动力事业的基本技术经济指标。他进一步指出，要想建立统一的动力系统，就必须研究在不同结构的系统中，如何才能选择最合适的组合方案，并能够从经济观点出发，选择出最经济的运行方式①。

在苏联专家的影响下，燃料和动力研究被列入“十二年远景规划”②。规划中首先提出的13个方面的任务中，第3方面就是“燃料和动力”。规划强调：“燃料工业和电力工业都是先行工业，必须走在其他经济建设的前面，我国特别需要在这两方面努力，来赶上先进国家。”规划中特别强调：“和扩大燃料来源的研究工作具有同样重要意义的是燃料综合利用的研究……规划全国各地区各种燃料的利用方向和它们在冶金、化工、运输、发电、农业、国防和人民生活等各方面用途上最合理的分配，是一个重要和必需的研究工作。”远景规划中这方面的任务主要有第20项“全国能源的合理利用和动力技术的研究”和第21项“发电厂和电力网的合理配置与运行，全国统一动力系统的建立”。这些任务中，涉及如何充分和合理地利用全国各种能源，综合研究如何根据最有利的条件，来统筹规划各地区各种能源的利用方向和这些能源在冶金、化工、运输、发电、农业、国防和人民生活等各方面的合理分配等问题。

根据“十二年远景规划”的要求，中科院需要组织进行的研究工作很多。例如，如何在动力系统方面，结合建立全国性统一动力系统的远景，研究动力系统规划的理论基础，以及有关动力系统综合性的经济问题。此外，动力技术的研究中还包括热力学、燃烧学和传热学等方方面面的研究工作。

1956年，中共中央召开了知识分子问题会议，明确提出了“赶超世界先进水平”和“向现代科学进军”的号召。会议之后，许多省（自治区、直辖市）纷纷要求成立中国科学院分院；高校要求中科院帮助建立研究机构的呼声也越来越高。为了更好地发挥中科院与高等院校的研究潜力并满足研究需要，中科院开始与高校联合筹办研究机构。在知识分子问题会议上，中科院与高等教育部决定合作建立11个研究机构③，动力研究室便是其中之一。

① В. И. 波普科夫：《建立全国统一动力系统》，见科学规划委员会：《苏联科学家报告汇编》，1956年。

② 关于“动力”概念，笔者专门请教了徐寿波院士。他指出：当时的“动力”一词译自俄文的“Энергетика”，英文是“energy”，即能源。但目前不清楚“动力”一词是在什么时候、由谁提出的。徐先生推测，动力研究室的创始人吴仲华偏重于研究动力，可能因此称为动力。

③ 钱临照、谷羽主编：《当代中国丛书·中国科学院》上卷，当代中国出版社，1994年，第71页。

1956年3月，院党组决定与清华大学合作筹建动力研究室，并邀请清华大学动力机械系的吴仲华教授主持工作。7月，动力研究室筹备处拟出《关于中国科学院与清华大学合作筹建中国科学院动力研究室工作计划》。《计划》中强调该室主要任务是，积极开展在热力工程和动力机械方面的研究；并希望用一年的时间，将该研究室的队伍扩大到150人[①]。

研究室成立之初，曾经计划仿照苏联科学院动力研究所[②]的模式发展该机构，并希望以后能够在中科院内建立相应的研究所。苏联动力研究所的研究内容涉及各种能源，其中之一就是综合能源研究。虽然此时苏联专家已经把包含有动力和能源的"动能"概念介绍到中国，并且指出了动能资源属于动力事业的重要组成部分之一，但是刚刚成立的动力研究室缺乏相应的专业人才。

动力研究室研究人员的主要领域是机械动力装置研究，研究室的创建者吴仲华也尤其重视工程方面的研究。他曾多次提到研究室的工作是工程中的基础问题，不是纯理论问题。因此研究室成立后，把工作重点放在了燃气轮机（包括航空发动机）、冲压发动机（应用于导弹等）、内燃机等内容上，主要的研究方向是与燃气轮机有关的气动热力学、传热、燃烧以及热能动力装置，也涉及火箭等。鉴于人力、物力资源不足，研究室首先发展起适合中国国情的燃气轮机参数和形式的研究，并没有围绕全国能源的合理布局的问题开展综合性研究。

动力研究室成立以后，分为燃气轮机组、内燃机（自由活塞发气机）组、煤的动力工艺综合利用组、传热及太阳能利用组、燃烧组、原子能动力组、动力经济、天然气组和高速飞行（鱼雷动力、叶轮机械）组等8个研究小组。成立初期的研究室，主要由清华大学动力机械系其他教师以兼任名义参与研究工作、培养新生力量。中科院则通过招考研究生、派遣并接收留苏学生、大学毕业生、从院内有关单位抽调研究人员和举办培训班等方式，培养扩充研究队伍。

为了解决专业人才缺乏的问题，动力研究室开始建立时，中科院即着手派遣留学生到苏联科学院动力研究所学习有关的专业课程。1956年，中科院派出毕业于南京工学院动力工程系的徐寿波和黄志杰等，到苏联科学院动力研究所攻读研究生，学习能源综合性研究；1957年又从动力研究室派出8名年轻学者到苏联留学[③]。中科院还为该研究室配备了得力的行政干部及辅助人员，以保证研究人员能专心从事研究工作。

"大跃进"中，不少地方动力研究机构纷纷上马。但是这些机构多在1960年

---

① 李真真编：《中国科学院史事汇要·1956年》，中国科学院院史文物资料征集委员会办公室印，2006年。

② 现在这个机构被译为"苏联科学院能源研究所"。

③ 工程热物理所编印：《中国科学院工程热物理研究所所史（初稿）》，2007年，第9页。

国家经济困难时期下马。中科院的动力研究室，也于同年被合并到院内的力学研究所。在研究室设立的8个小组中，与能源研究有关的研究室有：煤的动力工艺综合利用组和动力经济、天然气利用组。这些组因缺乏有关专业的人才和经验，如何工作尚在摸索之中，也在这次机构精简中被合并，其中动力经济、天然气利用组被归并到综考会①。

2. 第二次兴起："十年规划"带动的综合动能研究

1960年，留苏回国的徐寿波和黄志杰本应到动力研究室工作。但此时该室已经撤销，于是两人到中科院电工所工作。他们回国时正值中国经济困难时期，全国煤炭供应紧张、电力不足，中国北方地区不能按时采暖。徐寿波和黄志杰联合向国家计委和中科院提交报告，建议开展综合动能研究。对于把"动力"改为"动能"的原因，据徐寿波院士回忆：当时他认为发电机可以做动力，但热能不是动力，所以动力加能，改为动能②。1961年，两人又联名在《人民日报》上发表文章《综合动能学在苏联》。文章指出综合动能学是"社会主义国家中新兴的……在苏联动力事业的发展过程中，逐渐产生、发展和最后形成一门独立的学科"，并介绍了该学科的研究对象、目的、任务、学科的性质，以及这门学科对于国民经济发展的作用③。

综合动能以研究中国动力事业发展的客观规律，并给国民经济中整体动力系统的发展提供合理的科学理论根据为目标。这是一门崭新的综合性的学科，它涉及生物学、地学、化学、物理、数学、技术工程学等诸多学科，并与电力系统、变压工程、直流输电、电工、热工、水工、工业经济等有着密切的联系。同时，它也是一门直接为生产建设服务的学科。

综合动能研究机构创建之时，正值国家在经历了经济困难后的调整时期。全国正在大规模精简机构，成立新的研究机构遇到了困难。在这种情况下，可行的办法就是成立研究室一级的机构，并挂靠在有关单位。对于综合动能研究室选择挂靠在综考会的原因，据徐寿波院士回忆："我们不想挂靠在电工所，这个所的牌子不适合搞能源研究。而中科院中的综考会是专门搞资源考察与研究的，能源也是资源的一部分，而且与综合考察的工作方法相似，需要大量的调查工作，不是搞技术试验。于是我们就选择了综考会。但我们的机构和工作相对独立，不参加综考会组织的考察队。"④

---

① 工程热物理所编印：《中国科学院工程热物理研究所所史（初稿）》，2007年，第11页。

② 据徐寿波先生2009年2月13日的回忆。

③ 徐寿波、黄志杰：《综合动能学在苏联》，《人民日报》，1961年8月4日，第7版。

④ 据徐寿波先生2009年2月13日的回忆。

鉴于这项研究的重要性，在1961年12月15日综考会呈交院党组的报告中，同意在综考会内建立综合动能室。报告指出："随着社会主义建设的发展，生产部门在进行我国动力事业的规划和设计等生产实践时，已提出了一些有待于研究和急于解决的理论性问题。但由于机构调整，原承担这一任务的动力研究室已取消，工作因而停顿，人员也都分散，目前就没有一个综合动能学的专门研究机构。鉴于以上情况，无论从当前或者长远的科学事业的发展与国家建设的需要看，调整我院有关研究力量，建立一个专门从事综合动能学方面工作的研究室，实属必要。我们同意电工所徐寿波等同志向党组提出的建议方案……在综考会下设'动能研究室'。"①

1962年，电工所的徐寿波、黄志杰，力学所的赵峻山、杨志荣、朱世纬、李桂荣，数学所的王德才等七人集中调到综考会，再次成立能源综合研究机构，并定名为"综合动能研究室"②。该室的主要研究任务，是研究我国动能资源的合理开发和布局，为国家计划部门和生产部门提供科学的理论依据。综考会希望综合动能研究室一方面可以与会中其他研究室一起担负地区资源开发利用的综合考察工作，另一方面进行从学科出发的其他研究任务，通过这两方面的任务，发展综合动能学。

动能研究室成立初期，主要开展了燃料动能资源合理利用和综合利用等课题的研究工作。这些属于综合动能学和动能经济学的科学研究，也就是从事燃料动力方面的技术经济研究。它的目的是为结合我国具体情况和特点，寻找我国和各地区动力事业的发展规律，希望通过研究能够使国家的动力事业得到经济合理和高速度的发展。

综合动能研究室成立时，国家正在组织制定"十年规划"。在1962年3月的广州会议上，就有学者提出应该开展动能经济研究。他们指出，动能经济课题只靠一两个产业部门承担是有困难的，因为它涉及整个国民经济的发展规划、工业布局、经济核算的基本原则等一系列的重大技术经济政策问题③，因此需要像中科院这样的综合性研究机构的支持才能发展。

广州会议之后，国家开始组织"十年规划"的制定工作。参与规划的有关学者提出：综合动能方面的若干问题，诸如中国动力事业发展的科学理论、动力政策、燃料政策和电气化发展理论等的研究，对国民经济建设和某些学科的发展

① 《国家科委、中科院任命漆克昌为地学部副主任、国家资源委名单，青甘队改名、盐湖队合并到化学所、新疆队下放新疆分院，组建西南队以及61年大学生分配的通知》，中国科学院档案馆档案：Z374-80。

② 《综合考察委员会1962年综考会方向任务》，中国科学院档案馆档案：Z374-118。

③ 见广州会议《简报》第48期，1962年3月1日。

都有重要意义，应该列入科学规划之中。但是如何列入规划、列在哪里，成了一个悬而未决的问题。第一种意见认为，既然技术科学部没有专门的动力研究机构，而综合动能学的研究当时属于综考会领导，为了方便起见，应该列入综合考察专业规划；第二种意见则认为，综合动能学研究全国性动力建设和电气化的理论问题，它和综合考察专业规划的性质任务都不一样，勉强列入不合适；第三种意见则认为，综合动能学和综合运输学的性质一样，都是介于技术和经济之间的学科，都是研究国民经济中的重大问题的学科。可以考虑把他们合在一起编写综合运输、动能的学科规划①。经过再三斟酌，最后这项研究工作被列入“十年规划”的第23项“燃料动力资源的勘探、开发与利用的研究”中。

1963年“十年规划”开始执行。综合动能研究室承担了国家重点项目：可燃矿物合理利用的技术经济问题，电力工业和农村电气化的技术经济问题的研究任务。该室成立早期，工作一般在沿海和东北地区大中城市进行调查研究。研究内容主要是燃料动力方面的基本技术经济问题，其中可燃矿物方面有15个研究题目，电力方面也有15个研究题目。这些工作相对独立，基本上没有参与综考会组织的考察队的野外工作。1964年，国家开始了大规模的三线建设，综考会为了配合三线建设组织会内的研究人员集中开展西部地区的考察工作。综合动能室的研究人员也根据国家的需要，参与到综考会组织的考察队中，开始结合西南、西北地区综合考察，进行天然气开发与利用的综合研究工作②。

动能研究室从最初建立时的六七人，到“文化大革命”前夕发展成为由26名研究人员、7个专业组成的研究室，在煤炭利用平衡价值，水、火、电的关系，天然气利用率项目，城市煤气、农村供电等方面做了大量工作。其中在西辽河利用、重油利用方面的工作还获得过中科院重要贡献的奖励。但是研究人员也发现，在实际工作中推广技术路线会遇到很多意想不到的问题。1965年动能室的人员在四川参加能源平衡利用调查，并主张地方政府合理利用天然气。但当时那里已经在大量利用煤炭资源，并因此与西南局发生了矛盾③。

综合动能研究室成立以后虽然挂靠在综考会，但是从建室之初即确定为综考会代管，并计划逐步把研究室扩大为研究所。1963年，李富春、聂荣臻副总理曾经批准在中科院建立动能研究所，但是这个计划并没有实现。1966年随着“文化大革命”对科研工作的冲击，综考会的研究室建制被取消，代之以连队的组织形式。综合动能研究室的人员与综考会的矿产资源和经济等研究室的人员被

---

① 中国科学院办公厅档案处档案，案卷号：1962-03-07。

② 中国科学院办公厅档案处档案，案卷号：1965-19-07。

③ 竺可桢1967年11月9日日记，见竺可桢：《竺可桢全集》第18卷，上海科技教育出版社，2010年，第645页。

编到同一个连队，研究工作已经无法正常进行。到了1970年随着国家机构的再次精简，综考会被撤销，动能研究室第二次下马，研究室人员也随同综考会多数人员归并到地理所。

3. 第三次兴起：两次世界能源危机影响下的能源研究

在20世纪70年代以前，很少有人使用“能源”这一概念。正是发生在1973～1974年和1979～1980年的两次世界能源危机，使“能源”成为人们议论的热点。

所谓能源危机，实际上就是石油危机。发生于1973～1974年的第一次世界能源危机，源于阿拉伯成员国同以色列由来已久的冲突。1973年10月第四次中东战争爆发以后，为了打击以色列及其支持者，石油输出国组织（OPEC）决定停止对包括美国在内的西方国家输出石油。该组织中的阿拉伯成员国于当年12月宣布收回原油标价权，并将其基准原油价格从每桶3.011美元提高到每桶10.651美元，使国际市场上的石油价格上涨了4倍，从每桶3美元涨到每桶12美元，从而引发了第二次世界大战之后最为严重的全球性经济危机。持续近3年的能源危机对发达国家的经济造成了严重的冲击。美国的工业生产下降了14%，GDP下降了4.7%；日本的工业生产下降了20%，GDP下降了7%；欧洲的GDP下降了2.5%。

此时的中国不像西方国家那样依赖石油，而是主要依靠煤炭资源。而且在当时的政治背景下更是认为能源危机是资产阶级的口号，而像中国这样的社会主义国家不存在能源危机问题。但是危机毕竟存在，世界能源危机的影响使中国的管理层意识到了能源研究的重要性。据徐寿波回忆，如果没有这场危机，当时“能源”这个名词还不会被广泛使用。

鉴于上述的认识及国际国内的大背景，20世纪70年代“动能”和“能源”一词在综考会有关文献中并存。能源研究越来越引起有关领导的重视，因此研究室在被撤销之后又开始了艰难的重组过程。

“文化大革命”开始后，动能研究室人员星散，能源综合性研究工作基本陷于停顿。综考会合并到地理所以后，曾于1972年在地理所经济地理研究室内设立了“动能经济研究组”。这个以任务为目标的科研工作，放在以学科为己任的研究所中，科研的组织和管理工作都遇到了很大问题。有人提出动能研究不是科学，没有理论，属社会经济科学范围，中科院搞不合适。另外地理所属于中科院一局领导，当时的动能研究多为技术领域的问题，因此这个负责生物学地学领域科研工作的组织机构，管理动能研究十分困难。1973年11月，中科院有关部门正式通知地理所，宣布撤销动能组，决定在中科院内不再继续搞动能研究工作。

但是不久国家计委主要负责人给中科院去函，要求动能组承担中国二次能源利用、重油合理利用、锅炉热效率提高、电能合理利用、煤矸石利用等五项科研任务，并在文中批示到：动能研究“这件事关系重大，很需要密切协作”。由于国家计委的干预，动能组得以保留①。

为了彻底解决动能组的问题，1973 年 12 月徐寿波和黄志杰联名给中央领导写信，提出《关于在科学院加强动能科研工作的建议》。报告在阐述了动能研究对国家经济建设的重要意义后，建议在全国有领导、有组织、有规划地加强动能方面的科学技术研究工作，并在此基础上有计划地加强力量，健全机构。他们同时还提交了《关于要求尽快解决原综考会动能经济人员归口分配问题的报告》②。对于他们的建议，中央和计委的有关领导迅速给出了批复，要求在中科院内加强动能研究工作。国家计委副主任袁宝华指出：动能研究，十分重要，急待加强。余秋里、谷牧、刘西尧等领导也都表示支持。因此，中科院决定保留动能组。

1975 年 2 月，国家计委清仓节约办公室给中科院发出通知，根据余秋里、谷牧两位副总理和袁宝华副主任对加强我国动能科学研究的批示精神，并根据当时的迫切需要，希望中科院动能组能够继续进行全国能源合理利用和综合利用问题的研究。中科院根据这一精神，于同年 4 月发出《关于动能组体制、方向、任务的意见》。《意见》指出，根据计委领导的批示精神动能组仍予保留，并继续开展动能科学研究工作。鉴于当时动能研究室的规模及人员情况，中科院决定该机构仍然放在综考组，并主要承担计委清仓节约办公室交与的研究任务。而该室所依托的综考组，主要负责加强对其政治思想和业务方面的领导，协同计委清仓节约办公室搞好研究成果的鉴定、推广等工作③。

机构虽然得以保留，但是有关研究得不到应有重视的问题仍然存在。动能组的研究人员发现，1975 年 3～4 月，中科院领导在国家计委召开的长远规划会议上共提出 42 个重点项目中没有能源研究的问题，在院计划局整编的 1976 年中科院 73 项科研规划中，也没有能源研究的项目。为了推动能源研究，动能组有关人员拟定了《能源研究十年规划（提纲）》，建议把能源研究列入国家重点研究项目。该建议得到了计委的支持。计委建议中科院继续开展有关研究工作。为此，综合考察组和动能研究室分别于 1975 年和 1976 年给院有关领导提交报告，呼吁加强能源研究。

---

① 《国家计委、中科院、综考组关于能源研究室建室的请示、通知、领导批示、函》，中国科学院档案馆档案：Z374-237。

② 综考会办公室编：《综考会大事记（1956—1999）》，1999 年 12 月。

③ 《中科院、综考组建议列入 77 重点项目计划表、“五五”重点项目表、科研任务进展报告考察情况》，中国科学院档案馆档案：Z374-260。

1975年，综考组给胡耀邦、李昌等领导的《关于能源研究问题的报告》，指出中科院具有综合的优势，能源科学研究是综合性很强的一门新的科研领域，因此这项研究放在某个部门都有局限性，而放在中科院比较合适。针对有人认为能源研究没有理论、不是一门学科的问题，报告特别强调："至于理论、学科，我们认为，都不是天生就有的，而是来源于实践，只有在广泛联系实际的基础上，在大量科学实践基础上才能慢慢产生、形成和发展。"①

1976年8月，能源研究室②给院领导提交《关于动能室问题的汇报和建议》，强调能源研究的重要性，并建议建立独立的研究室。报告中还提出了五个方面的具体研究项目：①燃料动能资源合理利用和综合利用的技术路线、政策及其理论依据和方法的研究；②我国和各地区燃料动能综合平衡和结构及其理论和方法的研究；③低位能源（二次能源和太阳能）的搜集、储存和转化的试验研究；④提高主要耗能设备（如工业锅炉）热效率的试验研究；⑤水作为燃料燃烧的试验研究。报告尤其强调，这些课题与产业部门既不脱节，或完全重复，又有重要的经济意义和科学价值，具有科学研究的特点，是适合中科院搞的③。但是由于人力和物力的限制，当时的能源研究室只开展了极小一部分研究工作。1975年，研究室把工作重点放在太阳能研究上。1949年以后，中国在煤、石油、天然气和电力工业等方面都有了很大的发展，但是燃料能源不能满足整个国民经济需要的矛盾并没有解决。为了解决能源短缺的问题，研究室把重点放在了开展太阳能、风能、地热等新能源的利用研究方面。

1976年以后，随着国家形势的好转，能源研究有了新的进展。1977年，国务院指出能源科学研究工作极为重要，要求中科院拟定加强这一工作的规划方案④。1978年综考会重建时成立了5个研究室，其中就有能源研究室，并规定能源研究的工作任务与综考会其他研究室不同，相对独立、不占综考会的人员编制。但此时能源研究室人员已经分散到不同的机构了。该室人员随综考会并入地理所时，共有12人，综考会重新成立时，只剩下5人，其他人员大多改行，5人中还有人员提出了调动的要求⑤。另外，综考会以"为农业服务"为中心，围绕

① 《国家计委、中科院、综考组关于能源研究室建室的请示、通知、领导批示、函》，中国科学院档案馆档案：Z374-237。

② 此报告的落款已经改为"能源研究室"，但报告的题目却是《关于动能室问题的汇报和建议》。

③ 《中科院、综考组建议列入77重点项目计划表、"五五"重点项目表、科研任务进展报告考察情况》，中国科学院档案馆档案：Z374-260。

④ 《中国科学院、国家能源委员会关于建立能源研究所，并由国家能源委中国科学院双重领导的通知》，中国科学院档案馆档案：Z374-349。

⑤《中科院、综考组成立、印章启用、机构设置、动能研究室方向、编制及人事管理的决定、通知、批复、请示》，中国科学院档案馆档案：Z374-240。

农、林、牧、水等方面开展考察工作；而能源方面主要围绕着燃料动力的合理构成，提高能源利用效率和新能源开展工作。此时的综考会已经不是与学部并列的机构，而是与研究所同级的机构了，这就造成了归属的麻烦：综考会的主要工作归主管地学的职能局领导，而能源则涉及数理化和技术口。1978 年科学大会后，徐寿波等曾向中科院提交报告，建议成立能源研究所。但是一些管理者认为，中科院是从事纯技术学科、自然学科的研究，而能源综合研究包含了经济问题，不适合在中科院发展，因此这项建议未被采纳。

中科院能源研究的大发展始于 20 世纪 80 年代初。此时世界刚刚经历了 1979～1980 年的第二次能源危机。1978 年年底，世界上两个主要产油国伊朗和伊拉克开战，导致两国石油日产量锐减，从而引发了第二次能源（石油）危机。在这次危机中，两伊的石油产量从每天 580 万桶骤降到 100 万桶以下，全球石油市场上每天都有 560 万桶的缺口。油价在 1979 年开始暴涨，从当时每桶 13 美元猛增至 1980 年的每桶 35 美元，这种状况持续了半年多。虽然西方国家此前已经积累了一些应对能源危机的经验，但此次危机仍然成为 20 世纪 70 年代末西方经济全面衰退的一个重要诱因。许多人甚至预言，世界石油资源将要枯竭，能源危机将是不可避免的。如果不做出重大努力去利用和开发各种新能源，那么人类在不久的将来会面临能源短缺的严重问题。

在 1979 年联合国召开的维也纳科学技术促进发展会议上，能源被列为人类面临的四大问题（能源、粮食、人口、环境）之一。与此同时，从 1979 年开始中国内地也出现了煤、电、油、燃气等各种能源供应全面紧张的问题，“已经形成严重的能源供应不足的局面”。例如，全国电力短缺，严重地影响了工业开工率①。而且中国能源利用效率一直很低，一个时期把烧煤设备改烧油；不久以后，又把烧油设备改烧煤，造成了很大的浪费。又如，“工业三十条”规定，民用燃料应尽量利用低质燃料，而国外的经验和中国学者的研究均表明，民用燃料应当是优质燃料。这些都说明，中国的能源研究远远不够，尤其是关于能源平衡、有效能、能量系统工程等方面的理论与方法计算，都缺乏研究基础。随着科学技术的迅猛发展，信息、材料、能源作为现代化的三个支柱，越来越为世界各国所重视，中国自然也不例外。

能源利用的研究关系到国家经济建设，具有重要的政治意义和经济意义。但是由于当时全国没有一个机构负责统一组织管理这项重要的科研任务，因此只好通过召开会议的方式，以解决工作中遇到的具体问题，诸如确定组织领导、成立协调组、修订规划、落实分工、明确规划任务的奋斗目标进度及预期成果，促使

① 童大林：《像列宁那样狠抓能源》，《人民日报》，1980 年 5 月 16 日，第 5 版。

规划任务的早日实现和完成等。

1980年1月5~11日，中国科学院第一次能源工作会议在北京友谊宾馆召开。出席会议的有院属有关分院、研究所、大学、院机关局的代表91人。国务院有关部委、院外有关研究所和大学、新闻单位的23名代表和学部委员4人。中科院副院长李昌、国家经委副主任肖寒也出席了会议。会上多位代表指出："能源问题，已经成为我国国民经济发展中的突出矛盾。中国科学院是自然科学的综合中心，有一支多学科的专业队伍，有必要也有可能在解决我国能源问题以及发展能源科学研究中发挥更大的作用。"① 与会代表着重讨论了中科院如何搞好能源工作问题，并制定了中科院短期能源研究项目和提出长期规划设想，研究中科院能源工作的方针政策，会议最后确定了一批重点研究项目。

1980年5月，国务院组织10名能源专家召开座谈会，商讨制定能源开发与节约并重的能源政策等问题。为了推动能源研究，1980年8月，中科院向国务院呈交了《关于能源研究工作的请示》，指出"能源是四化建设的重要物质基础之一。开展能源科学研究工作，解决能源问题，刻不容缓。我院作为国家的自然科学研究的综合中心，学科门类多，科技人才比较集中，应该为此做出贡献"②，报告提出要成立能源研究委员会。

1980年10月，中科院成立了以中科院副秘书长李苏为主任、由院内外35名著名学者组成的中国科学院能源研究委员会。委员会是中国科学院负责组织研究解决能源科学技术问题的专门委员会。其任务是组织院内外有关科技力量，发挥中科院优势，综合研究能源科学技术的重大问题。委员会的具体工作共有六个方面：①研究国内外能源科学的发展经验，探讨解决中国能源问题的途径；②组织领导制定中科院综合性的能源研究长远规划和年度计划，审议所需物资条件；③进行院内外能源研究的协调；④开展国内外能源研究的学术交流，在国家决定能源重大方针、政策时，起学术咨询作用；⑤审定有关能源方面的重大科研成果；⑥有关能源方面的其他工作。③

1981年5月9日，中科院正式成立了能源研究所。该所以综考会能源研究室为基础组建，由国家能源委员会与中科院双重领导，并以国家能源委员会为主。④

① 中国科学院办公厅档案处档案，案卷号：1980-01-02。

② 《关于能源研究工作的请示》，见中国科学院办公厅编：《中国科学院年报·1980》，1982年，第224~226页。

③ 《关于成立中国科学院能源研究委员会的通知》，见中国科学院办公厅编：《中国科学院年报·1980》，1982年，第153~155页。

④ 宋振能：《中国科学院直属机构成立和变动纪略》，《院史资料与研究》，1991年，第3期，第1~77页。

能源研究所成立之前，综考会内的能源研究在中科院的地位十分特殊。与院外各专门部门的能源研究相比，综考会的有关研究着重于某些综合性技术研究；与群众性科学技术革新活动相比，他们又着重于从理论上进行总结提高的研究；再和院内相关研究所（如化学所）相比较，综考会的能源研究则着重承担国民经济影响较大的工、农、民用方面的某些任务（例如，二次能源合理利用技术及其理论，锅炉热效率提高的新技术及其理论，太阳能在农村、城市民用方面合理利用技术及其理论等）。正是这些特殊性，使能源研究一直在中科院内找不到合适的位置。没有人怀疑能源综合研究的重要性，但是从组织者到普通学者，对于中科院在这个方面搞什么、怎么搞的问题，长期存在着模糊的认识。能源研究机构的独立，为开展这项研究提供了体制上的保障（表6-2）。

表6-2 中国科学院能源研究机构的演变

时间	机构名称及隶属关系	研究内容
“十二年远景规划”时期	中国科学院动力研究室（与清华大学合建）	与燃气轮机（包括航空发动机）、冲压发动机（应用于导弹等）、内燃机等有关的气动热力学，传热、燃烧以及热能动力装置，也涉及火箭等
“十年规划”时期	中国科学院自然资源综合考察委员会综合动能研究室	可燃矿物合理利用的技术经济问题；电力工业和农村电气化的技术经济问题研究；“三线建设”开始后，开展了西南、西北地区天然气开发与利用的综合研究
1972～1974年	中国科学院地理研究所经济地理研究室综合动能研究组	中国二次能源利用、重油合理利用、锅炉热效率提高、电能合理利用、煤矸石利用等五项科研任务
1975～1977年	中国科学院自然资源综合考察组综合动能研究室	主要承担计委清仓节约办公室交与的研究任务。重点放在为了解决能源短缺问题开展的太阳能、风能、地热等新能源的利用研究方面
1978～1980年	中国科学院自然资源综合考察委员会能源研究室	燃料动力的合理构成，提高能源利用效率和新能源研究
1981年5月9日	国家能源委员会、中国科学院能源研究所建立	

第二节 改革中调整运行机制

如果说“文化大革命”前十年，综考会组织的各种大型综合考察是竺可桢一代的丰碑的话，有部分原因是当时有明确的、国家急切需要解决的重大科技问题，是计划经济体制之下国家强有力的经费支持和组织保障，以及大片的未经考察的“处女地”。那么，改革开放以后的历史时期，和其他多数和平年代一样，综合考察很难简单地用几个大型课题来涵盖，科学资料的“空白区”也所剩无几。在新的历史时期，综合考察面临着研究内容、工作方法、技术手段、组织体制的重大变革。

新时期对综考会影响最大的，当属国家经济体制和科技体制改革带来的机遇与挑战。早在1981年初，中科院党组提出的《关于中国科学院工作的汇报提纲》中就明确指出：“现行体制是高度集中的、以行政管理为主的体制，这种体制不能按科学规律办事，不利于加强学术领导，因此必须进行改革。”①1985年以后，我国开始对科技体制进行全面的改革。中科院也随着国家的改革步伐，开始实施研究所体制改革。在1978～1987年的10年中，中科院三易办院方针。综考会在新的时期、在中科院的领导下，在体制改革、研究方向等方面的探索上同样经历了几次反复。在这个过程中，综考会不断调整内部运行机制以适应国内新形势的需要。

一、扩大研究所自主权

改革开放以后，科学发展的总体趋势是强化了社会需求和市场指向。为了更好地发挥研究所的积极性和创造性，中科院决定扩大研究所的自主权。在1981年中科院党组向中央呈报的《关于中国科学院工作的汇报提纲》中就计划：院部主要掌握方针政策，制定全院的规划和计划，管理重点科研项目，加强督促检查，改革科研财务体制。其他的事务，如科研课题的确定、经费的使用、人员的调配以及外事往来等方面，给研究所更多的权力②。20世纪80年代中期以后，在计划经济向市场经济转轨、科研体制进行一系列改革的背景下，计划经济时代的科研计划、拨款制度、人事制度已不复存在，而新的体制尚未规范和完善，综考会面临着一系列实际问题。

研究所自主权的扩大，首先表现在预算拨款制度规范下的资源调配权力的增大。中科院的改革，先从改革经费管理制度入手。为了改变传统“大锅饭”式的拨款方式，从1981年起，中科院采用两级计划、两部经费制，即适当缩小按所平均下拨事业费的比重，相应扩大按科研项目择优、择需、择重支持的经费。

① 樊洪业主编：《中国科学院编年史（1949—1999）》，上海科技教育出版社，1999年，第266页。

② 《中国科学院党组关于把全院工作的中心转移到科研上来的几点意见》，见中国科学院办公厅编：《中国科学院年报·1979》，1982年，第5～12页。

为此，中科院通过设立重点项目、院内科学基金、所长掌握的少量机动基金等措施，开始了分类管理的尝试。

进入20世纪80年代中期以后，经费改革的力度进一步加大。1985年3月发布的《中共中央关于科学技术体制改革的决定》，正式提出“改革对科研机构的拨款制度，按照不同类型科学、技术活动的特点，实行经费的分类管理”。从1986年开始，中科院开始实行研究所分类管理。研究所被分为三种类型：①社会公益事业、技术基础、农业科学研究类；②基础研究类；③技术开发类。不同类型的研究所获得经费的方式不同：基础性研究工作逐步实行基金制；应用性研究工作逐步实行技术合同制；从事社会公益工作的研究机构，则实行经费包干制。中科院内的研究单位，有53个划归社会公益事业、技术基础、农业科学研究类；32个划归基础研究类型；12个划归技术开发类型，另外还有12个属于多种类型。综考会被划入了第一类①。虽然中科院对此类机构采取了经费包干制，但这并不意味着综考会在科研经费上可以“衣食无忧”了。

1985年年底，国家号召科研机构和科技人员面向国民经济建设主战场，改变科研经费的获取渠道。变长期的计划经济“供给制”式的行政拨款，为竞争获取科研经费。同时实行课题全成本核算，即实行基金制和合同制。1988年中科院提出一院两种运行机制，在稳定支持一部分科技人员从事科学技术研究的同时，积极鼓励其他研究人员走出实验室，利用自己的科研成果创办公司。中国科技体制随即进入了“竞争与市场”阶段。

拨款制度改革和基金制的实行，增加了综考会的压力，科研人员的紧迫感、危机感增强。综考会开始由等待国家安排任务、下拨经费改为主动寻找项目、多渠道争取经费。但是研究经费主要依靠纵向、横向研究合同和科学基金，这些项目及经费都有时间限制，不利于综合性的、长远的科研布局，也缺乏全面改革的动力。为了解决经费问题，迫使综考会把主要精力放在解决基金和近期项目上，无法考虑研究的储备与后劲。这种情况并非综考会的个例，而是当时中科院内普遍存在的问题。

中科院内的各个研究所由于经费来源渠道不同，科研工作存在着相当严重的分散问题，形不成整体力量，不利于综合性的研究，也使得中科院的竞争力下降。正如1991年周光召院长在报告中所指出的：“近几年，有些研究所出现了人自为战、组自为战的现象，分散的问题比较严重，难以形成较大的拳头力量。”②

---

① 中国科学院办公厅档案处档案，案卷号：1986-02-03。

② 《面向九十年代、迎接新的挑战》，见中国科学院办公厅编：《中国科学院年报·1991》，1992年，第7～20页。

从综合考察的工作特点来看，这种状况不利于集中优势力量解决重大问题。而且如何在经费来源多渠道的情况下，理顺各种经济关系，是一项十分复杂而细致的工作。在新的历史时期，综考会面临着如何正确处理好综考会、考察队、研究中心、开发公司、研究室、课题组之间错综复杂的关系问题。

研究所自主权扩大的另一个主要表现，是从20世纪80年代中期开始实行的所长负责制。这项制度规定，研究所的领导在基本人事制度规范下的人事管理权力增大，并通过设立所长择优基金，主导研究所内学科领域的新思想和学科研究的新生长点。实行所长负责制的目的，是改变过去由国家单一拨款、统一下达计划、人员不能流动、缺乏竞争意识和灵敏反映的活力等体制上的弊病。这种改革，是在全国由计划经济向社会主义市场经济过渡，事业单位系统由单纯重社会效益转向社会效益与经济效益并重，由基本依靠政府拨款向资助发展、独立运营法人转变的大形势下进行的。这就决定了研究所在发展科学技术事业的同时，需要促进科技成果的转化，以彰显科学研究的社会效益与经济效益。

过去综考会主要是根据科学技术远景规划中的有关任务，或是围绕国家重大战略建设（如三线建设），由中科院直接下达任务、统一拨款、统一安排。综考会主要负责具体工作的组织协调与研究。有些时候，在组织工作上还需要以中科院的名义出面协调。但是随着简政放权，院机关不再干涉各研究所的具体管理活动。随着研究所自主权的扩大，许多综合考察任务开始分散到各有关研究所分别管理。

新的形势为综考会的组织协调带来了困难。如何从体制上解决研究所自主权扩大以后研究题目过于分散的问题？如何有效地发挥中科院多学科、综合性的特点，提高中科院的整体效益？面对新的形势，过去的许多做法都需要调整。

体制改革以后，所级建制的综考会出面组织和协调院内各单位，甚至院外有关机构的考察工作遇到了很大的困难。为此，中科院也采取过多项措施以利于综考会发挥作用。1983年10月召开的院务会议决定，为了加强综考会的组织协调作用，更好地为国民经济和社会发展服务，恢复综考会为院的直属委员会，并由中科院和国家计委双重领导。综考会的职能是组织协调和综合研究两个方面、一套人马①；1984年10月综考会决定设立协调处，以加强综合考察研究的组织协调工作。11月中科院办公厅发出通知，综考会在中科院院部设立办公室，以便于同机关各部门的联系②。但是这一系列的措施，在中科院简政放权的大背景下所起的作用十分有限。

---

① 孙鸿烈主编：《中国自然资源综合科学考察与研究》，商务印书馆，2007年，第661页。

② 孙鸿烈主编：《中国自然资源综合科学考察与研究》，商务印书馆，2007年，第667页。

20世纪80年代，研究资源、环境方面的重大任务增多，需要多学科的综合研究，所与所之间的联合更为迫切。为了解决以研究所为主的科技体制造成的学科分割问题，更好地承担院内各种重大项目，积极发展横向联合，院内相继成立了很多研究中心，如空间中心、环境保护中心等。考虑到综考会是按照任务的需要组织起来的综合研究机构，内容比较复杂，院有关领导曾经建议把综考会建设成类似于“中心”的机构①。但是“中心”不是实体，不设人员编制、不拨专门经费、不设办事机构，其日常工作由其挂靠单位承担。“中心”的主要任务是促进所际联合、发挥综合优势、争取重大任务、搞好组织协调，对外可代表参加单位统一对话，对内除一定的组织协调外，又不代替各所的工作。因此，拥有300多名职工的综考会很难建设成“中心”式的机构。

当时在院部设立有支援农业办公室（简称支农办），该机构独立于院各职能局的建制之外。而且支农办一反院内研究机构都为六大学科的基础研究的惯例，设有三个有关现代化农业的研究所，水土保持研究所也归它管理。很明显，支农办管理的工作不属于基础理论的研究范围，而是属于急国家之所急的重大研究工作。当时综考会的工作重点也放在农业方面，因此它与支农办的工作范围和性质有类似之处。这样的机构设置造成机构重叠、力量分散。曾经一度，综考会有关领导建议把综考会和支农办合并，建立一个有关农业资源方面的管理机构，下辖支农办下面的研究所，并把综考会下属的研究室发展成为研究所②。但是这个建议没有被中科院采纳。

为了解决新时期综合考察组织管理工作中的种种困难，中科院于1986年成立了自然资源科学考察研究的学术咨询和评议机构——“中国科学院资源研究委员会”。这个委员会的作用是“充分发挥中国科学院多学科的优势，加强对自然资源综合研究的咨询评议工作，更好地为资源开发、利用、保护与治理服务”。资源研究委员会的任务主要是：“①对我国自然资源研究、开发、利用、保护、治理等重大问题提供咨询建议；②对我院有关自然资源研究方向、任务、机构设置等重大问题提出建议；③对我院有关自然资源研究的长远规划、计划和成果进行咨询、评议和鉴定；④调研、分析国内外自然资源科学研究动态、发展趋势，组织学术交流等；⑤有关自然资源科学研究的其他咨询、评议工作。”③ 委员会的办事机构设在综考会，不增加编制，工作人员也由综考会的人员兼任。

资源研究委员会聘请了在自然资源研究领域中有丰富经验的科学家和科学管

---

① 《综考会工作通讯》，中国科学院档案馆档案：Z374-322。

② 《漆克昌关于综合考察工作的意见、请示》，中国科学院档案馆档案：Z374-318。

③ 《关于成立中国科学院资源研究委员会的通知》，见中国科学院办公厅编：《中国科学院年报·1986》，1987年，第68页。

理工作者作为委员①。但是委员会成立不久，就赶上了中科院院部机构的大调整。1987 年，中科院撤销了数理学部、化学部、生物学部、地学部、技术学部的办事机构和科学基金局、科技合同局、新技术开发局，并在这些部门的基础上，组建了数理化学局、生物科学与技术局、资源环境科学局、技术科学与开发局。这四个局的主要职责，就是根据国家建设和科学技术发展的需要、在深入调查研究的基础上，提出学科发展战略和重点发展领域；会同计划局编制院级重大科研生产项目计划，并组织实施。四个局按照领域分别联系有关研究所，并同时负责原学部办事机构的工作，地学部的工作主要由资源环境科学局（简称资环局）承担②。

四个业务局的设置，是为了从整体上考虑某个领域的发展战略，便于把基础、应用研究与开发工作统一起来。但是从整体上看，综合性工作有所削弱。院内仍以学科管理为主，缺乏对综合性任务的统一归口管理。在这次大调整中，资源研究委员会作为学术咨询评议组织保留不动，他的一名副主任由中科院新成立的资环局的学术秘书兼任，并由资环局的有关处作为这个委员会的办事机构。

面对科技管理体制改革和高速发展的科学技术发展水平，综考会需要在任务上和组织形式上做出调整，以适应新形势的需要。

二、密切与决策部门的联系

综考会以完成生产性科研任务为主。从它成立之日起就在寻求一种有效的途

① 主任委员孙鸿烈（副院长兼综考会主任）；副主任委员：刘东生（科学院地质所）、李文华（综考会常务副主任）、黄青禾（国务院农村发展研究中心副秘书长）、吴传钧（科学院地理所）、覃定超（国家计委国土局副局长）；委员：马世骏（科学院动物所、学部委员）、马克伟（国家土地管理局地籍管理司负责人）、石玉林（综考会副主任）、冯兆昆（新疆农业科学院院长）、叶笃正（科学院特邀顾问、中科院学部委员。大气物理所名誉所长）、包浩生（南京大学地理系）、刘允中（科学院成都分院顾问）、许国志（科学院系统科学研究所）、孙尚清（国务院经济技术发展中心副总干事）、朱震达（科学院沙漠所所长）、杨纪珂（安徽省副省长）、李孝芳（综考会学术委员会主任）、陈述彭（学部委员，科学院地理所）、吴征镒（学部委员，科学院昆明植物所名誉所长）、吴致尧（水电部黄河水利委员会勘测规划设计院副总工程师）、周立三（学部委员，南京地理所名誉所长）、赵训经（综考会党委书记）、张巧玲（农牧渔业部农业区划局局长）、张华令（林业部资源司副司长）、洪庆余（水电部长江流域规划办公室技术委员会副主任）、张有实（综考会副主任）、胡兆量（北京大学地理系）、赵松乔（科学院地理所）、侯学煜（学部委员，科学院植物所）、夏训诚（新疆生物土壤所所长）、唐邦兴（成都地理所副所长）、涂光炽（学部委员、贵阳地化所名誉所长）、席承藩（南京土壤所）、贾慎修（北京农业大学）、康庆禹（综考会副主任）、黄秉维（学部委员、地理所名誉所长）、童庆禧（科学院航空遥感中心主任）、曾昭顺（科学院林业土壤所）、程鸿（综考会学术委员会副主任）、程潞（华东师范大学人口研究所所长）、漆克昌（综考会原党委书记、副主任）。

②《关于院部机构调整的通知》，见中国科学院办公厅编：《中国科学院年报·1987》，1988 年，第 89 ~ 91 页。

径，以便了解国家对资源开发和经济发展的意图，更好地为国家经济建设服务。早在1958年，综考会在呈交院党组的报告中就提出："综合考察工作与国家经济建设关系密切，而且直接为国家建设服务。因此，综合考察委员会应由国家计委与中科院双重领导，由国家计委给予明确的任务，按时完成。"① 1958年3月，青甘队即在国家计委和中科院的双重领导之下开展工作。在1959年的综合考察工作会议上，很多学者再次建议综考会要与国家计委挂钩，由中科院和国家计委共同领导②；直到20世纪60年代，学者们仍在呼吁综考会除受中科院直接领导外，在业务上兼由国家计委指导③。但是学者的多次呼吁一直没有实现。综合考察工作转到半开发地区后，缺乏与政府计划部门的领导以及与之有效的沟通渠道，使综合考察工作在与地方的沟通中面临着很多困难。20世纪80年代出台的一系列科研体制改革措施，更是导致综考会既无出题目、通信息的上级机关，又无接受研究成果的稳定"用户"，致使资源研究不能在国家经济建设中发挥更直接的决策作用。

国土整治工作的全面展开，为综考会密切与开发决策部门的联系提供了契机。

进入20世纪80年代以后，国家把工作重点转移到社会主义现代化建设上。作为这种转折的一个实际步骤，也作为社会经济发展中一项长期的、重大的战略任务，1981年7月国务院做出"搞好国土整治"的决定，并将其作为一项国家急需的工作。

国土整治，主要是指对国土的考察、开发、利用和保护，以及为此目的而进行的国土规划、国土立法、国土管理等工作。国务院对不同地域如何因地制宜、有效地综合开发和利用其自然资源和社会资源从事各项建设，发展生产、整治和保护环境、改善和丰富人民生活，进行了总体部署。在国民经济和社会发展第七个五年计划中规定，国土开发和整治的主要工作是：编制国土开发和整治规划；开展国土资源的考察和研究；有重点地对大江大河进行综合治理；改善北方和部分沿海城市的供水状况；进一步搞好水土保持；努力提高和维护土壤的肥力；积极进行土地沙漠化的防治；加强土地管理，切实保护耕地；加速开发和合理利用矿产资源；加强山区的综合开发；大力种树种草，增加森林覆盖率；加强海洋资

① 《1958年各科学考察队工作计划及工作总结》，中国科学院档案馆档案：Z374-29。

② 《综考会工作会议记录》，中国科学院档案馆档案：Z374-42。

③ 在院党组张劲夫、秦力生主持召开的关于加强西南地区综合考察为三线建设服务问题讨论会上，竺可桢曾经感叹："原来我们希望由国家计委和科学院双重领导，我们争取过，但没有争取上，就只好自己搞。那时我们是走在前头，现在是走在后面了。"张藜编：《中国科学院史事汇要·1965年》，中国科学院院史办公室，2007年。

源的调查、开发和管理；加强测绘事业。

“国土整治”为综考会密切与开发决策部门的联系创造了条件。在国务院做出搞好国土整治的决定后，国家建委于1981年11月成立了国土局负责开展相关工作。国土整治是一项涉及因素众多、复杂，具有战略性、综合性和地域特点的基础性工作，需要以扎实的研究为支撑。因此开展国土规划需要有相应的研究机构作为依托。综考会抓住这个机遇，于1981年6月向中科院报送“关于开展国土整治工作的几点意见”的报告①，并经双方机构协商，于同年改由中科院和国家建委双重领导。1982年国家建委与国家计委合并，国土整治工作及其机构改由计委领导。国家计委领导这项工作以后，进一步明确了国土整治以国土规划为重点的工作方向。

1982年11月，中科院发出《关于对中国科学院自然资源综合考察委员会实行双重领导的通知》。通知指出：

> 国家机关进行机构改革之后，国土整治工作已划归国家计委主管，为此综考会也需相应改由中国科学院和国家计委双重领导，并对实行双重领导后的有关事项确定如下：
>
> 一、双重领导以科学院为主，综考会的科研计划、学术活动，人、财、物以及政治思想工作，行政、后勤等管理仍由中国科学院领导。国家计委在国土资源的考察研究方面参与领导，根据社会经济发展的需要，提出国土整治方面的考察研究任务，由科学院统一下达，纳入综考会的年度和长期计划中。
>
> 二、为使综考会的考察工作更好地与社会经济发展结合起来，国家计委按计委所属单位的待遇，发给综考会有关国土整治方面的文件、资料，以及参加有关国土整治方面的会议。
>
> 三、综考会进行国土资源考察研究所需条件（包括经费等）仍按原体制和渠道，由中国科学院统一安排。承担国家计委国土整治的科研任务，国家计委应给予经费和其他条件方面的支持。
>
> 四、综考会是我国自然资源综合性的考察研究单位和组织协调机构，这一工作性质基本不变，但为了适应国土整治工作中所承担的考察研究任务和咨询作用的需要，对综考会应逐步给予充实和加强。②

双重领导有力地推动了综合考察。为了适应双重领导的需要，1983年初综

---

① 孙鸿烈主编：《中国自然资源综合科学考察与研究》，商务印书馆，2007年，第656页。

②《关于对中国科学院自然资源综合考察委员会实行双重领导的通知》，见中国科学院办公厅编：《中国科学院年报·1982》1983年，第87页。

考会对原有研究体制和课题结构进行了较大的调整：为加强矿产资源评价和工业布局研究，增设了工业布局研究室；为密切结合川西滇北地区的资源开发，横断山队增设了农村能源解决途径等6个生产性专题研究①。

综考会还密切结合国家计委的要求，组建了黄土高原综合科学考察队。1983年，国家计委及国土局向中科院提出开展黄土高原综合考察研究的建议。综考会根据这一建议以及中科院长远规划的要求，于1984年5月成立了黄土高原综合科学考察队，来执行以国土整治为主要内容的考察研究任务②。“七五”期间，这项工作又被列入国家重大科技攻关项目。虽然在20世纪50年代中科院曾经组织过黄河中游水土保持综合考察队，但那时考察的重点放在了自然条件、自然资源和生产力合理布局方面。80年代的考察内容有了根本性的变化，开始把工作重点放在以国土整治为主要内容的考察研究，后来又扩大为“综合治理开发”方面的研究。

实行双重领导以后，综考会有了对口下达考察任务和接收研究成果的国家领导机构，从而初步解决了综考会的“面向”问题。由于国家计委有关领导的重视，以及有关部门的支持，综考会的经费和工作条件得到了改善，并扩大了对外的影响。在实行双重领导以前，野外考察经费一直是困扰综考会的大问题。由于综考会既是研究机构、又是组织协调机构，经费开支很大。例如，中科院1983年下拨给综考会的经费约100万元，仅综考会负责的横断山区、南方山区、南加巴瓦峰三个考察队的实际预算就达113万元③。综考会实行双重领导后，国家计委在经费上给予综考会很大的支持。以1985年为例，国家计委国土局对南方山地、黄土高原、国土资源数据库、资源信息等研究项目的资助费共达140.3万元，占综考会当年所得全部科研经费的29%④。但是1987年以后，由于国家计委有关领导的调动、国家计委国土规划研究所的成立等多种原因，国家计委与综考会的关系渐趋弱化。进入20世纪90年代以后，国家计委领导的国土规划减弱，逐渐转向地区经济发展研究。经过国家计委的几次机构调整，综考会已不再列入其所属机构名单当中，双重领导名存实亡。1997年，中科院正式批复综考

---

① 《关于综考会双重领导给计委的汇报材料》中国科学院档案馆档案：Z374-1193。

② 张有实、王乃斌、孙九林：《黄土高原地区必将繁荣昌盛——记“七五”黄土高原地区综合治理开发考察研究》，见中国科学院、国家计划委员会自然资源综合考察委员会编：《自然资源综合考察研究四十年》，中国科学技术出版社，1996年，第108页。

③ 《恢复综考会为中科院直属委员会的请示报告和批复》，中国科学院档案馆档案：Z374-1035。

④ 《中国科学院简报》第14期，1986年7月1日（《关于综考会双重领导给计委的汇报材料》，中国科学院档案馆档案：Z374-1193）。

会不再实行双重领导①。

三、多种渠道争取任务

综考会刚成立时，全国考察研究自然条件、自然资源和生产力合理布局的单位基本上只有综考会一家。各大型考察队主要以协作单位的人员组成、直属中科院领导，综考会的职能就是负责组织协调工作。那时候考察队伍很大，一个考察队有400~500人，甚至有号称千人的队伍。在很长的时间里，各大型考察队中综考会本身的科研力量与其他单位的人数比例，大体上都在1∶5~1∶10②。

改革开放以后，在国家与中科院都在发生重大变化的背景下，综考会的性质和方向也有所变化。大规模区域性考察任务减少，以机构为主的组织职能逐渐被以项目为中心的协调形式所替代。为了能够保留国家研究所的地位，综考会采取了一系列的改革措施。此时的综考会虽然名义上仍具有组织协调的功能，但“自身以资源研究为己任的研究队伍已经成长壮大，成为综合考察研究的中坚力量”③。与此同时，与资源考察研究有关的机构也迅速增多。从宏观上讲，全国形成了中国科学院、高等院校、国防科研单位、各产业部门研究单位和地方科学研究单位等五路科技大军并存的局面。从资源研究领域来看，20世纪70年代末，全国有数百个单位从事资源方面的研究；90年代末期，经过40年的发展，各省（自治区、直辖市）和大专院校研究国土资源的力量都发展起来了，地方围绕国土资源进行研究的机构也相继成立。一些中央部门也成立了宏观研究机构，例如，1979年国务院成立了农业委员会，下设农业自然资源与农业区划委员会及研究所。不少省区也着手成立农业自然资源的考察研究机构。综考会面临的已经不是几十年前一家包揽的局面。即使在中科院系统内部，也不止一个研究国土资源的单位。从“国家队”来看，那就更不止一个。在众多机构并存的情况下，综考会争取经费和任务的渠道开始多样化。

综考会恢复的初期，由于受人力和设备的限制，大项目搞得少，小项目搞得多，战线有拉长，课题有变小的趋势。这种情况并非综考会一家的问题，当时中科院内各研究所也普遍存在着战线过长、课题分散、重点不突出的问题。除了改革开放之初，人力条件和设备基础较差的原因之外，也与当时采取依靠项目组织研究，使许多研究所的研究单元小型化趋势有关。在当时为了获得科研项目而开

---

① 《关于同意地理研究所、自然资源综合考察委员会不再实行双重领导的复函》，见中国科学院办公厅编：《中国科学院年报·1997》，1998年，第88页。

② 漆克昌：《加紧改革综合考察工作，更好地为资源开发和国土整治服务》，见中国科学院、国家计划委员会自然资源综合考察委员会编印：《纪念自然资源综合考察委员会成立三十周年文集》，1986年。

③ 中国科学院、国家计划委员会自然资源综合考察委员会编：《自然资源综合考察研究四十年》，中国科学技术出版社，1996年，第4页。

展的竞争，是以科学家为主体进行的，科研单位、部门仅仅起到部分协调作用。这种状况造成的一个负面的影响，就是研究所领导对下属科研人员的研究选题、项目管理等很难有一个全盘的考虑，因而很难对研究所的长远发展进行深入的思考。这一时期，似乎无论国家立项还是科研院所发展，都难以避免短期行为。

为了防止研究领域碎化、无法突出研究所的特色等问题，综考会一方面继续争取大型任务及项目，加大全国性的资源研究比重，另一方面也在努力凸显综考会的工作中心和特色。

在综考会主持的大型项目中，持续时间长、规模大的任务是青藏高原综合考察。但是在新时期，类似于青藏高原这样的、在科学资料缺乏的边远地区开展的多学科综合考察工作已经不多了，而且整个的社会形势也要求综合考察的重点要放在国民经济建设的主战场上来。中科院希望综考会以组织协调农、林、牧、水的资源考察为主。在新的形势下，综考会把工作重点确定为以农业资源综合考察与研究为中心，直接为国民经济建设和区域发展战略决策服务。

围绕着农业资源的考察与研究，综考会先后主持执行了《1978—1985年全国科学技术发展规划纲要》、《1979—1985年农业自然资源和农业区划研究计划要点》及国家计划委员会下达的国土整治研究任务，其中，承担了《纲要》108项中的第一项“农业自然资源调查和农业区划”，第86项“研究青藏高原形成、演化、资源综合开发及其对自然条件的影响”，第23项“研究南水北调的科学技术”中的水资源综合评价、水资源供需平衡和合理开发利用的研究，第35项中现有能源节约利用的研究；此外，还承担了全国基础学科规划中的一些项目，如水土资源合理利用的基础研究，陆地资源生态系统的研究等。

在众多的大型任务中，有些任务是为了响应中央及有关部委的号召、围绕国家经济建设发展战略开展的工作。例如，20世纪80年代，为了响应中央把新疆建设成21世纪我国重要战略基地的号召，组建了新疆资源综合开发考察队；遵照国务院对西南四省区“关于要求中国科学院组织开展西南地区资源综合考察与经济发展战略研究的报告”的批示，组建了西南地区资源开发考察队。受农业部委托，开展了中国土地资源生产能力和人口承载量的研究①。

20世纪80年代，中科院建立了几个农业现代化科学试验基地县。综考会围绕这项工作，与有关部门合作，以调查农业资源为主开展了自然资源综合考察、农业区划和经济调查。其中包括桃源县农业现代综合考察、为东北粮食基地建设进行综合考察并提出科学建议、农业部畜牧总局联合开展南方草场资源调查等。

① 中国科学院、国家计划委员会自然资源综合考察委员会编：《自然资源综合考察研究四十年》，中国科学技术出版社，1996年，第2～3页。

这些工作在90年代以后进一步深入。

随着市场经济开始发展，20世纪90年代后，以研究室的形式对外承接和完成任务困难较多，而研究中心则在研究目标和科研力量方面更易集中。综考会为了加强农业资源方面的研究，与全国农业区划委员会办公室联合建立了资源与农业发展综合研究中心。中心在综考会的资源信息、资源战略、遥感等室（组）的基础上组建，由中科院和全国农业区划委员会双重领导，以中科院为主。中心的任务是：建立计算机管理的资源信息库和辅助决策系统，开展资源与农业发展战略的综合研究，为国家资源合理开发利用、农业生产的发展和环境建设等提供咨询服务。中心的科研计划、学术活动由中科院和全国农业区划委员会共同领导，人、财、物以及党政、后勤等工作由中科院负责。全国农业区划委员会在基本建设、科研活动、资源信息系统建立和运行等方面给予可能的经费支持，并按其下属单位的待遇发给中心有关资料、文件和吸收参加有关会议①。

进入20世纪90年代以后，全国各地自然条件与自然资源状况已逐渐清晰，以积累资料为主的考察时期基本结束，资源合理利用与区域可持续发展的综合研究任务日益突出。考察工作逐渐由单纯的围绕资源开发进行的考察，向资源合理开发利用与保护并重转变。

伴随着科技体制的改革，中科院通过组织大型项目的方式，以发挥多学科、综合性的优势，体现国家级科研机构的地位、作用和中科院“国家队”的特点。中科院内的大型、综合性的科研合作，更是以项目为切入点，形成专业、人才、资金等全方位的合作。与综合考察和研究有关的大型项目资金，主要来源于国家支持的各种重大项目，如科技攻关，重大基金，“七五”、“八五”和“九五”科技攻关专题，“攀登计划”，以及有关部委的重大课题、院重大课题、中外合作课题、地方政府委托课题等。

直到20世纪90年代初期，综考会负责组织的大型科研项目，仍以传统的优势领域为主。“青藏高原形成演化、环境变迁与生态系统研究”，是综考会负责主持的国家攀登项目。来自国家有力的经费支持，使持续20多年的青藏高原综合考察研究进入了理论深化的阶段。这个时期综考会主持的大项目还有国家重点科技攻关课题“重点产粮区主要农作物遥感估产”、黄河上游沿岸多民族地区经济发展战略研究、环北部湾地区总体开发研究等。除了上述优势研究领域外，这个时期综考会也启动了一批全国性资源开发与社会经济发展的综合理论研究项目，如中国自然资源态势及对策、中国农业自然资源经济研究、中国农业气候资

① 《关于同意建立中国科学院、全国农业区划委员会资源与农业发展综合研究中心的批复》，见中国科学院办公厅编：《中国科学院年报·1990》，1991年，第132页。

源研究、中国森林资源研究、节约型国民经济体系研究等。

第三节 体制转换中重新定位

20世纪80年代，中科院承担了大量的资源、环境方面的国家攻关任务，为重建中的综考会带来了发展的契机。此时的综考会任务饱满、经费充足；进入90年代以后，随着社会主义计划经济向市场经济的转轨，中科院面临着较大的经费困难，综考会也同样面临着任务减少、经费不足的难题。与此同时，中国的科技体制改革也与经济体制改革相伴而行，开始全面推进。随着经济体制改革的不断深入，1993年，党的十四届三中全会发布《中共中央关于建立社会主义市场经济体制若干问题的决定》，对深化经济体制改革做出了全面部署。科技体制改革作为经济体制改革的配套工程，相应地开始全面推进、配套实施的新阶段。为此1994年国家科委和国家经济体制改革委员会（简称体改委）联合制定了《适应社会主义市场经济发展，深化科技体制改革实施要点》，目的是在科技体制中更多地引入市场机制。1995年，中共中央、国务院再一次对科技体制进行改革，颁布了《关于加速科学技术进步的决定》。可以说，这一阶段整个科技体制改革的思路都是围绕着引入竞争机制、依靠市场调节来进行的。

中国经济体制转轨，对综合考察的工作方式和研究内容提出了新的要求。引入市场机制，就意味着要打破旧的计划经济体制。伴随这种新陈代谢过程，综考会必须通过竞争从外部获得经费才能维持。而资源研究要想深入，又要保证研究的长期性和稳定性。而此时，国际上全球变化、地球系统、可持续发展等大项目的提出，环境、人口及能源问题的出现，拓宽了综合考察的视野和领域。

一、开拓新领域

20世纪90年代前后，新的形势促使综考会根据社会需要开拓新的研究内容和领域。而新内容或领域的开拓，又大多得到了长期的课题或项目的支持。其中，围绕国情分析和区域开发前期研究等组织的系列研究项目，就成为这个时期较有代表性的工作。

1. 国情研究

国情研究兴起的时代背景，是中国政治决策制度的变化。早在1986年7月，国务院副总理万里在首届全国软科学研究工作座谈会上，作了题为“决策民主化和科学化是政治体制改革的一个重要课题”的讲话。1986年8月15日，《人民日报》全文刊登了万里的文章。文中强调，要在决策研究中引入科学，利用现代科学技术手段，采用民主和科学的方法，把决策变成集思广益的、有科学依据的、有制度保证的过程，从而实现决策的民主化、科学化和制度化。正是在这样的大背景下，1986 年兴起的国情研究顺应了时代的变化，带有某种历史的必然性和鲜明的时代特征。

1986 年年底，国务院农村发展研究中心委托中科院对中国农村基本国情进行研究。1987 年根据中共中央农村政策研究室、国务院农村发展研究中心委托课题的需要，中科院成立了国情分析研究小组。小组挂靠在综考会，成员主要来自综考会、生态环境中心、系统科学研究所、南京地理与湖泊研究所等单位。

国情研究是一项高度综合的科学工作。它既需要对自然环境、政治制度、经济基础、社会结构等国家相对稳定的客观实际情况做出真实的反映和正确认识，还要进而深入综合分析，给出趋势性判断，并提出系统性的解决思路和对策。发展是国情研究永恒的主题，涉及发展的人口、资源、环境、粮食等基本矛盾和基本关系一直是国情报告中的主角。早期的国情研究，是建立在综考会长期从事自然资源综合考察与研究的成果，以及丰富的科学资料的基础之上。充分发挥了中科院多学科、综合的优势，并吸收了社会科学研究的成就而开展的。

早期国情研究影响最大的成果，是完成了八号国情研究报告。它们分别是：第 1 号《生存与发展——中国长期发展问题研究》；第 2 号《开源与节约——中国自然资源和人力资源的潜力与对象》；第 3 号《城市与乡村——中国城乡矛盾与协调发展研究》；第 4 号《机遇与挑战——中国走向 21 世纪的发展目标和基本发展战略研究》；第 5 号《农业与发展——21 世纪中国粮食与农业发展战略研究》；第 6 号《就业与发展——中国失业问题与就业战略》；第 7 号《民族与发展——加快我国西部民族地区社会经济发展研究》；第 8 号《两种资源、两个市场——构建中国资源安全保障体系研究》。

八份国情报告，是中科院作为国家“战略决策思想库”的最早研究成果之一。它不同于给国家领导人写信等科学家的个人行为，而是综合中科院和其他科技界长期以来积累的自然资源综合考察和生态环境监测数据、历次全国人口普查资料、历年中国经济统计资料，通过建立各种分析模型，进行大量定量分析而得出的决策依据。研究报告经过小组内多次讨论，吸取了国内外很多专家的意见，有些成果还在院士报告会上报告过，并经过多次修改而成。因此该研究成果在国内外有着重大影响，并引起了高层领导的重视。

综考会人员主要参与了前 4 号报告的研究工作。1989 年 10 月，第一份国情研究报告《生存与发展》正式发表。报告用“掠夺资源的经营方式”来形容国家经济发展中存在的问题，概括出在发展社会生产力方面存在“人口过多、素质过低与资源有限、相对紧缺”，以及“工业超前与农业滞后、发达城市与相对落后农村”两个基本矛盾，首次提出了中国现代化过程应坚持“持久战”的战略思想，实行低度消耗资源的生产方式和适度消费的生活方式。《生存与发展》报告以“认清国情，分析危机，消除错觉，寻找对策”为宗旨。由于该报告的广泛影响，从1990年起，中国科学院重大项目和中科院院长基金特别支持项目，都对国情研究课题给予长期支持和资助。

国情研究工作有力地推动了自然科学与社会科学的交叉和综合性研究。这项研究的特点，是发挥了中科院在基础科学和多学科综合研究上的优势。正如周光召在报告总序中所说：“认清国情，特别是基本国情，是正确制定一切路线、方针、政策，以及发展战略的基本依据，它决定着改革的成败和现代化事业的兴衰。中国正处在一个历史性的变革时期。多次机遇的错过和主观决策的失误使中国在经济和社会的各个方面与世界先进国家的差距日益扩大。改革开放十多年来，中国取得了举世瞩目的伟大成就，正在成为新兴的世界性强国；与此同时，由于历史遗留的沉重负担和发展过程中出现的种种问题，可供我们选择的空间和时间都是有限的，历史不容我们再有重大失误……中国的现代化建设需要建立在中国国情基础上的科学决策。”①

以综考会为主组织的国情研究，采用了开放式的项目管理办法。先后参与国情研究的人员达200余人②。小组人员有进有出，既有固定人员，也有流动人员。参与工作的不但有中国科学院院士、资深研究人员，也有年轻科研人员和在读研究生，这样既有利于充分发挥中科院的学科综合优势，也有利于在实际工作中培养新型年轻学术带头人。国情研究采取独立设置研究项目、独立研究、独立发表的方式，中科院的有力支持和宽松的研究环境，使这项研究避免了受到部门和地方利益的局限，为有关研究创造了一种客观中立的氛围。

2. 区域开发前期研究

如果说国情研究是顺应社会发展的需求开拓的全新领域，区域开发前期研究则更多是为了保证综合考察与研究的基础性工作能够稳定发展。所以严格来讲，区域开发的前期研究不是新的研究领域，而是综考会的优势领域。但是为了更好地促进理论研究，为了能够营造综合考察与研究的稳定工作氛围，围绕新时期的国家战略需求调整方向、开展工作，也不失为促进这项科学研究的新手段、新方法。

从20世纪80年代末期开始，在市场经济体制下国家按计划下达的综合考察

① 中国科学院国情分析研究小组：《机遇与挑战》，国情研究第四号报告，1995年，科学出版社。

② 孙鸿烈主编：《中国自然资源综合科学考察与研究》，商务印书馆，2007年，第320页。

任务减少，中科院为了支持有关的基础性研究稳定发展，决定将“区域开发前期研究”作为院内特别支持的领域之一，并于1990年8月成立了由十几位专家组成的“中国科学院区域开发前期研究专家委员会”，办公室设在综考会。

区域开发前期研究作为系列性的特别支持项目，其任务是：“研究区域经济、社会的总体发展战略与布局，经济、社会、资源、环境的协调发展，资源开发与环境治理的方向、途径，为区域的持续发展适时提供宏观决策的科学依据。”① 这项研究尤其注意支持那些具有超前性、基础性、综合性与战略性的研究项目。研究项目从1991年启动，到1999年每3年安排1期，总计支持了29个研究项目。

综考会先后主持和参与主持了11个区域开发前期研究项目。这些项目包括：1991～1993年先后主持或参与主持的“黄河上游沿岸多民族经济开发区中长期发展战略研究”、“长江中游地区资源开发与产业布局研究”、“晋陕蒙接壤地区工业与能源发展及布局研究”、“东南沿海地区外向型经济发展与区域投资环境综合研究”等项目；1994～1996年主持或联合主持的“中国沿北部湾地区总体开发与协调发展研究”、“环小浪底–三门峡水利枢纽区域发展一体化的预研究”、“京九铁路经济带开发研究”、“河西走廊经济发展与环境治理综合研究”、“晋冀鲁豫接壤地区区域发展与环境整治研究”等项目；1997～1999年主持的“南昆铁路沿线产业协调发展研究”、“中国西部区域类型与产业转移综合研究”、“我国新亚欧大陆桥双向开放型经济与持续发展研究”等。

1995年，中科院“为了充分发挥我院区域研究的综合优势，集中力量研究我国及地区的资源、环境和社会经济协调发展的重大问题，对国家和地区的持续发展战略决策提供科学依据和建议”，决定成立“中国科学院区域持续发展研究中心”。该中心“为柔性联合组织，不另给编制和经费”②，办公室也是设在综考会。中心主任孙鸿烈，组织成员来自综考会、院协调局和院内的有关研究所。中心的任务有五个方面：①对国家和重点地区在资源开发、经济发展战略、生态环境、重大工程建设等方面的动态和问题，通过组织考察研究、召开研讨会等方式及时做出反映，提出对策；②根据“中国科学院区域持续发展研究中心”的研究方向和国家及区域提出的问题，确定具体的研究方向和主要课题，聘请课题负责人组织实施；③通过课题研究和举办研讨会等联合院内外持续发展研究领域的骨干力量，通过科研实践培养一批跨世纪的青年学者；④开展与国际持续发展问

① 孙鸿烈主编：《中国自然资源综合科学考察与研究》，商务印书馆，2007年，第688页。

②《关于成立“中国科学院区域持续发展研究中心”的通知》，见中国科学院办公厅编：《中国科学院年报·1995》，1996年，第226～227页。

题研究机构和学者的合作，成为参与国际合作的权威性研究机构；⑤在重点围绕国家、地区持续发展战略问题研究的同时开展理论研究，以建立起符合中国国情的区域持续发展的理论体系[①]。

由于“区域开发前期研究项目”与“区域持续发展研究中心”在内容上的重叠，随着研究的拓展与研究方向的调整，1998 年 7 月，中科院发出《关于中国科学院区域持续发展研究中心更名及换届的通知》，决定将“中国科学院区域持续发展研究中心”更名为“中国科学院可持续发展研究中心”，中心的性质、任务、研究方向和组织管理及挂靠单位不变。中心组成了第一届专家委员会，并将区域开发前期研究的特别支持经费归口“中心”专家委员会管理，同时取消区域开发前期研究第三届专家委员会，专家按需聘为“中心”第一届专家委员会成员，区域开发前期研究支持的领域和管理办法不变[②]。从区域开发前期研究到可持续发展研究，反映了综合考察工作无论是在应用性还是在基础性工作方面，都时刻注意围绕着国家的宏观战略需求开展工作、开拓研究领域。

二、建立新型科技平台

野外考察一直是中科院的一项重要工作。改革开放以后，中科院内平均每年有 60 多个单位、100 多个学科和专业、几千人在野外工作[③]。但是此时野外装备落后、条件艰苦、待遇低下的问题逐渐凸显出来，尤其是科技体制改革带来的评价机制的改变，对中科院长期形成的传统野外工作的组织方式及规章制度造成了冲击。中科院需要重新规范野外考察工作。

1. 中科院召开第一次野外工作会议

1983 年 4 月 1～6 日，中科院第一次在北京组织召开了专门讨论野外工作问题的会议，与会代表有 200 多人。方毅亲自参加了会议，万里、乌兰夫、邓力群、胡启立也参加了授奖大会。由此可见野外考察在中科院工作中的重要性。

这次会议既可以让人体会到有关领导对野外工作的重视，同时也反映出在体制转型时期，对野外工作的认同和评价标准需要重新定位和统一认识。考虑到野外工作的人员没有更多的时间从事理论研究，会议提出了野外科学考察人员的补

---

① 孙鸿烈主编：《中国自然资源综合科学考察与研究》，商务印书馆，2007 年，第 710 页。

② 《关于中国科学院区域持续发展研究中心更名及换届的通知》，见中国科学院办公厅编：《中国科学院年报·1998》，1999 年，第 116 页。

③ 《我院野外科学考察工作情况的报告》，见中国科学院办公厅编：《中国科学院年报·1983》，第 331 页。

充、奖励、津贴、休假、疗养和职称评定等一系列问题，尤其是考虑到野外工作人员缺少业务进修和参加学术活动的时间，会议提出在人员考核晋升方面要与长期在室内工作的人员标准不同，提出“多类型、多途径、多标准”的考核原则。会议还通过了设置竺可桢野外工作奖金，用以奖励长期从事野外工作并做出突出贡献的科技人员。

会议期间明确和解决了一些实际问题。例如，考察装备笨重落后的问题被提到了议事日程中。会上不但正式提出了个人通用装备和特殊装备的标准，还同时举办了科学考察装备展览，展出了个人装备、宿营装备、仪器器材、交通工具和少量食品等，共有展品 215 项①。从此，野外工作逐步走向规范。

这次野外工作会议解决了很多实际问题，也通过奖励方式鼓舞士气、弘扬吃苦耐劳的精神。这次会议的主要目的，还是针对传统的工作方式改善设备、工作环境及奖励制度，却没有考虑到在新的形势下野外工作方法的转变。可是在会议结束后不久，长期野外工作积累的问题越来越多地暴露出来，而且随着中科院更加广泛而深入的体制改革，野外考察很快出现了方法上的彻底变革。

2. 千烟洲模式

进入 20 世纪八九十年代，以积累基础资料为主的综合考察逐步结束。经过 20 多年的实践，人们逐渐认识到，一直致力于为国家经济建设服务的综合考察，其成果却较难在实践中广泛应用。原因之一是，对自然资源形成与演变过程及其机制缺乏深刻的了解。自然资源综合考察的优势，应该是全面把握资源的空间特征和随时间变化的动态。综合考察与研究不同于某些实验科学，它需要有多种尺度的时间和空间研究。因此定位台站的长期、连续观测和原始数据的分析研究，是促使综合考察与研究走向深入的基础之一。

随着宏观综合考察和野外资料收集、整理与分析的逐步完成，资源研究水平的提高，要求综合考察不能仅停留在某一时段宏观的考察上，还需要具有时间连续性的定位试验研究。早期的综合考察虽然也有过定位或半定位研究，但是一直没有形成一个完整的思路和系统，也没有建立应有的制度，这些工作多随着宏观考察的结束而终止。从 20 世纪 80 年代开始，综考会着手试验设计和定位观测，并经过十多年的努力逐步建立起一批野外观测试验站，逐渐形成了全国、区域、站（点）三个层次有机结合的新型科学研究平台。

为了开展典型地区生产与试验相结合的试验研究，在综考会主持下相继建立

① 《卢嘉锡在全院野外工作会议闭幕会上的讲话》，见中国科学院办公厅编：《中国科学院年报 · 1983》1984 年，第 294 页。

了一批野外观测试验站点，例如，江西省泰和县千烟洲红壤丘陵综合开发试验站、西藏自治区拉萨市达孜农业生态试验站、四川省巫溪县红池坝亚热带中高山草地畜牧业试验站和江西省九连山森林生态试验站等。这些站（点）开展了大量的野外定点试验与比较研究，创立起新的野外工作模式。

江西省泰和县千烟洲红壤丘陵综合开发试验站（简称千烟洲站）是较为成功的实例。这个试验站位于江西省泰和县灌溪镇境内，属红壤丘陵地区。千烟洲因有1000多户人家而得名。1983年春季，综考会组织的“中国科学院南方山区综合科学考察队”选定此地为红壤丘陵地区的综合开发治理研究点。当时这里荒山草坡面积占81%。考察队主动与地方政府联合，在不到两平方公里的试验区内，考察队一方面积极争取并承担国家研究项目、围绕实际问题开展研究工作；另一方面科学家和当地农民一起，建起了大大小小的山塘水库20多座，雨季防洪蓄水，旱季灌溉植被。经过多年的建设，试验站在红壤丘陵区综合开发治理试验研究方面富有特色，并成为我国农业基础研究的重要基地（图6-3）。

图6-3 千烟洲试验站

经过十多年的努力，千烟洲站逐渐形成“丘上林草丘间塘，河谷滩地鱼米粮，畜牧水产相促进，加工流通两兴旺”的立体农业模式，被誉为“千烟洲开发模式”。该站开展的南方红壤丘陵水土资源利用与环境研究成果被收入高中地理教科书。试验站建立后，重点开展我国中亚热带红壤丘陵生态系统恢复与重建的过程及其环境效应研究，以及红壤丘陵区水土资源的可持续管理，把“森林植被恢复与农林复合生态系统对碳循环和水循环的影响、地表户外紫外线（UVB）增强对农业生态系统的影响、流域生态综合管理”作为建站后的研究重点[①]。千烟洲试验区综合开发治理红壤丘陵的成功，不仅为进一步开发我国南方大面积红壤区丘陵资源提供了科学的、可行性强的模式样板，而且还为该区域的资源综合利用与农业可持续发展探索了一条成功道路。

千烟洲站在协调“任务”与“学科”的关系方面，也是一种成功的模式。中科院在红壤地区建立的野外站点比较多，但这些站点多数是以单项研究为主。千烟洲站充分利用综考会专业多、覆盖面广的综合优势，把森林生态系统和农田生态系统等综合起来进行对比研究。试验站既考虑学科前沿性与重大的科学问题，又充分把握并考虑国家和地方生态环境与经济发展的迫切需求，找到了正确的切入点，并使该站得以发展壮大。

该站还与地方政府联合，把国家需求和任务与科学研究结合起来开展工作。试验站承担并完成了大量国家及省部级科研项目和国际合作研究项目，并在这个过程中逐步建立起一支多学科的科研队伍。千烟洲模式逐渐得到学术界和地方政府的认可。1986 年，千烟洲站被列为江西省“山江湖”综合开发治理示范基地；1988 年 8 月和 1989 年 4 月，中科院与江西省人民政府分别发文，正式批准建立中国科学院——江西省千烟洲红壤丘陵综合开发试验站；1989 年，试验站被联合国教科文组织人与生物圈（MAB）执行局确定为红壤丘陵综合开发治理国际试验示范研究项目站；1990 年，试验站进入中国科学院生态网络系列，同时成为国家“八五”科技攻关项目“南方红黄壤丘陵低产地综合治理研究”课题中的国家级攻关试验区。目前千烟洲也在中科院和江西省政府的通力合作下，正由原来的农业攻关向农业基础研究转型。

3. 中国生态系统研究网络（CERN）建设

为了规范逐渐增多的试验站，从 20 世纪 80 年代中期开始，野外观测试验站进入调整阶段。1986 年“中国科学院第一次野外台站工作会议”在北京召开，这次会议讨论了加强中科院野外生态试验观测站的联合问题。据 1988 年由科学出版社出版的《中国科学院野外观测试验站简介》，当时中科院共有各类台站 54 个。其中有天文、空间物理、地球物理观测站 16 个，其余 38 个台站均为生态系统试验站。加强各台站间的联合、实现资源共享，已经成为学术界的共识。此

---

① 程彤、李家永《红壤丘陵生态系统恢复与农业持续发展研究——纪念千烟洲试验站建站十周年》，《资源科学》，1998 年，第 1 ~ 9 页。程彤：《红壤丘陵综合开发治理试验研究》，见中国科学院、国家计划委员会自然资源综合考察委员会编：《自然资源综合考察研究四十年》，中国科学技术出版社，1996 年。

时，支撑科技活动的网络平台成为科技水平的重要代表。时任中科院副院长、综考会主任的孙鸿烈，意识到这是发挥中科院综合优势的一条途径，是关系到中科院在资源环境领域里能否再深入一步、再前进一步的重要战略措施，于是决定联合 20 多个台站形成研究网络。虽然当时还没有明确提出信息化这个术语，孙鸿烈和综考会的学者已经认识到这些进入网络的台站，要有统一的目的、统一的要求、统一的规范、统一的设备①。

进入 20 世纪 80 年代，一些西方国家已经开始对不同类型的生态系统开展联网式动态观测研究，以解决人类所面临的气候、生物多样性、土地利用/覆被等方面的生态学问题。生态系统网络作为开展全球地球表层过程观测研究的重要途径之一，在区域性生态、环境和资源的监测和研究中发挥了重要作用。1988 年，中科院着手建立中国生态系统研究网络（chinese ecosystem research network，CERN）。

在中科院的支持下，CERN 设计了生态站—分中心—综合中心的机构框架，从中科院已有的野外站中选出 29 个初始网络成员站，并新建水分、土壤、大气、生物、水体等 5 个学科分中心和 1 个综合研究中心（图 6-4）。由于综考会在长期

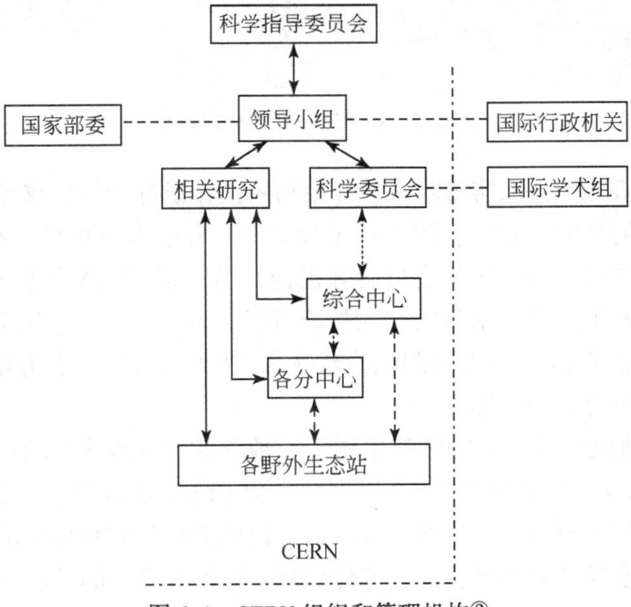

图 6-4 CERN 组织和管理机构②

注：带箭头实线表示具有领导及反馈关系，带箭头虚线表示具有学术指导和反馈关系，无箭头虚线表示沟通、协调关系。科学指导委员会对整个 CERN 起科学指导作用。

① 温瑾：《孙鸿烈的科学之路》，《中华读书报》，2008 年 3 月 19 日，第 5 版。

② 引自中国生态系统研究网络 http：//www.cern.ac.cn/1wljs/index.asp？channelid1＝100310，2011 年 2 月 18 日。

组织宏观考察与研究的基础上一直在努力发展、建立其定位研究站，并且从一开始就积极参与野外观测台网的筹备工作，因此 1992 年中科院决定将 CERN 的综合研究中心设在综考会（图 6-5）。

图 6-5　CERN 综合中心实验室

1993 年，CERN 进入实施阶段，开始利用世界银行贷款完成计算机网络和各种仪器、设备的采购、安装、调试和运行工作，着手人员培训。在管理体制上，设立了 CERN 领导小组、科学委员会等机构，确立了 CERN 的生态监测与试验、基础科学研究和生产技术示范的三大核心任务。到 1997 年，中科院已在全国不同生态地区建立了 84 个野外观测试验台站①，在人与自然关系研究方面形成了多学科的积累和综合优势（图 6-5）。

CERN 的研究队伍涉及中科院生物学、地学和相关学科的 21 个研究所的几十个学科的 1000 多名科技人员②。综考会作为 CERN 建设的“总部”，主要方向是对 CERN 各站和分中心采集的，以及从其他渠道收集的有关全国生态系统、资源、环境和社会经济的现状及动态进行研究，为各级政府部门的宏观决策提供科学依据。同时，积极参与全球性的生态、资源、环境研究的国际合作。在综考会

---

① 陈宜瑜：《抓住机遇，深化改革，加速中国科学院资源、生态和环境研究基地的建设》，见中国科学院办公厅编：《中国科学院年报·1997》，1998 年，第 26～31 页。

② 中国生态系统研究网络秘书处：《中国生态系统研究网络建设》，见中国科学院、国家计划委员会自然资源综合考察委员会编：《自然资源综合考察研究四十年》，中国科学技术出版社，1996 年。

主持下，综合中心按照中科院开发实验室规程进行管理，实行开放、流动、联合的原则。综合中心先后完成了由世界银行贷款支持的“中国生态系统研究网络建设项目”，以及作为世界银行贷款配套项目的“九五”中国科学院重大基建项目——“中国生态网络系统工程”的建设任务。

强调开放式研究，是中科院改革的主基调。在规范野外台站的建设中，中科院选择建设较好的11个台站向国内外开放①。这些台站的开放，一方面，吸引了学识渊博、经验丰富的专家学者参与工作，促进了学术的交流；另一方面，建立起开放课题制度，以吸引国内外科技人才到野外台站工作。人才的流动带来了浓厚的学术气氛，推动了科研工作的进步。

通过20年的不懈努力，综考会在CERN从事资源、环境、生态方面的数据积累和综合分析，建立布局合理的网络体系，加强宏观综合性、整体性研究等方面发挥了重要作用。CERN已经成为国际生态系统网络的组成部分和世界上最为重要的国家级生态网络，并已经发展成为我国从事生态学研究和人才培养的重要基地，同时成为积极参与国际合作研究，在世界上具有重要影响的生态学研究平台。更为重要的是，CERN同综合考察工作一样，已经成为综考会科研工作的重要组成部分。到21世纪初期，中科院为CERN共投入经费近2亿元，其规模、结构、功能均引起了国外专家的瞩目，达到了国际先进水平。

三、研究所定位中的困惑

从20世纪90年代中后期开始，中科院的改革进入了新的历史阶段。1997年中科院改革领导小组通过的《关于实施研究所定位管理试点方案》，虽然明确要以“按学科领域和主要社会价值导向”对研究所进行定位，但是直到90年代末期中科院的体制结构基本上属于按照学科分类的组织结构②。从此以后综合考察逐渐被列入基础性工作专项，除了强调国家需求目标外，更强调发展学科——即为学科发展提供基础资料和数据。因此，不同考察任务就可以由不同的研究所来牵头，不需要一个专门机构来组织了。在这种背景下，综考会失去了组织协调的优势。

综考会机构性质上的“组织与研究”的双重功能，内部结构上的“考察队和研究室并存”的两种体制形式，是这个机构在新的时期面临的基本问题和基本矛盾。新的历史时期，在科研管理上，中科院着重按照学部、学科的纵向轨道进

---

① 陈宜瑜：《抓住机遇，深化改革，加速中国科学院资源、生态和环境研究基地的建设》，见中国科学院办公厅编：《中国科学院年报·1997》，1998年，第26～31页。

② 路甬祥：《在中国科学院1999年度工作会议上的报告》，见中国科学院办公厅编：《中国科学院年报·1999》，2000年，第8页。

行领导。而像综合考察这种综合性的、重大的、关键性的、需要组织横向联合及攻关的研究项目，却往往按照大学科到小学科提出项目和课题，从而造成综合考察类题目分散、碎化。在项目管理上，中科院一般也是按照研究周期、成果形式、课题来源作为判断依据，而项目的周期一般限于三年，综合考察成果的产出一般要五年以上的时间。

综考会要健康地发展，就需要凝练出具有创新性的目标、调整自身结构、转换机制。在这样的大背景下，显然不可能再依靠计划经济时代的特殊政策，只能调整自身以适应市场竞争的新环境。综合考察虽然是直接面向经济建设的科学工作，属于具有实用价值的应用性研究，但是有实用价值不等于有市场价值。另外在40多年的实践中，这项工作如何才能真正为经济建设服务，一直困惑着这个机构的组织者和实践者。因此在1998年中科院对研究所的分类定位中，综考会无法纳入进入经济建设主战场的技术开发型研究所，而是被划入基础研究类，与以学科为中心的地理所同属一个类型①。但是这个时期资源科学的学科定位尚未被认同，致使综考会在中科院要求各所“调整微观组织模式和建立新的运行机制”方面遇到了很大的困难，结构性的调整难以全面开展。这成为阻碍综考会发展的瓶颈。

1997年，中科院决定启动“知识创新工程”。在1998年向中央提交的《迎接知识经济时代，建设国家创新体系》的研究报告中，中科院决定到2010年前后完成科技布局、组织结构、体制改革等方面的“知识创新工程”；提出了建设面向21世纪国家创新体系的思路，建议国家组织实施“知识创新工程”。1998年6月，该报告得到党中央、国务院的正式批准。从此以后，“创新”作为一个词汇越来越多地被应用到政策文件之中。

“知识创新工程”的科技目标，就是改变以往单纯从已有优势出发进行归纳提炼的办法，科技目标的设计是“按照国家战略需求和世界科技发展态势导向→确定重点领域→组织重大任务”②。中科院的“知识创新工程”还提出了基地的概念，将具有相关战略目标的一批研究所组织起来，围绕重要战略方向，按研究所群进行结构调整③。当时中科院内共有123个研究所，考虑到一些研究所任务重叠、研究计划陈旧落后、各自封闭、力量分散，研究项目通常衍生于国外科学、设备老化、质量参差不齐、处在国际科学前沿之外等问题，中科院在启动

① 中国科学院办公厅档案处档案：1998-02-03。

② 路甬祥：《在中国科学院1999年度工作会议上的报告》，见中国科学院办公厅编：《中国科学院年报·1999》，2000年，第10页。

③ 路甬祥：《在中国科学院1999年度工作会议上的报告》，见中国科学院办公厅编：《中国科学院年报·1999》，2000年，第8页。

“知识创新工程”以后，即着手组建大型研究院、合并同类研究所。

在中科院实施“知识创新工程”以前，综考会在总结多年工作经验的基础上，曾经设想将该机构建设成为在国际上具有重要影响的、资源科学综合研究中心和国家资源管理宏观决策的咨询中心①，并逐步建立和完善资源环境观测实验示范台站网络系统，形成一支国情研究队伍，随时接受国务院和有关部门的委托的咨询任务。“知识创新工程”启动前夕，综考会根据中科院学科布局战略以及综考会的学科定位，于1997年向中科院提交报告，建议将该机构更名为“中国科学院资源综合研究所”。这次更名的目的是“突出学科建设，加强综合研究，适应发展趋势，服务我院需要”②。报告提出，将以资源综合研究为主，兼顾资源综合考察的协调工作。综考会还计划在体制上作一些调整：“组织课题组、研究室和研究中心三个方面的研究力量，在全国（以及全球）、区域、试验站（点）三个尺度上，以科学研究项目为依托，以发展资源经济学、资源生态学、资源信息学和资源地理学为重点，对现有研究机构进行调整。”③但是“知识创新工程”开始实施时，综考会的资源科学学科定位尚未被中科院认同，阻碍了这个机构顺利进入中科院的“知识创新工程”。

1999年1月，《资源科学》杂志封底上发表了《中国科学院自然资源综合考察委员会定位与结构调整》：

> 在中国科学院关于研究所定位和进行结构性调整以及开展知识创新工程等指示精神指导下，中国科学院自然资源综合考察委员会经过多次广泛深入的研究，在听取各方面意见的基础上，提出综考会的战略定位是：中国资源科学基础和应用研究的国家队。发展目标是：努力把综考会建设成为在国内具有权威性、在国际上具有重要影响的资源科学综合研究中心；资源、环境、生态及相关的数据采集、交换、分析中心；国家及区域资源环境宏观决策咨询中心；及高层次资源科学的人才培养基地。④

综考会曾经设想通过不断地探索努力，逐步把这个机构建设成为在国内具有权威性、在国际上具有重要影响的、资源科学的综合研究中心和国家资源管理宏

---

① 中国科学院、国家计划委员会自然资源综合考察委员会编：《自然资源综合考察研究四十年》，中国科学技术出版社，1996年，第7页。

② 《综考会关于战略定位、学科发展与改革设想报告的报告》，中国科学院地理科学与资源研究所档案：Z374-1817。

③ 《综考会关于战略定位、学科发展与改革设想报告的报告》，中国科学院地理科学与资源研究所档案：Z374-1817。

④ 《中国科学院自然资源综合考察委员会定位与结构调整》，《资源科学》，1999年，第21卷第1期，封底。

观决策的咨询中心。但是，1999 年 9 月中科院的“知识创新工程”全面展开，综考会与地理所被整合在一起，新组建的研究所定名为“中国科学院地理科学与资源研究所”，而非“地理与资源科学研究所”。至今这个新建的研究机构也不像中科院内的多数研究所一样，有一个能够简要概括学科特征的简称。

四、资源科学体系初步建立

在长期自然资源综合考察的基础之上，许多科学研究的空白领域得到了发展。综合考察促进了众多的学科建设，如冰川、冻土、湖泊、沼泽、盐湖、高原大气、泥石流等。但是资源科学本身的学科理论建设却长期滞后。

整合以后，综考会作为一个独立的机构已经不复存在。但是综考会长期关注的“资源、环境与发展”等问题，却仍然是世界面临的主要问题。而且随着资源危机的不断加深、环境破坏的日趋严重，资源环境的研究非但不能减弱，还需要进一步加强。在这种背景下，资源科学体系在 40 多年综合考察与研究的基础上逐步建立。

资源科学体系是建立在长期的工作实践当中，以及实践及经验总结的基础之上，因此它是逐步发展完善的。从 20 世纪 50 年代末至 60 年代初期开始，在实际工作中已经孕育着一门新的学科——自然资源学[①]。综考会刚刚建立时，由于各考察队已经积累了几年的工作经验，在实际工作中开始运用了综合性的研究方式，并初步显示出综合性研究的重要性和优越性。但是由于这项工作刚刚起步，当时又以完成国家任务为重点，任务重、时间紧，没有精力关注使综合研究建立在各学科有机结合的问题，也没有可能促使各学科在整体的基础上做好专业的深入。各单位希望完成的专题研究和综合研究的目标常有相当距离，因此各学科不顾整体，孤立钻研，这样非但不能收到综合研究的效果，反而会感到集体研究的牵累。当时还无暇顾及如何提高综合研究的效率和总体水平的问题。

1958 年，学者们意识到综合考察作为社会主义制度建立后出现的一个新的科学研究领域，不仅带动了有关学科的发展，而且可以形成一门新的学科。为此，综考会向中科院提交了《综合考察应作为一个科学发展新方向》的报告。报告中指出：“我们初步认为，综合考察是社会主义制度建立后出现的一个新的科学研究领域……综合考察只有以其特有的理论体系作指导，才能提出最有价值的研究成果——开发方案……通过综合考察工作，不仅能够带动许多有关

① 漆克昌：《加紧改革综合考察工作，更好地为资源开发和国土整治服务》，见中国科学院、国家计划委员会自然资源综合考察委员会编印：《纪念自然资源综合考察委员会成立三十周年文集》，1986 年。

学科的发展，而且可以形成一门新的学科。”报告认为，生产布局虽然基本上属于社会现象，并随着社会制度的改变而改变其本质；但是它还具有和一般社会现象不同的特点，即与自然环境——主要是自然资源和技术进步息息相关。因此以生产布局为对象的科学研究，就必须把自然、社会、技术三类学科的成就综合起来；而由此也就产生了形成一门新学科——综合性更强、也可以说是处于自然、社会、技术三者的边缘的可能。报告希望，综考会能够参与科学规划中理论规划的制定，并希望中科院能够为综考会的理论研究任务给予适当的安排①。

进入20世纪60年代，对于能否在综合考察的基础上形成一门新学科，学者之间有着不同的看法。在1960年召开的全国地理学术会议上，多数学者认为综合考察是多学科的、综合的科学研究工作，是一项国家任务，它尚未形成一门独立的科学，因此很难找出其研究的客观规律和特殊矛盾②。而同年在国家科委召开的综合考察会议上，则有不少学者呼吁加强理论性研究，并归纳出在综合考察工作中遇到的十个方面的理论问题：①资源与生产布局的关系；②中央经济体系与地方经济体系的关系；③沿海工农业布局与内地工农业布局的关系；④工业基地与农业基地的关系；⑤新工农业基地与老工农业基地的关系；⑥矿产资源与工业基地的关系；⑦土地资源与农业基地的关系；⑧交通运输与工农业基地的关系；⑨各工业部门之间的关系；⑩农、林、牧业之间的关系。与会学者认为，研究清楚这些理论问题，对综合考察工作水平的提高必将起到很大的作用。综合考察的研究对象是自然条件、自然资源的开发利用及生产布局，有它自己独特的研究对象和方法，是科学研究的新领域，进行这项工作时需要应用自然、社会和技术科学的知识和成果，因而它有可能形成一门新学科。这门学科的综合性更强，处于自然、社会、技术科学三类边缘的可能。因此，为了将综合考察提高一步，使它能更好地为生产建设服务，在进行此项工作时就必须要有理论的指导，就必须加强理论研究。他们建议将上述十个方面的理论问题列入理论研究规划当中③。

1962年综考会在总结综合考察工作时，初步提出了“综合资源学”的概念及其研究对象：“从现代科学技术发展趋势看，对于自然资源和社会经济问题，一方面要求更专门地进行分门别类的研究，同时也要求更全面地进行综合性的研究，才能更好地促进生产力的发展。……从这些年综合考察工作中体会，感到全

---

① 《综考会、漆克昌副主任就综考会发展方向、研究室成立设想，以及云南队的方针、任务、组织机构给院的函》，中国科学院档案馆档案：Z374-26。

② 《国家科委、综考会关于召开全国综合考察工作会议西部资源考察和经济开发、全国地质科学技术工作协调会议的通知、讲话、社论》，中国科学院档案馆档案：Z374-68。

③ 《国家科委、综考会关于召开全国综合考察工作会议事》，中国科学院档案馆档案：Z374-72。

面而确切的评价一个地区的自然资源，指出其充分开发利用与改造的方向和合理的生产布局，不是简单地把各种科学的理论与方法相加在一起即可达到目的的，而是具有其特有的理论与方法，因此，可成为一门新学科的研究领域。我们初步认为这门学科以国家和地区的自然资源整体为其研究对象，对重大资源的分布规律与存在特点、资源开发利用方向与主要工农业基地的合理布局，以及利用资源与改造自然的关键措施进行综合研究，可名之为综合资源学。……它的学科性质属于自然科学范畴，但与技术科学、经济科学密切联系的一门边缘学科。”① 当时还就发展新学科提出了两方面的工作：一是系统总结资源综合考察的方法论；二是对资源开发与生产力发展的基本理论进行研究，并研究“综合资源学”的科学性质、研究对象、任务问题进行理论上的探讨。

但是在优先完成国家任务的氛围下，也有学者认为当时的主要工作不是发展新学科。综考会的负责人漆克昌就是其中的代表。1964 年，在谈到继承学科还是发展学科这个问题时，漆克昌指出：“现在就有同志提出什么新学科的发展问题了，我看现在还太快了点，现在主要的问题还是已有知识掌握过来如何运用的问题。我们现阶段工作的目标是把适应国家的需要放在首位，而不能把发展学科放在首位。我们是不是能创立出新的学科呢？可能性是有的。如果把资源的研究作为一门学科，是可能发展起一门新学科的，也可能出现第一流的专家，但今天我们首先不要要求这些，首先要求的是埋头苦干，搞出一点成绩来，只要真正拿出成绩来了，得到别人的承认就容易了。”② 尤其是“三线建设”开始以后，综考会承担着大量繁重的西部地区综合考察任务，因此综合考察工作缺乏更多的力量从事理论研究。

改革开放以后，自然资源研究逐步成为一个新的研究领域。20 世纪 80 年代，国家在制定中长期学科发展规划中，与数学、物理学、化学、生物学、地学、天文学、力学等基础科学相应，资源与环境科学、信息科学、材料科学、能源科学、空间科学、基础农学、基础医学等被列为应用基础科学。基础科学与应用基础科学统称为基础性科学。后来由国家科技部组织实施的“国家重点基础研究计划（‘973’计划）”中，所划分的 8 个学科领域，即基础科学前沿领域、农业领域、人口与健康领域、能源领域、材料领域、资源与环境领域、信息领域、空间领域，就是基于上述国家对基础性学科门类的划分所形成的。这个时期的资源科学的理论体系已初见端倪，初步建立了“资源–资源生态–资源经济”的资源科学理论体系。研究的基本内容以资源为基础，侧重于协调资源–环境–人口–发展

① 《综合考察工作现状和今后任务》，中国科学院档案馆档案：Z374-94。
② 《综合考察方向、任务和体制等问题的整改方案》，中国科学院档案馆档案：Z374-113。

的关系。

20 世纪 90 年代，正是全球性的资源、环境、人口危机日渐突出的时期。社会经济的可持续发展，要求科学家能够帮助解决由于环境恶化带来的一系列的问题，如水资源短缺、粮食与食品供应紧张、生态系统恶化、生物多样性的破坏，以及人类健康的保障等。于是，科学家开始把地球作为一个整体系统进行研究。即把地球的各个组成部分，包括大气圈、水圈、岩石圈和生物圈之间的相互作用，地球上发生的物理、化学和生物基本过程的相互作用以及人类与地球的相互作用联系起来。因此，综合研究、学科交叉与系统方法逐渐成为有关学术研究的主流趋势。资源科学研究成为人类对地球知识关注的重点，并逐步发展成为一个跨越众多学科界限的研究领域。

20 世纪 90 年代资源科学作为一门学科的基本框架基本形成。资源科学是综合自然科学、社会科学和工程技术于一体的综合性科学，是在传统的地理学、生态学、经济学、法学和工程技术等学科基础上发展起来的一门新兴学科。这门新兴学科，在以资源为基础，研究协调资源–环境–人口–发展关系的基础上，逐步建立起资源–资源生态–资源经济的理论体系。

这个时期资源研究领域完成了两项标志性的成果，一是 42 部《中国自然资源丛书》，全面、系统地总结了中国自然资源研究的成果；二是《中国资源科学百科全书》，提出了资源科学的学科体系。“两项成果系统地总结了近半个世纪以来对中国资源研究的理论与实践，初步建立了资源科学的框架，对学科的理论体系进行了有益的探讨。”①

从此以后，对于资源科学的理论探讨进一步深入。1997 年，中国自然资源学会与《光明日报》理论编辑部联合在《光明日报》组织“加强资源科学研究”专题论坛，连续发表了知名专家撰写的《资源科学——正在兴起的科学》、《我国资源科学的发展与展望》、《资源科学与可持续利用》、《论我国资源的开发战略》和《培养可持续管理人才》等文章；1998 年 1 月，综考会将《自然资源》更名为《资源科学》，在第一期上刊登了孙鸿烈和封志明的《资源科学研究的现在与未来》、陈百明的《资源科学学科的建设与定位》等论文；1998 年 12 月召开了“跨世纪资源科学座谈会”，建议国务院学位委员会将资源科学列入国家学科序列②；1999 年 4 月，中国自然资源学会邀请全国科技名词委员会的有关人员座谈，认为“资源科学”应该作为新的科技名词列入科技名词系列③；2000 年完

---

① 石玉林、容洞谷：《资源科学的发展趋势》，《学会月刊》，2000 年，第 2 期，第 13～15 页。

② 中国自然资源学会秘书处：《“跨世纪资源科学”座谈会纪要》，《自然资源学报》，1999 年，第 2 期，第 190～191 页。

③ 孙鸿烈主编：《中国自然资源综合科学考察与研究》，商务印书馆，2007 年，第 720 页。

成的《全国基础研究“十五”计划和2010年远景规划》，已经把资源环境科学列为18个基础学科中的一个独立的科学领域；2002年，国家科学技术名词审定委员会成立了“资源科学技术名词审定委员会”，开始了资源科技名词的审定工作①。学科地位的确定，也为相关的人才培养创造了条件。2005年，地理科学与资源研究所自主设立并获得批准了自然资源学博士、硕士学位培养点。自然资源学的学科定位、学科体系、学科建设逐步确立。

随着资源危机的不断加深、全球化趋势的扩展，资源科学研究与宏观决策已非一个机构甚至一个国家所能解决。资源研究的全球化趋势正在形成。

① 封志明：《资源科学的研究对象、学科体系与建设途径》，《自然资源学报》，2003年，第6期，第742～752页。

第七章

余论：任务带动与学科发展

“中国科学院院属单位在某些时期发展之迅速与变动之频繁，在世界科技发展史上都是不多见的。”[①] 1955 年中科院共有 47 个研究机构，“大跃进”期间院内所级研究机构一度达到 242 个[②]。“十二年远景规划”实施后，院属研究机构进入大发展时期。此时中科院新建了一批研究机构，综考会名列其中。

“十二年远景规划”从 13 个方面提出了 57 项重要科学技术任务。为了更好地完成规划中的任务，需要建立一批科学研究机构。规划对于科学研究机构的设置提出了五条原则，第一条就是“必须有明确的任务”[③]。

1956～1960 年，中科院建立起几十个自然科学或技术方面的研究机构[④]。这些机构首先包括少数重要的空白和薄弱学科的研究机构，它们大多是为了落实“四项紧急措施”和配合“两弹一星”攻关而优先发展的研究机构，如电子学、计算技术、半导体、自动化等；其次是根据学科规划新建和扩建的研究机构。中科院新建的研究所，大多属于后者。至 1956 年年底，全院有科研机构 66 个，较 1955 年新增 22 个[⑤]。这是中科院历史上直属机构增长最多的一年，综考会也在这一年筹建。

根据学科规划新建的研究机构，大多受益于“十二年远景规划”的带动，尤其是在“十二年远景规划”中有明确任务的机构，发展更为迅速，综考会就是如此。但是其后的政治运动、“三年困难”、“三线建设”……多多少少影响了这些新建机构的发展方向和任务布局；“文化大革命”更是对这些机构造成了严重的冲击。此后国家的改革开放、经济体制改革，中科院的“一院两制”、“知识创新工程”，在给这些机构带来新机遇的同时，也带来了巨大的挑战。

经过 50 多年的风风雨雨，当年新建的一批研究机构有些进一步发展壮大，有些销声匿迹，有些则在“知识创新工程”中被整合。综考会就是在“知识创新工程”中，于 1999 年与地理研究所整合了。同样是因为任务的带动，同样付出了巨大的努力，同样经历了曲折坎坷，有些机构生存下来，并进一步发展壮大；有些机构则逐步萎缩，最终被裁并或整合。这其中既有历史与社会的外部影

---

① 《中国科学院院属单位发展与演变概略》，见王扬宗、曹效业主编：《中国科学院院属单位简史》第一卷上册，科学出版社，2010 年，第 1 页。

② 《中国科学院院属单位发展与演变概略》，见王扬宗、曹效业主编：《中国科学院院属单位简史》第一卷上册，科学出版社，2010 年，第 1 页。

③ 《中国科学院院属单位发展与演变概略》，见王扬宗、曹效业主编：《中国科学院院属单位简史》第一卷上册，科学出版社，2010 年，第 8 页。

④ 《中国科学院院属单位沿革简表》，见王扬宗、曹效业主编：《中国科学院院属单位简史》第一卷上册，科学出版社，2010 年，第 34～74 页。

⑤ 《中国科学院院属单位发展与演变概略》，见王扬宗、曹效业主编：《中国科学院院属单位简史》第一卷上册，科学出版社，2010 年，第 9 页。

响，也有学科理论体系的内在因素。其中的原因，值得深入分析与研究。

第一节 “任务带学科”的历史作用

“任务带学科”，这个在20世纪五六十年代频繁出现、曾经影响了一个时代的口号，目前已经较少出现在各种文献当中。但是对于这个口号历史作用的反思却刚刚开始。对于“文化大革命”以前“任务带学科”在中国科学发展中的作用，目前学者的认识比较一致：“新中国成立初期，学术界刚刚从旧社会过来，尚不能适应新社会的需要，还严重存在脱离实际的状况。为了克服当时学术界严重脱离实践这种倾向，强调实践在认识中的作用，当时提出‘任务带学科’的口号是必要的，而且起到了推动知识分子走向社会实践，参加应用研究的积极作用。”①当代学者进一步归纳出了“任务带学科”在当时对中国科学发展的意义：①它是实现“理论联系实际”的有效途径；②它是解决由传统的按学科研究形成的力量过于分散的一种有效的方法；③它是推进专家与群众相结合的有效形式②。

对于改革开放以后是否应该继续提倡“任务带学科”，学者之间的看法却不相同。有学者提出应“彻底扭转‘任务带学科’50年一贯制局面”③；也有学者认为“任务带学科的原则是正确的”，“要继续发挥‘任务带学科’的精神”④。直到21世纪，仍有学者认为“任务带学科”是中国科学取得蓬勃发展的一条基本经验⑤。

大规模综合考察在兴起之时，这项工作兼具完成国家任务和为学科研究积累资料的双重作用。但是在国家大规模经济建设开始的时期，由于任务繁重，这项工作以完成国家任务为主。综考会也正是为了完成任务而建立起来的机构。正如它的领导者之一漆克昌在综考会成立30周年时的总结：“综考会是承担任务的单位，以承担国家和科学院下达的任务为己任，这一点与其他以发展学科为目的的

① 张乐育：《关于“任务带学科”的讨论》，《科学学研究》，2007年，增刊（下）：第215~220页。

② 李真真：《确定“理论与实际关系”的困境：政治指向的冲突》，《自然科学史研究》，2002年，第1期，第43页。

③ 张乐育：《关于“任务带学科”的讨论》，《科学学研究》，2007年，增刊（下）：第215~220页。

④ 《全国师范院校1988年中国经济地理教学研讨会综述》，《经济地理》，1989年，第1期，第79页；陆大道等：《继承传统 开拓创新》，《经济地理》，2006年，第1期，第1~2页，陆大道：《向100年来为国家和人类做出贡献的地理学家致敬——纪念“中国地理学会”成立100周年》，《地理学报》，2009年，第64卷第10期，第1155~1163页。

⑤ 陆大道、蔡运龙：《我国地理学发展的回顾与展望——地理学：方向正在变化的科学》，中国地理学会2000年11月“21世纪中国地理学发展战略讨论会”的主题报告，http：//sdb. llas. ac. cn/adearth/2001new/dq010403. htm。

研究所有显著区别。"[①] 正是这个"显著区别"令综考会在众多任务和强有力的支持下不断壮大，也在任务不断变化的过程中一再调整组织模式，又在改革开放以后中科院的重新定位中艰难地寻找着它的学科归属，最终在"知识创新工程"启动之后、在资源环境研究仍然是中科院的重大科技任务的有利环境下，综考会却未能避免被合并的命运。这个在"任务带学科"口号下建立的机构，从一开始就同时肩负了完成"任务"与发展"学科"的双重使命。各个历史时期任务与学科之间的关系、矛盾及冲突，也充分体现在综考会的历史兴衰之中。

"任务带学科"究竟给综考会乃至给新中国的科学事业带来了什么样的影响？这要从"任务带学科"的内涵谈起。

"任务带学科"最早是在1956年制定的"十二年远景规划"中提出的。当时制定规划是按照学部分工，因此参与制定规划的学者最初也是按照学科的划分制订计划。但是在讨论到具体内容时，如何才能把分散的课题集中起来，成了规划制定的关键。为了解决国家经济建设任务对跨学科工作的要求，当时提出了"以任务为经，学科为纬"、"任务带学科"的方针，用以解决理论联系实际的方法问题。其中"任务"代表国家需求，"学科"代表基础理论研究。尽管当时也有学者对"任务带学科"的提法持有异议，但是因为这种做法能够明确研究的目的性，能够集中有限的资源和分散的力量解决重大问题，因此被多数学者接受。"十二年远景规划"也基本上是按照这个方针梳理各项任务，逐步在许多问题中理出了带头的项目。

"大跃进"期间，中科院提倡科学研究要接受国家经济建设和国防建设中的重大而又具体的任务，即"按国家生产建设需要提出研究任务，有计划地组织各门学科的力量来进行集体活动"[②]。1959年，院领导在学习会上曾经指出："生产和科学如存在和意识一样，存在决定意识。生产是本，科学是末。一般来说，只有发展生产，科学才能发达"；"要找综合性任务，以免脱离实际"[③]。可见，承担为国家建设服务的"任务"才是科学研究的重心。

由于"任务带学科"的表述简单明了，而且在具体工作中，以"任务"为指标便于计算进度，要求明确，也好"献礼"。因此被认为是处理理论联系实

---

① 漆克昌：《加紧改革综合考察工作，更好地为资源开发和国土整治服务》，见中国科学院、国家计划委员会自然资源综合考察委员会编印：《纪念自然资源综合考察委员会成立三十周年文集》，1986年。

② 张劲夫：《科学工作的大跃进需要向前推进一步》，《科学通报》，1959年，第10卷第1期，第2~4页。

③ 竺可桢1959年7月18日日记，见竺可桢：《竺可桢全集》第15卷，上海科技教育出版社，2008年，第419~420页。

际、组织科学活动的一个好的方法①。于是，“任务带学科”逐渐成为发展科学的一个响亮的口号，并被认为是“社会主义科学发展的正确途径”②。但是“任务带学科”的表述也有一定的片面性，尤其是在国家任务繁重的情况下，学科的发展没有得到足够的重视。当时就有学者担心任务“带”学科，最后变成为任务“代”学科。为了弥补“任务带学科”表述不全面的问题，1958 年 11 月 7 日，中科院党组向中央呈送《科学工作的大跃进需要向前推进一步》的书面汇报，并于翌年 1 月 11 日在《科学通报》上公开发表。汇报在肯定“以任务带学科”是一种好方法的同时，也指出一些基本理论和探索性的理论研究用具体任务带动不起来，需要从学科角度加以安排，并在具体任务解决之后，真正注意把学科带动起来。

为了解决对“任务带学科”理解上的差异，在 1959 年 4 月的中科院所长会议上，杜润生对“任务带学科”作了专门的解释。指出中科院的方针是理论联系实际，“任务带学科”是组织科学活动的一个方法，是一个重要的方法，但不是唯一的方法。当时院领导还想就这个提法凑一个下联，提出“学科也能带任务”，用以说明还必须有一部分工作从学科角度出发来安排，以引起对学科应有的重视③。但是这个“下联”并没有引起足够的重视。由于任务过重，学科建设一直没有得到应有的重视。即使那些赞成“任务带学科”的学者也意识到，在以往的工作中出现了不少问题。例如，把“任务”二字解释为一项项具体的产品，而不是从经济建设、国家建设任务中抽出来的科学技术问题，因此挤掉了一些理论研究。

在 1962 年的广州会议上，与会学者针对执行“任务带学科”过程中出现的问题提出了各自的看法。一些人指出，这不是口号本身的问题，而是执行中的偏差；另一些人则认为，以前在科学研究中脱离实际、力量分散的问题很严重，提倡“任务带学科”是对的。但是经过几年的实践，主要问题已经转变了，不再是脱离实际的危险，而是理论工作急需加强的问题。因此，再提这口号就没有必要了；还有人提出，“任务带学科”不是最好的办法，任务是有时限性的，学科发展则是无止境的。任务完成了学科怎么办？他们强调，学科好像兵种，包括步兵、骑兵、炮兵……任务好像战役，不管打什么仗，都要用那几个兵种。更有人

① 《1961 年 3 月 8 日张劲夫在院部学习组座谈会上的谈话纪要》，见张久春编：《中国科学院史料汇编 · 1961》，中国科学院院史办公室，2008 年。

② 竺可桢：《摆在地理工作者面前的任务》，见中国科学院地理研究所编辑部：《大跃进中的中国地理学》，商务印书馆，1959 年，第 3～8 页。

③ 《1961 年 3 月 8 日张劲夫在院部学习组座谈会上的谈话纪要》，见张久春编：《中国科学院史料汇编 · 1961》，中国科学院院史办公室，2008 年。

提出培养人才只能从学科出发①。

"任务带学科"的提法虽然不全面，不如"理论联系实际"的提法完整，但是在中科院的历史上曾经有过广泛的影响，也发挥过一定的积极作用，尤其是解决了综合考察中的一些思想认识问题，并为实现"理论联系实际"找到了一条可行的、具体的道路。在综合考察过程中，综考会通过组织若干项任务，把一系列学科的研究工作组织起来，并能够因此指出工作方向和鼓舞士气。历史的经验证明，倡导以"任务带学科"的方法组织科学活动，曾经在新中国的科学事业中，开辟了一条独特的发展科学的道路。这是一种有益的尝试。

与此同时，"任务带学科"毕竟是计划经济体制下的产物。这种方式是以不计成本为基本特征的，缺乏长久的生命力，因此在改革开放以后遇到了很多的困难。1978 年全国科学大会的各种文件，以及后来我国科学技术政策文件，都已经不再使用"任务带学科"的提法②。

第二节　综合考察中的学科建设与资源科学的理论困境

新中国大规模的综合考察工作，主要是由"任务"带动起来的。考察的目的，就是对开发利用和合理布局所需要的各种资源进行全面的考察研究和经济评价、根据国家经济建设的方针加以综合研究和分析、提出有科学论证的生产力发展的远景设想。曾经有学者把综合考察生动地比作担子：一头是学科，一头是任务③。但是在实际工作中，"任务"的那一头更重。

20 世纪 50 年代对于综合考察性质的普遍看法是：综合考察从形式上来看是一种调查研究方式，但更重要的本质是带有任务性的科学研究工作；综合考察不是一门学科，而是一种科学工作和任务④。1959 年，中科院党组副书记、秘书长杜润生在综合考察工作会议上指出：综合考察可以带动学科，但真正的重大理论问题，还是需要研究机构去解决⑤。在 1960 年召开的全国地理学术会议上，与会学者讨论了综合考察的科学性质，认为综合考察"在目前是多学科的综合的科学研究工作，是一项国家任务，它尚未形成一门独立的科学，因此很难找出其研究

---

① 见广州会议《简报》第 28 期，1962 年 2 月 23 日。

② 张乐育：《关于"任务带学科"的讨论》，《科学学研究》，2007 年，增刊（下）：第 215～220 页。

③《综合考察委员会 1962 年综考会方向任务》，中国科学院档案馆档案：Z374-118。

④《国家科委、综考会关于召开全国综合考察工作会议西部资源考察和经济开发、全国地质科学技术工作协调会议的通知、讲话、社论》，中国科学院档案馆档案：Z374-68。

⑤《综合考察的工作总结及各考察队的工作总结和工作简报》，中国科学院档案馆档案：Z374-49。

的客观规律和特殊矛盾”[①]。完成任务，成为50年代综考会的工作重点。

进入60年代，综合考察逐渐由未开发地区转向半开发地区，从而引出了一些新的问题。在50年代综考会组织的考察队，很多单位都愿意参加，因为这样可以在野外收集大量的第一手科学资料；但是当工作重点转移到半开发地区以后，很多学者都曾经在这些地区考察过，有了学科资料的积累，也就不积极参与考察队的工作了。更为重要的是，在未开发地区的综合考察方法，不适合于半开发地区，从而使考察工作不能满足地方的需要，遭到地方有关领导的批评。

面对这些新情况，当时只是简单地把问题的原因归咎于对“任务带学科”的认识不明确、没有很好地执行这个方针；认为综合考察工作“还没有彻底清除‘为科学而科学’的思想，往往着眼于个别科目，而对国家所委托的任务却重视不够，甚至还有从个人兴趣出发，喜欢在广大地区泛泛跑查，而不愿对一个地区作深入研究”[②]。解决学科的理论问题，不能简单地用思想政治工作来代替。但在当时的社会大环境下，发展学科的声音最终被淹没了。

在外界环境的影响下，综合考察进一步向为生产服务方向倾斜。1964年，漆克昌在谈到综考会方向、任务和体制等问题的整改方案时指出：“综考会是以完成国家任务为主体的，是第一位的，而且任务是综合性的，所以我们的方向与目的就是完成上述国家任务。为了完成任务，它需要与之有关的各个专门学科，这就发生了任务与学科的关系问题。……研究所的学科发展是以发现和探索自然规律为目的，而我们呢，学科是我们完成任务的基础，或者说是完成任务的手段，在综考会来讲，研究自然规律不是我们直接的目的，而是掌握这种规律，用来研究资源开发和生产力布局这种综合性课题。因此，我们这里不能离开任务来孤立地谈学科的发展，或者把发展学科作为目的了。这是我们与其他研究所不同的地方。我们也不能说成是‘结合国家任务去发展学科’，这是把任务作为结合的条件来考虑的，目的还是为了发展科学，而应该说学科是为任务服务的。”[③]在“文化大革命”爆发之前，综合考察的目的很明确，就是以完成任务为主。

由于国家建设的迫切需求，20世纪五六十年代综合考察的规模很大，一方面，造成科研人员担负多项科研任务，无暇顾及学科建设与发展研究；另一方面，对综合考察的认识存在着一定的重实际、轻理论的倾向。这种倾向制约了综合考察研究理论水平的提高。这个时期，中科院投入了大量的人力、物力，支持综合考察工作。其中的缘由，可以从1964年杜润生在一次介绍中科院工作情况

① 《国家科委、综考会关于召开全国综合考察工作会议西部资源考察和经济开发、全国地质科学技术工作协调会议的通知、讲话、社论》，中国科学院档案馆档案：Z374-68。

② 侯仁之主编：《中国地理学简史》下册，北京大学印制，1960年，第255页。

③ 《关于综考会方向、任务和体制等问题的整改方案（试行）》，中国科学院档案馆档案：Z374-113。

的报告中反映出来。他指出："我们国家有许多迫切的过关的要求。我们国家要在一定时期内摆脱一穷二白的地位，我们要搞国防现代化建设，要把农业生产过关，这都要求中国科学工作者做大量的工作。其中许多工作，可能是在国际文献上记不上账的，但是在我国社会主义建设的功劳簿上是要记上一大笔的。这种工作不搞，那就是误大事。一定要教育科学人员，认真去探索和十分重视这一类工作。"①

从综考会的历史来看，在它组织和参与完成的国家一系列重大的关于全国自然条件、自然资源、农业发展方面的调查研究任务，包括在大规模的地区综合考察、综合自然区划、农业区划、黄淮海平原的综合治理、国土规划和发展研究等工作中，大大提高了有关学科的应用价值和科学研究水平，也为政府和社会提供了大量的建议和科学资料，在生产实践中产生了巨大的经济效益和社会效益。

与此同时，综合考察也为许多学科的发展提供了基础数据，是大量学科发展和形成的基本动力。如果没有综合考察，沙漠、冰川、冻土、湖泊、沼泽、盐湖、高原大气、泥石流以及黄土与环境研究等学科领域，就不可能在如此短的时间内建立起来并迅速达到世界先进水平。但是，相邻学科的发展无法保障综合考察的长久生命力。在推动其他学科发展的同时，综合考察本身的学科支撑——"资源科学"却没有起码的理论建树。

本书第六章的最后一部分，讨论了综合考察推动下资源科学的建立过程。一门学科的形成需要有三大基础：①知识体系。具备比较完善的理论体系结构，如研究对象、研究方法、知识结构、基本规律等。②社会建制。具有学术组织、科学家共同体、教育机构设置等；有完善的学术研究、教育组织和专门人才队伍，如研究所、学会、大学系科或专业。③学术刊物。具备学术交流和知识积累的基本条件。20 世纪 90 年代末期，综合考察已经为后两项奠定了雄厚的基础，但是资源科学的知识体系却异常薄弱。这既有历史的原因，也有资源科学本身的理论建设困难。

资源科学涉及的资源问题广泛，研究内容范围庞大，涉及数十个学科领域，而且不同资源的形成背景、学科基础相差又很大。在研究中往往没有统一的术语，缺乏"共同语言"，这些为凝练统一的资源科学学科理论体系带来了困难。如何在统一的框架、统一的理论体系、统一的研究方法下整合如此众多的学术领域，形成独具特色的理论内核？至今还是资源科学面临的困境。

资源科学研究的技术手段落后。改革开放以后，综考会在引进新技术方面下

① 《杜润生同志向解放军医学科学院做的科学院工作情况的介绍》，中国科学院办公厅档案处档案，案卷号：1964-01-32。

了不少的工夫。从20世纪80年代后期到1999年，综考会还积极承担了“中国生态系统研究网络”（CERN）的综合中心、秘书处、办公室的工作，在推进CERN的发展和建设的同时，也希望能够实现综合考察的研究转型。但是这些技术都是传统研究方法的辅助工具，对发展资源科学的理论体系帮助不大。

与传统自然科学学科相比，资源科学在研究方法上大多具有不可试验性、难以定量化与精确化的特点。其研究结论的无法重复，也与当今科学研究遵循逻辑原则，强调试验检验，追求定量与精确不相符合。任何理论只有当它可能成功地指导实践时，才有生命力。资源科学研究中资料量化指标不够、可信度不高、预测能力低下是它的“软肋”。也有学者尝试着将逻辑原则应用于资源科学理论体系，其结果往往不尽如人意。因此，在当今的科学研究范式下，资源科学要想摆脱其理论困境，还有很长的路要走。

第三节　综考会带给我们的反思

除了学科理论建设困境外，在新的历史时期，科学研究还面临着一些新的问题。比如，全国性的协作和重大课题的研究越来越困难；科研机构和科研体制注重科学家的个人创造性，在组织结构方面越来越小型化，研究目标越来越体现为发表论文，特别是在SCI（科学引文索引）检索的期刊上发表论文，当选的学部委员更偏向于基础研究①。在这种情况下，一些大型的研究，如国家大区域的资源环境及发展的综合研究、大型综合性的学术著作的编写，以及其他围绕大项目的协作等明显削弱了。

新时期综合考察的特点，除了强调国家需求目标外，更强调发展学科，即为学科发展提供基础资料和数据。因此虽然综合考察工作还在继续进行，但是已经不需要一个专门机构负责组织与协调了。项目管理形式下的综合考察，是根据不同的考察任务，选取某个单位负责牵头，组织有关机构开展工作。

此时的综考会，虽然在特定的历史时期曾经显示出可以集中力量解决某些重大任务的优势，但是作为中科院的一个学术机构，它需要有学术理论体系、学术研究方法、科学的研究手段与技术支撑，尤其需要有学科的归属。简言之，它需要把自己纳入以学科为中心的科研评价体制当中。因此，改革开放以后，综考会一方面通过争取承担重大项目，继续用新型“任务”带动学科；另一方面也开始在多年积累和经验之上，努力推动资源科学的理论体系建设。但是学科建设需

---

① 刘勇卫、李真真、陈红娟：《中国科学院院士结构与社会作用的分析与建议》，《中国科学院院刊》，2005年，第20卷第3期，第179～194页。

要长期的理论探索，需要深厚的学理积累。当1998年中科院启动“知识创新工程”时，历史上众多的综合考察“任务”还没有完成带出“学科”的职能，资源科学作为一门学科并没有得到正式的认可。与此同时，大规模、协作式的综合考察工作方式也转向了定点观测与网络研究的模式。

在进入21世纪的新的历史时刻，与地学领域的传统学科相比，资源科学无论在理论体系、研究框架上，还是研究方法上，都没有建立起应有的基础，也就无法造就出相应的学科队伍。尽管如此，“任务带学科”的方针并没有成为历史。解决国家重大需求中的科学技术问题，仍然是当今中科院在国家创新体系中的定位所在。这是因为科学研究建制化以后，这项工作需要占用大量的社会资源，因此科学研究理应为社会承担自己的责任。但是，科学研究又必须严格遵循科学规律。如何在两者之间寻求一个平衡点？这种探索在过去存在，现在存在，将来还会继续存在。综考会的历史本身就是这种探索的一个缩影。因此，无论是综考会成功的经验还是失败的教训，都值得我们深入研究、认真反思。

参考资料

原始文献（档案及内部出版物）

中国科学院办公厅档案处档案

中国科学院档案馆档案

中国科学院办公厅编：《中国科学院资料汇编·1949—1954》，1955年6月

中国科学院学术秘书处编：《中国科学院年报·1955》，1956年6月

中国科学院办公厅编：《中国科学院年报》，1956～1959年；1977～1999年

樊洪业主编：《中国科学院史事汇要·1949年》，中国科学院科技政策与管理科学研究所院史研究室印，1991年7月

李真真编：《中国科学院史事汇要·1950年》，中国科学院院史文物资料征集委员会办公室印，1994年6月

王忠俊编：《中国科学院史事汇要·1951年》，中国科学院院史文物资料征集委员会办公室印，1994年7月

薛攀皋、季楚卿编：《中国科学院史事汇要·1952年》，中国科学院院史文物资料征集委员会办公室印，1994年3月

薛攀皋、季楚卿编：《中国科学院史事汇要·1953年》，中国科学院院史文物资料征集委员会办公室印，1996年8月

王少丁、王忠俊编：《中国科学院史事汇要·1954年》，中国科学院院史文物资料征集委员会办公室印，1996年12月

王忠俊编：《中国科学院史事汇要·1955年》，中国科学院院史文物资料征集委员会办公室印，1995年5月

薛攀皋、季楚卿编：《中国科学院史事汇要·1957年》，中国科学院院史文物资料征集委员会办公室印，1998年3月

樊洪业主编：《中国科学院史料汇编·1949》，中国科学院科技政策与管理科学研究所院史研究室印，1991年7月

李真真编：《中国科学院史料汇编·1950》，中国科学院院史文物资料征集委员会办公室印，1994年6月

王忠俊编：《中国科学院史料汇编·1951》，中国科学院院史文物资料征集委员会办公室印，1994年7月

薛攀皋、季楚卿编：《中国科学院史料汇编·1952》，中国科学院院史文物资料征集委员会办公室印，1994年3月

薛攀皋、季楚卿编：《中国科学院史料汇编·1953》，中国科学院院史文物资料征集委员会办公室印，1996年8月

王少丁、王忠俊编：《中国科学院史料汇编·1954》，中国科学院院史文物资料征集委员会办公室印，1996年12月

王忠俊编：《中国科学院史料汇编·1955》，中国科学院院史文物资料征集委员会办公室印，1995年5月

薛攀皋、季楚卿编：《中国科学院史料汇编·1957》，中国科学院院史文物资料征集委员会办

公室印，1998年3月
《中国科学院访苏代表团资料汇编》，中国科学院，1953年
《中国科学院生物学地学部各研究机构副研究员技师以上研究技术人员简历及著作目录汇编（初稿）》
中国科学院院史研究室资料汇编
中国科学院院史文物资料征集委员会办公室编：《院史资料与研究》，1991～2009年
《中国科学院、国家计划委员会自然资源综合考察委员会简介》，1984年12月
中国科学院、国家计划委员会自然资源综合考察委员会编印：《纪念自然资源综合考察委员会成立三十周年文集》，1986年
中国科学院自然资源综合考察委员会：《竺可桢主任纪念专刊》，1979年
中国科学院南京地理与湖泊研究所：《建所五十周年纪念文集（1940，8～1990，8）》，1990年
中国科学院南京土壤研究所：《中国科学院南京土壤研究所发展历程》，2003年11月

原始文献（公开出版物）

中国科学院秘书处编：《学习苏联先进科学——中国科学院访苏代表团报告汇刊》，中国科学院，1954年
中国科学院编译出版委员会主编：《十年来的中国科学·综合考察》，科学出版社，1959年
中国科学院编译出版委员会主编：《十年来的中国科学·地理学》，科学出版社，1959年
中国科学院编译出版委员会主编：《十年来的中国科学·地质学》，科学出版社，1959年
中国科学院编译出版委员会主编：《十年来的中国科学·生物学》，科学出版社，1959～1966年
中国科学院地理研究所编辑部：《大跃进中的中国地理学》，商务印书馆，1959年
国家计委计划经济研究所：《中华人民共和国科技政策法规选编》，法律出版社，1987年
薄一波：《若干重大决策与事件的回顾》，上下卷，中共中央党校出版社，1991年、1993年
中共中央文献研究室：《建国以来重要文献选编》，1～20册，中央文献出版社，1994～1998年
樊洪业主编：《中国科学院编年史（1949—1999）》，，上海科技教育出版社，1999年
竺可桢：《竺可桢全集》（1～19卷），上海科技教育出版社，2004～2010年
《竺可桢传》编辑组：《竺可桢传》，科学出版社，1990年
顾准：《顾准日记》，经济日报出版社，1997年
顾准：《顾准自述》，中国青年出版社，2002年
罗银胜：《顾准传》，团结出版社，1999年
张劲夫、杜润生、于光远等访谈录，《百年潮》，1999年第6期
聂荣臻：《聂荣臻回忆录》，解放军出版社，1984年
武衡：《科技战线五十年》，科学技术文献出版社，1992年
何长工：《何长工回忆录》，解放军出版社，1987年
中国水利学会主编：《张含英纪念集》，中国水利水电出版社，2003年
中国科学院黄河中游水土保持综合考察队编：《山西西部水土保持调查报告》，科学出版社，

1957 年
周立三、沈长江：《新疆综合考察的方法与经验》，科学出版社，1964 年
林业部治沙办公室编：《动员起来 向沙漠进军——全国治沙工作会议文集》，中国林业出版社，1992 年
中国科学院、国家计划委员会自然资源综合考察委员会编：《自然资源综合考察研究四十年（1956～1996）》，中国科学技术出版社，1996 年

研究著作

侯仁之主编：《中国地理学简史》下册，北京大学印制，1960 年，铅印稿
刘胤汉编著：《自然资源学概论》，陕西人民教育出版社，1988 年
程鸿主编：《中国自然资源手册》，科学出版社，1990 年
左大康主编：《地理学研究进展》，科学出版社，1990 年
陈国达等主编：《中国地学大事典》，山东科学技术出版社，1992 年
封志明、王勤学：《资源科学论纲》，地震出版社，1994 年
钱临照、谷羽主编：《当代中国丛书·中国科学院》，三卷，当代中国出版社，1994 年
吴传钧、施雅风主编：《中国地理学 90 年发展回忆录》，学苑出版社，1999 年
孙鸿烈主编：《中国资源科学百科全书》，中国大百科全书出版社、石油大学出版社，2000 年
蔡运龙：《自然资源学原理》，科学出版社，2000 年
王子平等：《资源论》，河北科学技术出版社，2001 年
马敏主编：《中国西北开发的历史审视》，湖北人民出版社，2001 年
陈传友、齐亚彬：《中国自然资源与全面建设小康社会：纪念中国自然资源学会成立 20 周年》，中国水利水电出版社，2003 年
卜善祥等编著：《国内外自然资源管理体制与发展趋势》，中国大地出版社，2005 年

研究论文

朱显谟：《我国十年来水土保持工作的成就》，《土壤》，1959 年，第 10 期
赵松乔等：《近三十年来我国综合自然地理学的进展》，《地理学报》，1979 年，第 3 期
孙鸿烈：《西藏高原的综合科学考察史》，《中国科技史料》，1984 年，第 2 期
王广颖：《国外自然资源综合考察》，《自然资源译丛》，1986 年，第 3 期
武衡：《陕甘宁边区的自然资源调查工作》，《中国科技史料》，1987 年，第 5 期
黄秉维：《中国气候区划与自然地理区划的回顾与展望》，《地理集刊》，第 21 号，科学出版社，1990
黄秉维：《中国综合自然地理学研究的回顾》，见许学强等主编：《中德地理学发展与地理教育》，中山大学出版社，1990 年
林超、蔡运龙：《我国综合自然地理学发展应用阶段的总结成果》，《地理学报》，1991 年，第 3 期
金玲、肖平：《关于资源与环境问题的跨学科研究》，《科技导报》，1994 年，第 3 期
钱丽苏：《自然资源管理体制比较研究》，《资源·产业》，2004 年，第 1 期

封志明：《国家科技发展规划与中国的资源科学》，《自然资源学报》，2005 年，第 3 期

Li Wenyan, *The Integrated Surveys of Natural Resources in China—From the Economic Geographer's Point of View*, *Geography in China*, Science Press, 1984

学术刊物

《科学通报》
《自然资源》
《自然资源学报》
《自然资源译丛》
《自然资源研究》
《自然与资源》
《地球科学进展》
《地理学报》
《地理知识》
《地质论评》
《地质学史论丛》
《中国科技史料》

附　录

综考会机构大事记

1955 年 6 月 1 日，在中国科学院学部成立大会上，院长郭沫若在宣布中科院成立四个学部的同时，宣布要在院内设置综合考察工作委员会。

1956 年 1 月 1 日，中国科学院正式发文，通知成立“综合考察工作委员会”。

1957 年 1 月 1 日，“综合考察工作委员会”改名为“综合考察委员会”。

1958 年12 月 9 日，中科院第 13 次院务常务会议讨论通过了综考会 18 位委员名单。

1959 年 1 月 15 日，综考会组织召开了第一次委员会会议。

1960 年 2 月 6 日，综考会成立研究机构、业务辅助机构和行政机构。

1961 年成立综合经济室、水利资源室、矿产资源室、农林牧资源室、自然条件生物资源室、分析室、资料测绘室。

1962 年自然条件生物资源室并入农林牧资源室。公布各种工作条例及管理制度；综考会在编人员 295 人。

1963 年 2 月，举办综合考察农业研究成果展览。

1964 年1 月，公布《关于综考会方向、任务和体制等问题的整改方案（试行）》。

2 月，确定综合经济室、水利资源室、矿产资源室、农林牧资源室、综合动能室五个研究室的方向。

4 月，进行队、会合并，实现一体化管理。

11 月，综考会人员编制数为 326 人，有在编人员 316 人。

1966 年 5 月，成立政治部，撤销行政处，其下各科分别归并到办公室和业务处。

1969 年6 月，综考会大部分人员下放到“五七干校”参加劳动，留京人员所属的五个研究室改编为四个连队。

1970 年 7 月，综考会被撤销，人员大多合并到地理所。

1974 年12 月，成立“中国科学院自然资源综合考察组”（简称综考组），暂定编制不超过 160 人。

1975 年 4 月 8 日起，综考组与地理所正式分开办公。

1976 年2 月，将航判组（1975 年成立）、分析室、制图室、暗室（1975 年筹建）合并成为技术室。

10 月，中科院党组批准综考组人数增至 212 人。

1977 年12 月，综考会向中科院党组报送《关于原综考会有关人员归队问题的请示报告》。

1978 年综考会的研究室有：土地资源室（含资源经济组）、水资源室（含气候资源组）、生物资源室、能源室、技术室。

4 月，气候资源组改由生物资源室领导。

5 月，中央批准中科院《关于恢复我院自然资源综合考察委员会的请示报告》，规定综考会为中科院直属司局级单位，人员编制为360人。

1979年9月，综考会编辑的中国第一部自然资源刊物《自然资源》在试刊两年后正式出版。

1980年5月，青藏高原科学讨论会在北京举行。

8月，综考会向中科院报请《关于恢复综考会建制并改名为中国科学院自然资源综合研究委员会的报告》。

1981年1月，拟定《对加强我国自然资源管理与科研工作的意见》。九连山森林生态研究站建立。

5月，能源室从综考会分离，成立了能源研究所。

1982年4月，中国自然资源研究会筹备会议召开。

11月，中国科学院、国家计委对综考会实行双重领导。

1983年7月，中科院院务会议讨论决定，恢复综考会为院直属委员会，仍由中科院和国家计委双重领导。综考会的组织协调和综合研究两个部分，一套人马，人员编制为360人。

1984年10月，综考会决定设立协调处，以加强综合考察研究的组织协调工作。

11月，综考会在院部设立办公室，以便于同机关各部门的联系。

1985年3月，成立"中国科学院自然资源综合开发中心"。

4月，科学院成立航空遥感中心，挂靠在综考会。

9月，"中国科学院竺可桢野外科学工作奖"设立，工作奖委员会秘书处设在综考会。

1986年成立巫溪（红池坝）草地—畜牧业生态系统综合试验站。

8月，综考会被新增为中科院硕士、博士学位授予单位，专业为生态学、人文地理学。

11月，"中国科学院资源研究委员会"成立。

12月，召开纪念综考会成立30周年暨自然资源综合研究学术讨论会。

1987年5月，提出《认真改革，开创自然资源考察研究工作的新局面》的改革方案。

1988年1月，综考会研究室有：土地资源室、水资源室、生物资源室、气候资源室、资源经济室、工业布局室、国土资源信息室、编辑出版室、综合分析测试室、遥感组。

10月，成立资源战略研究组。

1989年2月，成立千烟洲红壤丘陵综合开发治理试验站。

3月，生物资源室分为林业资源研究室、农业资源生态研究室、草地与家畜生态资源研究室。土地资源研究室与遥感组合并成立土地资源与遥感应用研究室。

1990 年3 月，青藏高原研究会成立。

4 月，中科院下达综考会人员编制增至 370 人。

8 月，“中国科学院区域开发前期研究专家委员会”成立，办公室设在综考会。

1992 年中国生态系统研究网络（CERN）的综合研究中心设在综考会。

11 月，图书资料室更名为资源与国情文献馆。

1993 年 4 月，中科院下达综考会人员编制总数为 375 人。

1994 年 4 月，拉萨农业生态试验站建立。

1995 年2 月，《中国资源科学百科全书》总编委会成立，办公室设在综考会。

5 月，中科院颁布《综考会野外试验站（点）管理暂行规定》。

10 月，遥感组从土地资源与遥感应用室分离，独立成遥感应用室；组建资源开发技术室；国土资源战略研究室更名为国情研究室。

1996 年综考会研究室有：土地资源室、水资源室、气候资源室、资源经济室、工业布局室、农业资源生态室、林业资源生态室、草地畜牧资源生态室、遥感应用室、国情研究室、国土资源信息室、资源开发技术室、国情文献馆、期刊编辑室。

4 月，中科院下达综考会职工控制数为 332 人。

10 月，召开综考会成立四十周年纪念大会。

1997 年3 月，中科院下达综考会职工总数为 305 人。

12 月，综考会向中科院呈送《战略定位、学科发展与改革设想报告》。综考会不再实行中科院与国家计委的双重领导，改为完全由中科院领导。

1998 年7 月，“中国科学院区域持续发展研究中心”改名为“中国科学院可持续发展研究中心”，其性质、任务、研究方向和组织管理及挂靠单位不变。

1999 年综考会与地理所合并为“中国科学院地理科学与资源研究所”。

后　　记

我最早接触新中国自然资源综合考察的历史，是在十多年前。那时为了研究民国时期的地学史，我曾经访问过很多老先生。当时我的兴趣主要是他们在1949年以前的工作。但是每当谈及兴奋之处，他们都会讲起新中国成立以后的研究工作和野外考察经历。他们谈及这段工作时的兴奋之情溢于言表，也引起了我的好奇与兴趣。在完成民国时期地学史的初步研究后，我计划将研究时段延续到中华人民共和国早期。我当时的想法很朦胧，只是想了解社会大变革对中国科学的影响；研究不同时代、不同政治环境、不同价值观念对中国学者的学术研究和人生轨迹的影响。

2001年，我有幸参加了樊洪业先生主持的《竺可桢全集》的资料收集与整理工作。在工作中，我阅读了竺可桢论述自然资源综合考察的文章。这些文章引起了我对新中国自然资源综合考察工作的兴趣。当我开始注意新中国自然资源综合考察的历史时，有一个机构引起了我的关注，这就是自然资源综合考察委员会。这是一个因“任务”而建立起来的机构，是新中国科学事业中“任务带学科”的一个典型。我想，对于这个机构的科学社会史研究，会有助于我们更好地理解“任务”与“学科”的历史关系。但是苦于看不到该机构的档案资料，我最初只能从公开发表的考察报告、有关的回忆文集，以及通过收集口述史料等方式，从中查询线索，并利用已有的史料做一些专题性的研究。2003～2005年，我读在职博士期间，在导师汪前进研究员的指导下，我对新中国的自然资源综合考察事业史进行了研究，这项工作为我后来研究综考会的机构史奠定了基础。

我开始研究综考会的机构史，源于2006年启动的中国科学院“知识创新工程”专项“中国科学院院史研究与编撰”项目。能够有幸参与中国科学院院史的研究工作，使我有机会广泛查阅中国科学院的档案资料。这项工作不但利于我了解大的历史背景，也为综考会的科学社会史研究奠定了资料基础。2007年年底，在中国科学院自然科学史研究所知识创新工程课题的资助下，我开始了综考会机构史的研究及写作。

现在，这本书稿终于完成了。提笔撰写后记，我心中充满了感激。本书最终能够完成，除了上述的学术机遇外，还与很多先生的热心帮助密切相关。

首先要感谢中科院院史研究的项目负责人王扬宗研究员。由于我本人缺乏对改革开放以后科学事业史的研究基础，我最初对综考会的研究一直停留在“文化大革命”之前，不敢涉及近30年的历史时段。但是如果想深入了解一个机构的运行机制，只有把它放在更长的时期才能看清其发展脉络。正是在王扬宗研究员的建议下，我才下决心对综考会进行一次总体的考察。其次，我还要感谢中国科学院自然科学史研究所院史研究团队汪前进、张藜、郭金海、熊为民、王丽娜、陈雪洁等研究人员。我的研究工作离不开这个团队每一位成员对我的帮助。还记得大家分头查阅档案、共同分享文献资料、一起讨论研究提纲并分析各自存在的问题……项目组成员各有专攻，在合作过程中每位成员不同的视角、不同的分析问题的方法、不同的思考问题的方式给了我很多的启发，也让我体会到了团队合作的乐趣。

从事这项工作，也使我有机会接触到很多来自学术前沿的专家学者。从资深院士到普通研究人员、从学术组织者到学术管理者、从睿智长者到年轻学子……在向他们请教、与他们交流的过程中我获益匪浅。本书在写作过程中，得到了很多专家学者的指导和帮助，在此谨向中国科学院院士王鸿祯、施雅风、孙鸿烈、翟裕生、秦大河，中国工程院院士徐寿波，参与过新中国科学考察事业的崔克信、朱岗昆、李文彦、何希吾、常世华等先生，中国科学院科技政策与管理研究所的樊洪业研究员，中国科学院资源环境科学与技术局的冯仁国副局长，中国科学院地理科学与资源研究所陈远生研究员、苏宝琴老师，中国科学院自然科学史研究所的罗桂环、艾素珍研究员，《院史资料与研究》编辑部的杨小林副编审，中国科学院档案馆李丽云老师，中国科学院档案处黄丽蓉、吴双等老师致以诚挚的谢意！

由于作者水平所限，本书难免有不尽如人意的地方，希望读者批评指正！

张九辰

2011 年 4 月 18 日